BEST シグマベスト

高校
やさしく わかりやすい

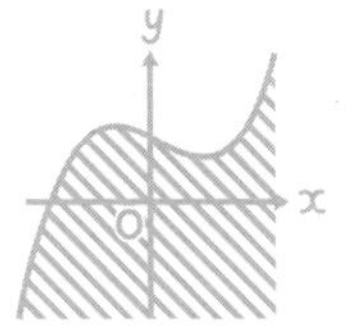

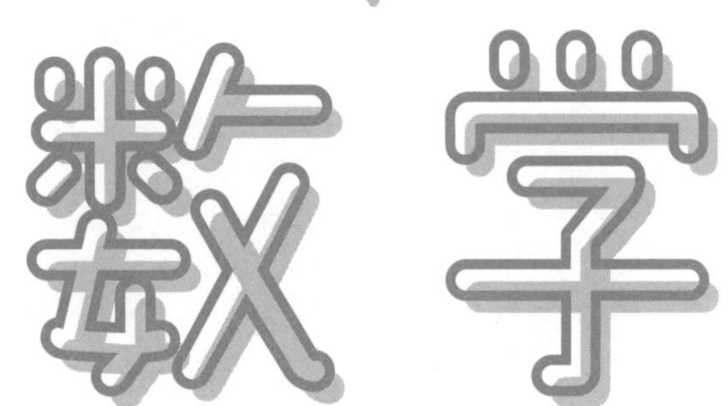

数学

III

堀部和経 著

文英堂

本書の特長と使い方

この本は，数学Ⅱで学ぶ内容を，基礎の基礎からやさしくわかりやすく解説しています。自分で考え，書きこみながら問題を解けるようにしました。

1回で学習する内容は2ページです。原則として，左ページにはまとめとチェック問題，右ページには例題と類題があります。

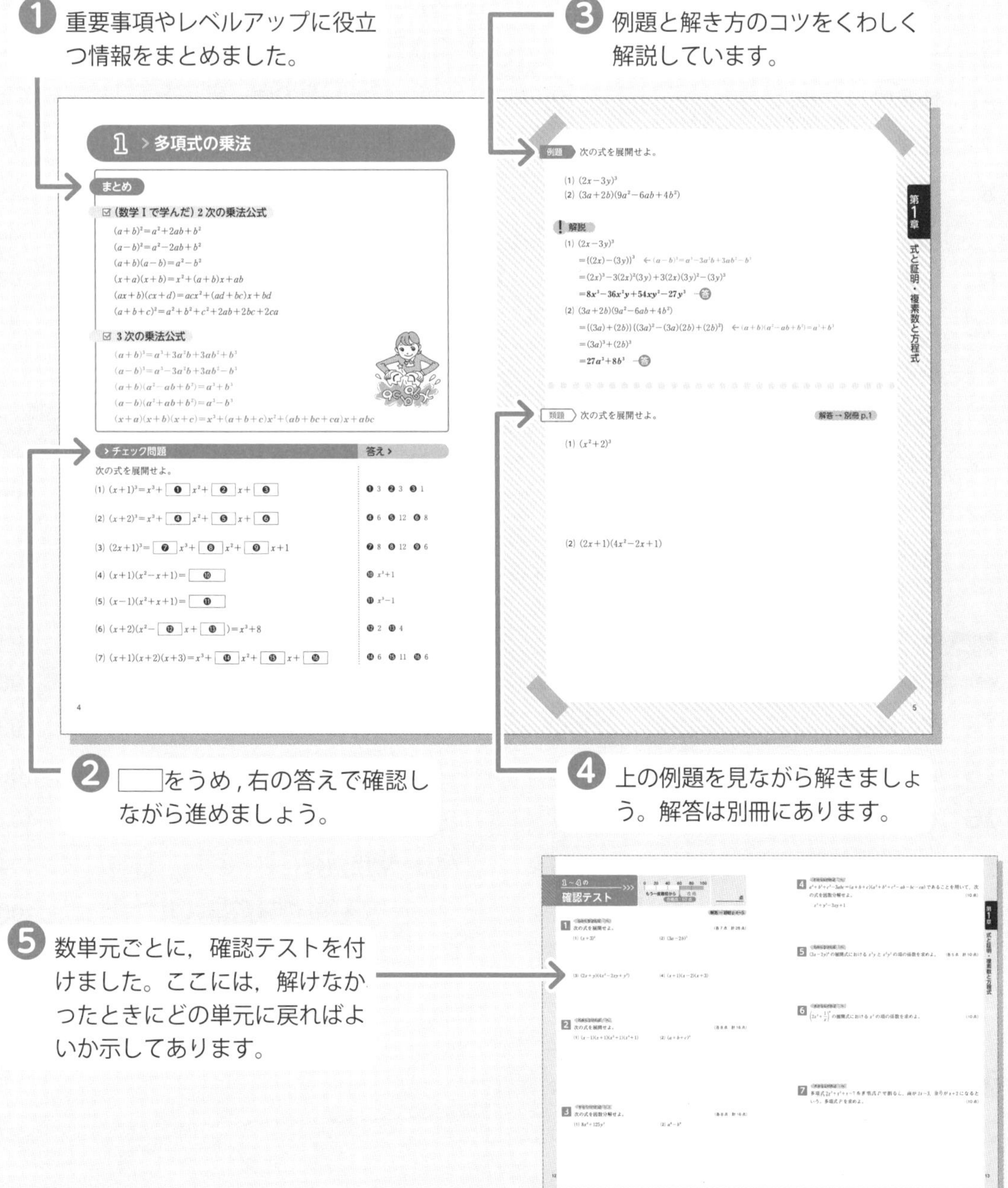

❶ 重要事項やレベルアップに役立つ情報をまとめました。
❷ □をうめ，右の答えで確認しながら進めましょう。
❸ 例題と解き方のコツをくわしく解説しています。
❹ 上の例題を見ながら解きましょう。解答は別冊にあります。
❺ 数単元ごとに，確認テストを付けました。ここには，解けなかったときにどの単元に戻ればよいか示してあります。
1 多項式の乗法
まとめ
(数学Ⅰで学んだ) 2次の乗法公式
3次の乗法公式
チェック問題
答え
次の式を展開せよ。
例題
解説
類題
解答→別冊 p.1
第1章 式と証明・複素数と方程式
確認テスト

もくじ

第1章 式と証明・複素数と方程式

第2章 図形と方程式

第3章 三角関数

第4章 指数関数・対数関数

第5章 微分と積分

1 多項式の乗法

まとめ

☑ (数学 I で学んだ) 2 次の乗法公式

$(a+b)^2=a^2+2ab+b^2$

$(a-b)^2=a^2-2ab+b^2$

$(a+b)(a-b)=a^2-b^2$

$(x+a)(x+b)=x^2+(a+b)x+ab$

$(ax+b)(cx+d)=acx^2+(ad+bc)x+bd$

$(a+b+c)^2=a^2+b^2+c^2+2ab+2bc+2ca$

☑ 3 次の乗法公式

$(a+b)^3=a^3+3a^2b+3ab^2+b^3$

$(a-b)^3=a^3-3a^2b+3ab^2-b^3$

$(a+b)(a^2-ab+b^2)=a^3+b^3$

$(a-b)(a^2+ab+b^2)=a^3-b^3$

$(x+a)(x+b)(x+c)=x^3+(a+b+c)x^2+(ab+bc+ca)x+abc$

チェック問題

次の式を展開せよ。

(1) $(x+1)^3=x^3+$ ❶ x^2+ ❷ $x+$ ❸

(2) $(x+2)^3=x^3+$ ❹ x^2+ ❺ $x+$ ❻

(3) $(2x+1)^3=$ ❼ x^3+ ❽ x^2+ ❾ $x+1$

(4) $(x+1)(x^2-x+1)=$ ❿

(5) $(x-1)(x^2+x+1)=$ ⓫

(6) $(x+2)(x^2-$ ⓬ $x+$ ⓭ $)=x^3+8$

(7) $(x+1)(x+2)(x+3)=x^3+$ ⓮ x^2+ ⓯ $x+$ ⓰

答え

❶ 3 ❷ 3 ❸ 1

❹ 6 ❺ 12 ❻ 8

❼ 8 ❽ 12 ❾ 6

❿ x^3+1

⓫ x^3-1

⓬ 2 ⓭ 4

⓮ 6 ⓯ 11 ⓰ 6

例題　次の式を展開せよ。

(1) $(2x-3y)^3$

(2) $(3a+2b)(9a^2-6ab+4b^2)$

解説

(1) $(2x-3y)^3$

$=\{(2x)-(3y)\}^3$ ← $(a-b)^3=a^3-3a^2b+3ab^2-b^3$

$=(2x)^3-3(2x)^2(3y)+3(2x)(3y)^2-(3y)^3$

$\boldsymbol{=8x^3-36x^2y+54xy^2-27y^3}$ …答

(2) $(3a+2b)(9a^2-6ab+4b^2)$

$=\{(3a)+(2b)\}\{(3a)^2-(3a)(2b)+(2b)^2\}$ ← $(a+b)(a^2-ab+b^2)=a^3+b^3$

$=(3a)^3+(2b)^3$

$\boldsymbol{=27a^3+8b^3}$ …答

類題　次の式を展開せよ。　解答 → 別冊 p.1

(1) $(x^2+2)^3$

(2) $(2x+1)(4x^2-2x+1)$

2 多項式の因数分解

まとめ

☑ (数学Ⅰで学んだ)因数分解

$ma+mb=m(a+b)$ ← 共通因数でくくる

$a^2+2ab+b^2=(a+b)^2$

$a^2-2ab+b^2=(a-b)^2$ ← 平方完成

$a^2-b^2=(a+b)(a-b)$ ← 和と差の積の展開公式の利用

$acx^2+(ad+bc)x+bd=(ax+b)(cx+d)$ ← たすきがけの利用

$a^2+b^2+c^2+2ab+2bc+2ca=(a+b+c)^2$

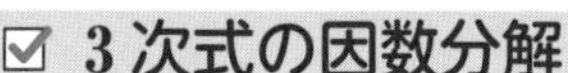

☑ 3次式の因数分解

$\boldsymbol{a^3+3a^2b+3ab^2+b^3=(a+b)^3}$

$\boldsymbol{a^3-3a^2b+3ab^2-b^3=(a-b)^3}$

$\boldsymbol{a^3+b^3=(a+b)(a^2-ab+b^2)}$ ← 3乗の和の因数分解

$\boldsymbol{a^3-b^3=(a-b)(a^2+ab+b^2)}$ ← 3乗の差の因数分解

$\boldsymbol{a^3+b^3+c^3-3abc=(a+b+c)(a^2+b^2+c^2-ab-bc-ca)}$ ← 少し難しいが大切

> チェック問題

次の式を因数分解せよ。

(1) $x^3+6x^2+12x+8=(x+$ ❶ $)^3$

(2) $x^3-9x^2+27x-27=(x-$ ❷ $)^3$

(3) $a^3+8=(a+$ ❸ $)(a^2-$ ❹ $a+$ ❺ $)$

(4) $a^3-8b^3=(a-2b)($ ❻ $)$

(5) $x^3-27=(x-3)($ ❼ $)$

(6) $27x^3+8=($ ❽ $x+$ ❾ $)($ ❿ $)$

(7) $8a^3-27b^3=($ ⓫ $a-$ ⓬ $b)($ ⓭ $)$

答え >

❶ 2

❷ 3

❸ 2　❹ 2　❺ 4

❻ $a^2+2ab+4b^2$

❼ x^2+3x+9

❽ 3　❾ 2

❿ $9x^2-6x+4$

⓫ 2　⓬ 3

⓭ $4a^2+6ab+9b^2$

例題 次の式を因数分解せよ。

(1) x^3+8y^3　　　(2) x^6-1

(3) $a^3+9a^2b+27ab^2+27b^3$

解説

(1) x^3+8y^3

$=x^3+(2y)^3$　← x と $2y$ に着目する

$=(x+2y)\{x^2-x\cdot 2y+(2y)^2\}$

$=\boldsymbol{(x+2y)(x^2-2xy+4y^2)}$ …答

(2) x^6-1

$=(x^3)^2-1^2$　← $x^6=(x^3)^2$ に着目して，和と差の公式の利用

$=(x^3+1)(x^3-1)$

$=\boldsymbol{(x+1)(x^2-x+1)(x-1)(x^2+x+1)}$ …答

(3) $a^3+9a^2b+27ab^2+27b^3$

$=a^3+3a^2\cdot 3b+3a(3b)^2+(3b)^3$　← a と $3b$ に着目する

$=\boldsymbol{(a+3b)^3}$ …答

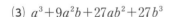

類題 次の式を因数分解せよ。　解答 → 別冊 p.1

(1) $8x^3+27y^3$　　　(2) $24a^3-3b^3$

(3) $a^3-6a^2b+12ab^2-8b^3$　　　(4) $8x^3-6x^2+3x-1$

3 二項定理

まとめ

☑ パスカルの三角形

$n=1,\ 2,\ 3,\ 4,\ \cdots$のとき，$(a+b)^n$ を展開すると

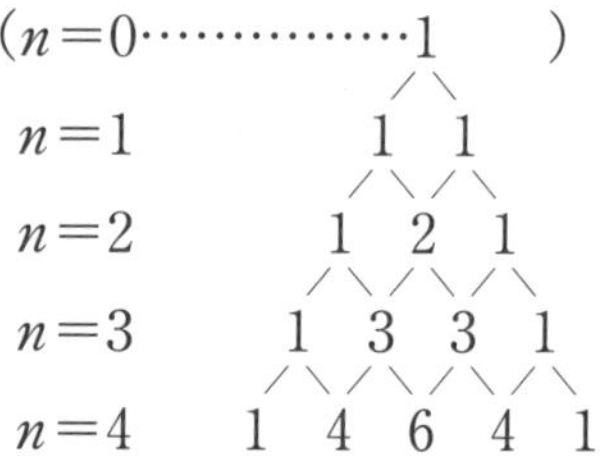

$$(a+b)^1=a+b$$
$$(a+b)^2=a^2+2ab+b^2$$
$$(a+b)^3=a^3+3a^2b+3ab^2+b^3$$
$$(a+b)^4=a^4+4a^3b+6a^2b^2+4ab^3+b^4$$
$$\vdots$$

($n=0$ ……………… 1)
$n=1$　1 1
$n=2$　1 2 1
$n=3$　1 3 3 1
$n=4$　1 4 6 4 1

となる。各項の係数だけに着目し，三角形状に並べると右上の図のようになる。
各数は，その左上と右上の2数の和になっている。
ただし，両端は常に1である。

☑ 二項定理

$$(a+b)^n={}_n\mathrm{C}_0a^n+{}_n\mathrm{C}_1a^{n-1}b+{}_n\mathrm{C}_2a^{n-2}b^2+\cdots+{}_n\mathrm{C}_ra^{n-r}b^r+\cdots+{}_n\mathrm{C}_{n-1}ab^{n-1}+{}_n\mathrm{C}_nb^n$$

${}_n\mathrm{C}_ra^{n-r}b^r$ を $(a+b)^n$ の展開式の一般項と呼ぶ。

チェック問題

(1) $(a+b)^5$ を展開すると，

a^5+ [❶] a^4b+ [❷] a^3b^2+ [❷] a^2b^3+ [❶] ab^4+b^5

(2) $(a+b)^4$ の展開式における a^2b^2 の項の係数は [❸] なので，$(2a+b)^4$ の展開式における a^2b^2 の項の係数は [❹] である。

(3) $(x-2y)^5$ の展開式における x^2y^3 の項の係数は [❺] である。

(4) $(x+3)^4$ を展開すると，

x^4+ [❻] x^3+ [❼] x^2+ [❽] $x+$ [❾]

答え

❶ 5　❷ 10

❸ 6

❹ $(6\times2^2=)24$

❺ $(10\times(-2)^3=)-80$

❻ 12　❼ 54

❽ 108　❾ 81

例題　次の式の展開式における，[　]内の項の係数を求めよ。

(1) $(2x+y)^7$ $[x^4y^3]$　　(2) $\left(x+\dfrac{2}{x}\right)^9$ $[x^3]$

解説

(1) $(2x+y)^7$ の展開式の一般項は

$${}_7\mathrm{C}_r(2x)^{7-r}\cdot y^r={}_7\mathrm{C}_r\cdot 2^{7-r}x^{7-r}y^r$$ ← 係数は ${}_7\mathrm{C}_r\cdot 2^{7-r}$

x^4y^3 の項は，$r=3$ のときであるので，その係数は

$${}_7\mathrm{C}_3\cdot 2^{7-3}=\frac{7\cdot 6\cdot 5}{3\cdot 2\cdot 1}\cdot 2^4=35\cdot 16=\mathbf{560}$$ …答

(2) $\left(x+\dfrac{2}{x}\right)^9$ の展開式の一般項は

$${}_9\mathrm{C}_r x^{9-r}\left(\frac{2}{x}\right)^r={}_9\mathrm{C}_r\cdot 2^r\cdot\frac{x^{9-r}}{x^r}$$ ← 係数は ${}_9\mathrm{C}_r\cdot 2^r$

$\dfrac{x^{9-r}}{x^r}=x^{(9-r)-r}=x^{9-2r}$ となるので，これが x^3 となるのは，$9-2r=3$ より，

$r=3$ のときである。よって，x^3 の係数は

$${}_9\mathrm{C}_3\cdot 2^3=\frac{9\cdot 8\cdot 7}{3\cdot 2\cdot 1}\cdot 8=84\cdot 8=\mathbf{672}$$ …答

類題　次の式の展開式において，(1)は[　]内の項の係数を，(2)は定数項を求めよ。

解答 → 別冊 p.2

(1) $(x-3y)^6$ $[x^4y^2]$　　(2) $\left(2x-\dfrac{1}{x}\right)^8$

4 多項式の除法

まとめ

☑ 多項式の除法　（今後，単項式は項が 1 つの多項式とみなす）

例 多項式 $2x^2+3x-9$ を多項式 $x-2$ で割ると

$$\begin{array}{r} 2x+7 \\ x-2\,\big)\,\overline{2x^2+3x-9} \\ \underline{2x^2-4x} \\ 7x-9 \\ \underline{7x-14} \\ 5 \end{array}$$

（$2x^2-4x$ ← $2x(x-2)$，$7x-14$ ← $7(x-2)$）

[参考]

$$\begin{array}{r} 2 \\ 5\,\big)\,\overline{13} \\ \underline{10} \\ 3 \end{array}$$

$13=5\times2+3$

すなわち，$(2x^2+3x-9)\div(x-2)$ の商は $2x+7$，余りは 5 である。

また，このことを多項式の等式として表すと，次のようになる。

$2x^2+3x-9=(x-2)(2x+7)+5$

☑ 多項式の除法の商と余りの関係

多項式 A を，多項式 B で割ったときの商を Q，余りを R とすると

$\boldsymbol{A=B\times Q+R}$　（R の次数＜B の次数，または，$R=0$）

とくに $R=0$ のとき，$A=B\times Q$ となり A は B で割り切れるという。

チェック問題

$3x^2+5x-4$ を $x+3$ で割ると

$$\begin{array}{r} ❶ \\ x+3\,\big)\,\overline{3x^2+5x-4} \\ \underline{❷} \\ ❸ \\ \underline{❹} \\ ❺ \end{array}$$

したがって，$3x^2+5x-4$ を $x+3$ で割ったときの商は

❻ ，余りは ❼

答え

❶ $3x-4$

❷ $3x^2+9x$

❸ $-4x-4$

❹ $-4x-12$

❺ 8

❻ （＝❶）$3x-4$

❼ （＝❺）8

例題 次の問いに答えよ。

(1) $(x^3+2x^2+4x+3)\div(x^2-x+2)$ の商と余りを求めよ。

(2) $A=x^2+2ax+a$, $B=x+a$ のとき，A と B を x の多項式とみて，$A\div B$ の商と余りを求めよ。

解説

(1)

$$
\begin{array}{r@{\,}l}
 & x+3 \\
x^2-x+2 \big) & \overline{x^3+2x^2+4x+3} \\
 & \underline{x^3-\ x^2+2x} \\
 & 3x^2+2x+3 \\
 & \underline{3x^2-3x+6} \\
 & 5x-3
\end{array}
$$

商は $\boldsymbol{x+3}$ …答

余りは $\boldsymbol{5x-3}$ …答

(2)

$$
\begin{array}{r@{\,}l}
 & x+a \\
x+a \big) & \overline{x^2+2ax+a} \\
 & \underline{x^2+\ ax} \\
 & ax+a \\
 & \underline{ax+a^2} \\
 & -a^2+a
\end{array}
$$

商は $\boldsymbol{x+a}$ …答

余りは $\boldsymbol{-a^2+a}$ …答

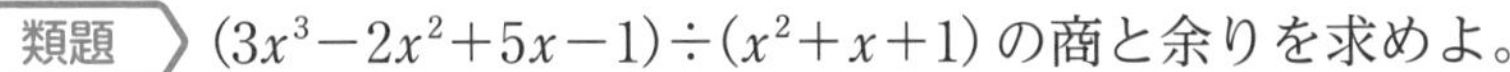

類題 $(3x^3-2x^2+5x-1)\div(x^2+x+1)$ の商と余りを求めよ。 解答 → 別冊 p.2

1～4の
確認テスト

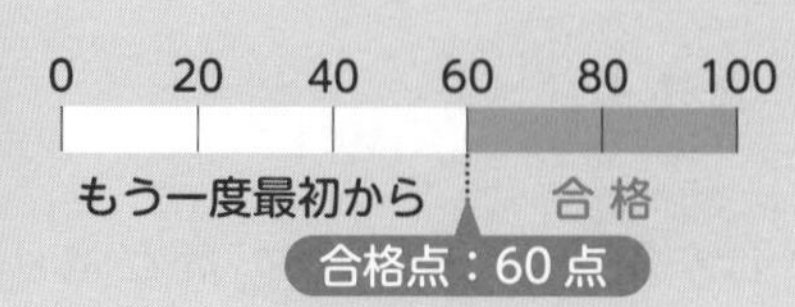

点

解答 → 別冊 p.4～5

わからなければ 1 へ

1 次の式を展開せよ。 （各 7 点　計 28 点）

(1) $(x+3)^3$

(2) $(3a-2b)^3$

(3) $(2x+y)(4x^2-2xy+y^2)$

(4) $(x+1)(x-2)(x+3)$

わからなければ 1 へ

2 次の式を展開せよ。 （各 8 点　計 16 点）

(1) $(x-1)(x+1)(x^2+1)(x^4+1)$

(2) $(a+b+c)^3$

わからなければ 2 へ

3 次の式を因数分解せよ。 （各 8 点　計 16 点）

(1) $8x^3+125y^3$

(2) a^6-b^6

わからなければ 2 へ

4 $a^3+b^3+c^3-3abc=(a+b+c)(a^2+b^2+c^2-ab-bc-ca)$ であることを用いて，次の式を因数分解せよ。（10 点）

$x^3+y^3-3xy+1$

わからなければ 3 へ

5 $(3x-2y)^4$ の展開式における x^3y と x^2y^2 の項の係数を求めよ。（各 5 点　計 10 点）

わからなければ 3 へ

6 $\left(2x^2+\dfrac{1}{x}\right)^6$ の展開式における x^3 の項の係数を求めよ。（10 点）

わからなければ 4 へ

7 多項式 $2x^3+x^2+x-7$ を多項式 P で割ると，商が $2x-3$，余りが $x+2$ になるという。多項式 P を求めよ。（10 点）

5 ＞分数式の計算

まとめ

☑ 分数式　2つの多項式 A，B によって $\dfrac{A}{B}$ の形で表される式（ただし B は文字を含む）を分数式という。

☑ 分数式の約分　分数式 $\dfrac{A}{B}$ において，B を分母，A を分子という。

分数式では，その分母と分子に同じ多項式を掛けても，分母と分子の共通因数で割っても，もとの分数式と等しい。

(1) $\dfrac{A}{B}=\dfrac{AC}{BC}$ $(C\neq 0)$　　(2) $\dfrac{AD}{BD}=\dfrac{A}{B}$

(2)のような計算を，約分という。

また，それ以上約分できない分数式を既約分数式という。

☑ 分数式の四則計算

(1) $\dfrac{A}{B}\times\dfrac{C}{D}=\dfrac{AC}{BD}$　　(2) $\dfrac{A}{B}\div\dfrac{C}{D}=\dfrac{A}{B}\times\dfrac{D}{C}=\dfrac{AD}{BC}$

(3) $\dfrac{A}{B}\pm\dfrac{C}{D}=\dfrac{AD\pm BC}{BD}$　（複号同順）

とくに　$\dfrac{A}{B}\pm\dfrac{C}{B}=\dfrac{A\pm C}{B}$　（複号同順）

＞チェック問題　　答え＞

次の計算をせよ。

(1) $\dfrac{2a^2x^3y}{4ax^2y^3}$ を約分すると $\dfrac{❶}{❷}$ ←既約分数式

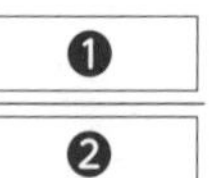

(2) $\dfrac{x^2-4}{x^2-x-2}$ を約分すると $\dfrac{❸}{❹}$ ←既約分数式

(3) $\dfrac{x}{x^2-1}+\dfrac{1}{x^2-1}=\dfrac{❺}{x^2-1}=\dfrac{1}{❻}$

(4) $\dfrac{x^2-x-6}{x^2+2x-3}\times\dfrac{x-1}{x+2}=\dfrac{❼}{❽}$

答え

❶ ax　❷ $2y^2$

❸ $x+2$　❹ $x+1$

❺ $x+1$　❻ $x-1$

❼ $x-3$　❽ $x+3$

例題　次の計算をせよ。

(1) $\dfrac{a+2}{a-2}+\dfrac{4}{2-a}$　　(2) $\dfrac{1}{x+1}+\dfrac{x}{x^2-x+1}-\dfrac{x^2}{x^3+1}$

解説

(1) $\dfrac{a+2}{a-2}+\dfrac{4}{2-a}=\dfrac{a+2}{a-2}+\dfrac{-4}{a-2}=\dfrac{(a+2)-4}{a-2}=\dfrac{a-2}{a-2}=\mathbf{1}$ …答

(2) $\dfrac{1}{x+1}+\dfrac{x}{x^2-x+1}-\dfrac{x^2}{x^3+1}$

$=\dfrac{x^2-x+1}{(x+1)(x^2-x+1)}+\dfrac{x(x+1)}{(x^2-x+1)(x+1)}-\dfrac{x^2}{x^3+1}$

$(x+1)(x^2-x+1)=x^3+1$

$=\dfrac{x^2-x+1}{x^3+1}+\dfrac{x^2+x}{x^3+1}-\dfrac{x^2}{x^3+1}$

$=\dfrac{(x^2-x+1)+(x^2+x)-x^2}{x^3+1}=\boldsymbol{\dfrac{x^2+1}{x^3+1}}$ …答

類題　次の計算をせよ。

解答 → 別冊 p.6

(1) $\left(x-\dfrac{2xy}{x+y}\right)\div\left(\dfrac{2xy}{x+y}-y\right)$　　(2) $\dfrac{a-\dfrac{1}{a}}{1-\dfrac{1}{a}}$

6 恒等式

まとめ

☑ 等式

2 つの式が「等号」で結ばれている式を**等式**という。

例 ① $x+1=2x$ ② $(x+1)(x-1)=x^2-1$

③ $\dfrac{x+2}{x}=\dfrac{x}{x-1}$ ④ $\dfrac{1}{x-1}-\dfrac{1}{x+1}=\dfrac{2}{x^2-1}$

☑ 恒等式

上の例で①は $x=1$ を代入したとき，③は $x=2$ を代入したときのみ成立する。
しかし，②と④は x にどのような値を代入しても成立する。
②と④のように，どのような値を代入しても成立する等式を**恒等式**という。
とくに，式変形によって導かれる等式は，恒等式である。
例えば，$(x+2)(x-1)=x^2+x-2$ は恒等式である。

☑ 恒等式の性質

(1) $ax^2+bx+c=a'x^2+b'x+c'$ が x の恒等式である

$\Longleftrightarrow$ $\boldsymbol{a=a'}$，$\boldsymbol{b=b'}$，$\boldsymbol{c=c'}$

(2) $ax^2+bx+c=0$ が x の恒等式である

$\Longleftrightarrow$ $\boldsymbol{a=b=c=0}$

チェック問題

$x^2+3x+1=(x+1)(x+a)+b$ が x の恒等式であるとき，

(右辺)＝ [❶]

と整理できるから

$3=$ [❷]，$1=$ [❸]

となる。

よって，$a=$ [❹]，$b=$ [❺] である。

答え

❶ $x^2+(a+1)x+a+b$

❷ $a+1$ ❸ $a+b$

❹ 2 ❺ -1

例題 次の等式が x の恒等式となるように，定数 a，b，c の値を定めよ。

(1) $2x^2-5x+6=a(x-1)^2+b(x-1)+c$

(2) $\dfrac{x+3}{(x+1)(x+2)}=\dfrac{a}{x+1}+\dfrac{b}{x+2}$

! 解説

(1) 等式 $2x^2-5x+6=a(x-1)^2+b(x-1)+c$ の両辺に，

$x=0$，1，2 をそれぞれ代入すると

$$6=a-b+c,\ 3=c,\ 4=a+b+c$$

この連立方程式を解いて　$a=2$，$b=-1$，$c=3$

逆に，これらの値を右辺に代入して整理すると

$$(\text{右辺})=2(x-1)^2-(x-1)+3=2(x^2-2x+1)-x+4=2x^2-5x+6$$

となり，左辺と一致するので，恒等式となる。

よって　$\boldsymbol{a=2}$，$\boldsymbol{b=-1}$，$\boldsymbol{c=3}$ …答

(2) 両辺に $(x+1)(x+2)$ を掛けて得られる等式が恒等式となればよい。

$$x+3=a(x+2)+b(x+1)$$

$$x+3=(a+b)x+(2a+b)$$

係数を比較して，$1=a+b$，$3=2a+b$ となる。

この連立方程式を解いて　$\boldsymbol{a=2}$，$\boldsymbol{b=-1}$ …答

類題 次の等式が x の恒等式となるように，定数 a，b，c の値を定めよ。

解答 → 別冊 p.6

(1) $x^2+x+1=a(x+1)^2+b(x+1)+c$　　(2) $\dfrac{x+1}{x(x-1)}=\dfrac{a}{x}+\dfrac{b}{x-1}$

7 等式の証明

まとめ

☑ 等式の証明

等式の証明は，その等式が恒等式であることを証明する場合や，ある条件の下で成り立つ等式を証明する場合などがある。

☑ 等式の証明の方法（$A=B$ の証明）

① A か B を変形して，他方を導く。

② A を変形して C を導き，B を変形して同じく C を導く。

③ $A-B$ を変形して 0 であることを示す。

☑ ある条件の下での証明方法（$A=B$ の証明）

④ 条件式を使って文字を減らす。

⑤ 条件 $C=0$ の下で，$A-B$ を変形し C を因数にもつことを示す。

⑥ 条件式が比例式のとき，比例式$=k$ などとおく。

＞チェック問題

(1) $(a-b)^2+4ab=(a+b)^2$ を証明する。

（左辺）$=$ ［❶］ ←展開する

$=$ ［❷］ ←同類項を整理する

$=(a+b)^2$ ←因数分解した

$=$（右辺）

(2) $a+b+c=0$ のとき，$2a^2+bc=(b-a)(c-a)$ を証明する。

（左辺）$-$（右辺）$=$ ［❸］

↑展開する

$=$ ［❹］ ←同類項を整理する

$=$ ［❺］ ←因数分解

$=0$ ←$a+b+c=0$ を利用

答え＞

❶ $a^2-2ab+b^2+4ab$

❷ $a^2+2ab+b^2$

❸ $2a^2+bc-bc+ab+ac-a^2$

❹ $a^2+ab+ac$

❺ $a(a+b+c)$

例題 次の問いに答えよ。

(1) 等式 $(a^2+1)(b^2+1)=(ab+1)^2+(a-b)^2$ を証明せよ。

(2) $\dfrac{a}{b}=\dfrac{c}{d}$ のとき，等式 $\dfrac{a^2+b^2}{b^2}=\dfrac{c^2+d^2}{d^2}$ が成り立つことを証明せよ。

解説

(1) [証明]　(左辺)$=(a^2+1)(b^2+1)=a^2b^2+a^2+b^2+1$

また　(右辺)$=(ab+1)^2+(a-b)^2$

$=(a^2b^2+2ab+1)+(a^2-2ab+b^2)$

$=a^2b^2+a^2+b^2+1$

よって，(左辺)=(右辺) である。[証明終わり]

(2) [証明]　$\dfrac{a}{b}=\dfrac{c}{d}=k$ とおくと，$a=bk$，$c=dk$ となる。

(左辺)$=\dfrac{(bk)^2+b^2}{b^2}=\dfrac{b^2k^2+b^2}{b^2}=k^2+1$

(右辺)$=\dfrac{(dk)^2+d^2}{d^2}=\dfrac{d^2k^2+d^2}{d^2}=k^2+1$

よって，(左辺)=(右辺) である。[証明終わり]

類題 次の問いに答えよ。 解答 → 別冊 p.7

(1) 等式 $a^3-b^3=(a-b)^3+3ab(a-b)$ を証明せよ。

(2) $a+b+c=0$ のとき，$a^3+b^3+c^3=3abc$ を証明せよ。

8 不等式の証明

まとめ

☑ 大小関係の基本性質

(1) $a>b,\ b>c \implies a>c$

(2) $a>b \implies a+c>b+c,\ a-c>b-c$

(3) $a>b,\ c>0 \implies ac>bc,\ \dfrac{a}{c}>\dfrac{b}{c}$

(4) $a>b,\ c<0 \implies ac<bc,\ \dfrac{a}{c}<\dfrac{b}{c}$

(5) $a>b \iff a-b>0 \qquad a<b \iff a-b<0$

☑ 相加平均と相乗平均の大小関係

$a>0$，$b>0$ のとき $\dfrac{a+b}{2} \geqq \sqrt{ab}$ 等号は $a=b$ のとき成立する。

相加平均　相乗平均

☑ 不等式の証明の方法

① 平方完成をして，(実数)$^2 \geqq 0$ を用いる。

② $A>B \iff A-B>0$（差を計算し，正であることを示す。）

③ $A>0$，$B>0$ のときは，平方したものどうしを比べる。
$A>B \iff A^2>B^2 \iff A^2-B^2>0$ を利用する。

チェック問題

(1) $x^2>6x-10$ を証明する。

[証明] (左辺)−(右辺)＝ ❶ ＝(❷)$^2+1$

となるので (左辺)−(右辺)≧ ❸ >0 [証明終わり]

(2) $a>0$ のとき $a+\dfrac{4}{a} \geqq 4$ を証明する。

[証明] $a>0$，$\dfrac{4}{a}>0$ より，相加平均と相乗平均の大小関係

を用いると $a+\dfrac{4}{a} \geqq$ ❹ $\sqrt{a\times\dfrac{4}{a}}=$ ❺

[証明終わり]

答え

❶ $x^2-6x+10$

❷ $x-3$

❸ 1

❹ 2 ❺ 4

例題　次の不等式を証明せよ。また，(1)については等号が成立する条件を求めよ。

(1) $a^2+2ab+2b^2-2b+1 \geqq 0$
(2) $a>b>0$ のとき　$\sqrt{a-b}>\sqrt{a}-\sqrt{b}$

! 解説

(1) ［証明］　$(\text{左辺})=a^2+2ab+2b^2-2b+1=(a^2+2ab+b^2)+(b^2-2b+1)$

$=(a+b)^2+(b-1)^2$

$a+b$ と $b-1$ はともに実数なので，$(a+b)^2 \geqq 0$，$(b-1)^2 \geqq 0$ である。

したがって，(左辺)$\geqq 0$ である。

等号は $a+b=0$，$b-1=0$ のときに成立する。

つまり，$a=-1$，$b=1$ のときに等号が成立する。［証明終わり］

(2) ［証明］　$a>b$ であるので $\sqrt{a}-\sqrt{b}>0$ である。比較している両辺とも正であるので，$(\text{左辺})^2-(\text{右辺})^2>0$ を示せばよい。

$(\text{左辺})^2-(\text{右辺})^2=(\sqrt{a-b})^2-(\sqrt{a}-\sqrt{b})^2=(a-b)-(a-2\sqrt{ab}+b)$

$=2\sqrt{ab}-2b$　← $b=(\sqrt{b})^2$

$=2\sqrt{b}(\sqrt{a}-\sqrt{b})>0$　［証明終わり］

類題　$a>0$，$b>0$，$c>0$ のとき，次の不等式を証明せよ。また，等号が成立する条件を求めよ。

解答 → 別冊 p.7

$(a+b)(b+c)(c+a) \geqq 8abc$

5〜8の 確認テスト

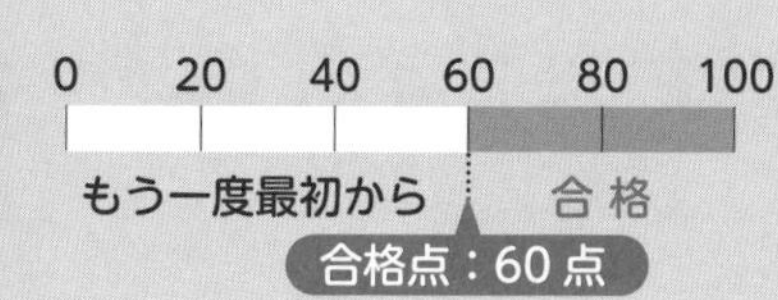

点

解答 → 別冊 p.8〜9

わからなければ 5 へ

1 次の式を計算せよ。 (各10点　計30点)

(1) $\dfrac{a^2-a-6}{a^2-1} \div \dfrac{a+2}{a-1}$

(2) $\dfrac{2a}{a-b}+\dfrac{a^2}{ab-a^2}$

(3) $\dfrac{1}{1-\dfrac{1}{1-x}}$

わからなければ 6 へ

2 次の等式のうち，x についての恒等式はどれか。 (10点)

① $x^2-1=(x+1)(x-1)$

② $x(x+1)-x=2x$

③ $\dfrac{1}{x}+\dfrac{1}{x-1}=\dfrac{2}{2x-1}$

④ $\dfrac{1}{x}-\dfrac{1}{x+1}=\dfrac{1}{x^2+x}$

わからなければ 6 へ

3 次の等式が x についての恒等式となるように，定数 a, b の値を定めよ。

$$\frac{5(x+1)}{x^2+x-6}=\frac{a}{x+3}+\frac{b}{x-2}$$

(12点)

わからなければ 6 へ

4 次の等式が x についての恒等式となるように，定数 a，b，c の値を定めよ。

$$x^2+2x+3=ax(x-1)+b(x-1)(x+1)+cx(x+1)$$ （12 点）

わからなければ 7 へ

5 等式 $\{x^2+(x+y)^2\}\{x^2+(x-y)^2\}=4x^4+y^4$ を証明せよ。 （12 点）

わからなければ 7 へ

6 $\dfrac{a}{b}=\dfrac{c}{d}$ のとき，$(a^2+c^2)(b^2+d^2)=(ab+cd)^2$ を証明せよ。 （12 点）

わからなければ 8 へ

7 不等式 $(a^2+b^2)(x^2+y^2)\geqq(ax+by)^2$ を証明せよ。また，等号が成立する条件を求めよ。 （12 点）

9 ＞複素数

まとめ

☑ **虚数単位**　平方して -1 となる新しい数を1つ考え，これを記号 i で表す。すなわち，$i^2=-1$。この i を虚数単位という。

☑ **複素数**　実数 a，b を用いて $a+bi$ の形で表される数を考える。この数を，複素数という。a をその実部，b をその虚部という。また $a+0i=a$ は実数であり，$b\neq0$ のときの $a+bi$ を虚数，$0+bi=bi$ を純虚数という。

例 $2+3i$ の実部は2，虚部は3である。$2+0i=2$，$0+3i=3i$ とかく。

☑ **複素数の相等**　2つの複素数 $a+bi$，$c+di$ について

$\boldsymbol{a+bi=c+di \iff a=c}$ **かつ** $\boldsymbol{b=d}$　　とくに　$\boldsymbol{a+bi=0 \iff a=b=0}$

☑ **複素数の計算**　i を文字として計算し，i^2 が現れたら，(すぐに) -1 におき換える。とくに，2つの複素数 α，β について　$\alpha\beta=0 \iff \alpha=0$ または $\beta=0$

☑ **共役な複素数**　複素数 $\alpha=a+bi$ に対し，$a-bi$ を α の共役な複素数といい $\overline{\alpha}$ で表す。

例 $\alpha=2+3i$ のとき　$\overline{\alpha}=2-3i$　　とくに　$\overline{\overline{\alpha}}=2+3i=\alpha$

☑ **負の数の平方根**　$a>0$ のとき，$\pm\sqrt{a}\,i$ は，どちらも2乗すると $-a$ である。負の数 $-a$ の平方根は $\pm\sqrt{a}\,i$ である。$a>0$ のとき $\sqrt{-a}=\sqrt{a}\,i$ と定める。

例 $\sqrt{-3}=\sqrt{3}\,i$，$\sqrt{-4}=\sqrt{4}\,i=2i$，$\sqrt{-1}=i$

＞チェック問題

次の計算をせよ。

(1) $(2+3i)+(-3+2i)=$ ［❶］

$(3-2i)(2+i)=$ ［❷］

$\dfrac{2-i}{2+i}=$ ［❸］，$i^3=$ ［❹］，$i^4=$ ［❺］

(2) $\alpha=2+5i$ のとき，$\overline{\alpha}=$ ［❻］，$\alpha\overline{\alpha}=$ ［❼］

(3) $\sqrt{-3}\times\sqrt{-18}=$ ［❽］，$\dfrac{\sqrt{8}}{\sqrt{-2}}=$ ［❾］

答え＞

❶ $-1+5i$

❷ $8-i$

❸ $\dfrac{3}{5}-\dfrac{4}{5}i$　❹ $-i$

❺ 1

❻ $2-5i$　❼ 29

❽ $-3\sqrt{6}$　❾ $-2i$

例題 次の問いに答えよ。

(1) $\dfrac{3-4i}{2+i}+\dfrac{3+4i}{2-i}$ を計算せよ。

(2) 等式 $(1+i)x+(2-i)y=4+i$ を満たす実数 x, y を求めよ。

(3) $\alpha=1+2i$ のとき，$\alpha+\alpha\overline{\alpha}+\overline{\alpha}$ を計算せよ。

! 解説

(1) $\dfrac{3-4i}{2+i}+\dfrac{3+4i}{2-i}=\dfrac{(3-4i)(2-i)}{(2+i)(2-i)}+\dfrac{(3+4i)(2+i)}{(2-i)(2+i)}$

$$=\frac{6-11i+4i^2}{4-i^2}+\frac{6+11i+4i^2}{4-i^2}$$

$$=\frac{2-11i}{5}+\frac{2+11i}{5}=\mathbf{\frac{4}{5}}$$ …答

(2) $(x+xi)+(2y-yi)=4+i$ より　$(x+2y)+(x-y)i=4+i$

$x+2y$, $x-y$ は実数なので　$x+2y=4$, $x-y=1$

これを解いて　$\boldsymbol{x=2}$, $\boldsymbol{y=1}$ …答

(3) $\alpha=1+2i$ なので，$\overline{\alpha}=1-2i$ である。

$$\alpha+\alpha\overline{\alpha}+\overline{\alpha}=(1+2i)+(1+2i)(1-2i)+(1-2i)$$

$$=1+\cancel{2i}+1-4i^2+1-\cancel{2i}=\mathbf{7}$$ …答

類題 次の計算をせよ。

解答 → 別冊 p.10

(1) $\dfrac{1+\sqrt{3}i}{\sqrt{3}+i}+\dfrac{1-\sqrt{3}i}{\sqrt{3}-i}$

(2) $\alpha=1+i$ のとき　$\alpha^2+(\overline{\alpha})^2$

10 > 2次方程式

まとめ

☑ 2次方程式の解の公式

2次方程式 $ax^2+bx+c=0$ の解の公式で $D=b^2-4ac$ が負の場合は，解なしとしていた(数学Ⅰ)。しかし，負の数の平方根を考え，数の範囲を複素数まで拡げて考えると，$D=b^2-4ac<0$ の場合も，解の公式を用いることができる。

2次方程式 $ax^2+bx+c=0$ の解は

$$\boldsymbol{x=\frac{-b\pm\sqrt{D}}{2a}},\quad \boldsymbol{D=b^2-4ac}\quad (D\text{は解の判別式})$$

☑ 実数解と虚数解(解の判別)

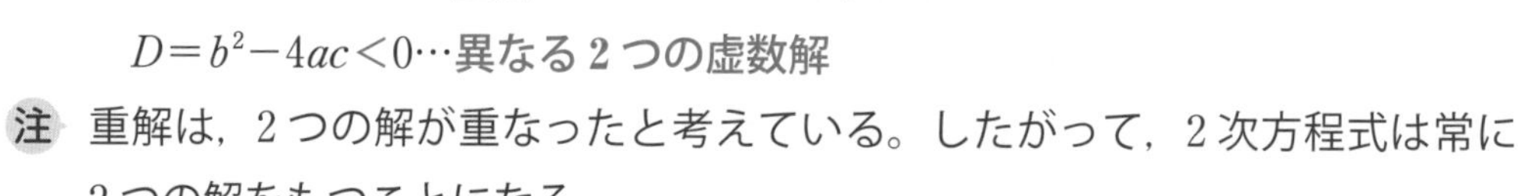

$D=b^2-4ac>0$…異なる2つの実数解 ⎫
$D=b^2-4ac=0$…重解 ⎭ 実数解

$D=b^2-4ac<0$…異なる2つの虚数解

注 重解は，2つの解が重なったと考えている。したがって，2次方程式は常に2つの解をもつことになる。

☑ 2次方程式 $ax^2+bx+c=0$ の虚数解の性質

この方程式が虚数解をもつとき，その2つの虚数解は互いに共役な複素数である。つまり，一方の虚数解が $\alpha=p+qi$ なら他方の解は $\overline{\alpha}=p-qi$ である。

> チェック問題

(1) 次の2次方程式を解くと

① $2x^2-5x-3=0$　　$x=$ [❶]

② $x^2-6x+13=0$　　$x=$ [❷]

③ $4x^2+4x+1=0$　　$x=$ [❸]

(2) 2次方程式 $x^2+6x+10=0$ の判別式 D を計算すると

$D=$ [❹] となるので，この2次方程式の解を判別すると，解は [❺] である。

答え >

❶ $-\frac{1}{2}$，3

❷ $3\pm2i$

❸ $-\frac{1}{2}$

❹ -4

❺ 異なる2つの虚数解

例題　次の問いに答えよ。

(1) 2 次方程式 $x^2-2kx+k+6=0$（k は実数）の解を判別せよ。

(2) 2 次方程式 $x^2+ax+b=0$ の解の 1 つが $1+i$ であるとき，実数の係数 a，b の値を求めよ。また，他の解を求めよ。

解説

(1) この 2 次方程式の判別式を D とすると

$$D=(-2k)^2-4\cdot1\cdot(k+6)=4(k^2-k-6)=4(k+2)(k-3)$$

答　**$k<-2$，$3<k$ のとき　異なる 2 つの実数解**

$k=-2$，3 のとき　重解

$-2<k<3$ のとき　異なる 2 つの虚数解

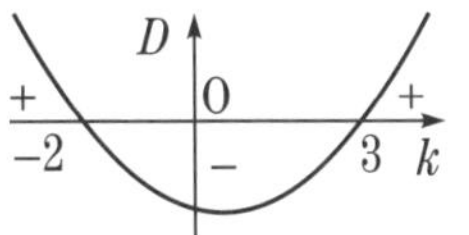

(2) 実数を係数にもつ 2 次方程式の解の 1 つが $1+i$ なので，$1-i$ も解である。

よって，この 2 数を解にもつ 2 次方程式は

$$\{x-(1+i)\}\{x-(1-i)\}=0 \qquad x^2-2x+2=0$$

よって　**$a=-2$，$b=2$**　…答　　**他の解は $1-i$**　…答

別の解説

(2) $1+i$ が解なので $(1+i)^2+a(1+i)+b=0$ を整理して　$(a+b)+(a+2)i=0$

$a+b$，$a+2$ は実数なので，$a+b=0$，$a+2=0$ より　**$a=-2$，$b=2$**　…答

もとの方程式は $x^2-2x+2=0$ より　$x=1\pm i$

したがって，他の解は　**$1-i$**　…答

類題　次の問いに答えよ。　解答 → 別冊 p.10

(1) 2 次方程式 $2x^2-kx+k=0$ の解を判別せよ。

(2) 2 次方程式 $x^2+ax+b=0$ の解の 1 つが $1+\sqrt{2}i$ であるとき，実数 a，b の値と他の解を求めよ。

11 解と係数の関係

まとめ

☑ 解と係数の関係

2 次方程式 $ax^2+bx+c=0$ の 2 つの解を α, β とするとき

$$\boldsymbol{\alpha+\beta=-\frac{b}{a},\quad \alpha\beta=\frac{c}{a}}$$

[補足]　判別式 $D=b^2-4ac$ とおくと

$$\alpha+\beta=\frac{-b+\sqrt{D}}{2a}+\frac{-b-\sqrt{D}}{2a}=\frac{-2b}{2a}=-\frac{b}{a}$$

$$\alpha\beta=\frac{-b+\sqrt{D}}{2a}\times\frac{-b-\sqrt{D}}{2a}=\frac{(-b)^2-D}{4a^2}=\frac{4ac}{4a^2}=\frac{c}{a}$$

☑ 2 次式の因数分解

2 次方程式 $ax^2+bx+c=0$ の 2 つの解が α, β であるとき

$$ax^2+bx+c=\boldsymbol{a(x-\alpha)(x-\beta)}$$

☑ 2 数を解にもつ 2 次方程式

2 つの数 α, β を解にもつ x の 2 次方程式の 1 つは

$$\boldsymbol{x^2-(\alpha+\beta)x+\alpha\beta=0}$$

一般に，この左辺を任意の実数倍した方程式も，2 つの数 α, β を解にもつ。

チェック問題

(1) 2 次方程式 $2x^2+x+6=0$ の 2 つの解を α, β とすると

$\alpha+\beta=$ [❶]，$\alpha\beta=$ [❷]

(2) 2 次方程式 $x^2-2x+2=0$ を解くと $x=$ [❸] となる。

したがって，複素数の範囲で

$x^2-2x+2=$ [❹]

と因数分解することができる。

(3) 2 つの数 $\alpha=2+i$, $\beta=2-i$ を解とする 2 次方程式を作る。

$\alpha+\beta=$ [❺]，$\alpha\beta=$ [❻] であるので，α と β を解にもつ 2 次方程式の 1 つは

[❼] $=0$　← x^2 の係数が 1 であるもの

答え

❶ $-\frac{1}{2}$　❷ 3

❸ $1\pm i$

❹ $(x-1-i)(x-1+i)$

❺ 4　❻ 5

❼ x^2-4x+5

例題 次の問いに答えよ。

(1) 2次方程式 $x^2-3x+5=0$ の2つの解を α, β とするとき，次の式の値を求めよ。

① $\alpha^2+\beta^2$　　② $\alpha^3+\beta^3$

(2) x の2次方程式 $x^2-3x+m=0$ の1つの解は他の解の2倍であるという。このとき，定数 m の値と2つの解を求めよ。

解説

(1) 解と係数の関係により，$\alpha+\beta=3$, $\alpha\beta=5$ である。

① $\alpha^2+\beta^2=(\alpha+\beta)^2-2\alpha\beta=3^2-2\cdot5=\mathbf{-1}$ …答

② $\alpha^3+\beta^3=(\alpha+\beta)^3-3\alpha\beta(\alpha+\beta)=3^3-3\cdot5\cdot3=\mathbf{-18}$ …答

(2) 2つの解は α, 2α と表すことができる。

解と係数の関係により　$\alpha+2\alpha=3$ ……①，$\alpha\cdot2\alpha=m$ ……②

①より　$3\alpha=3$　よって　$\alpha=1$　②より　$m=2\alpha^2=2\cdot1^2=2$

よって　$\boldsymbol{m=2}$ …答　2つの解は　$\boldsymbol{x=1,\ 2}$ …答

類題 次の問いに答えよ。 解答→別冊 p.11

(1) 2次方程式 $x^2+5x+3=0$ の2つの解を α, β とするとき，次の式の値を求めよ。

① $\alpha^2+\beta^2$　　② $(\alpha-\beta)^2$

(2) x の2次方程式 $x^2+5kx+2k+4=0$ の2つの解の比が2：3であるという。このとき，定数 k の値と2つの解を求めよ。

9 ～ 11 の 確認テスト

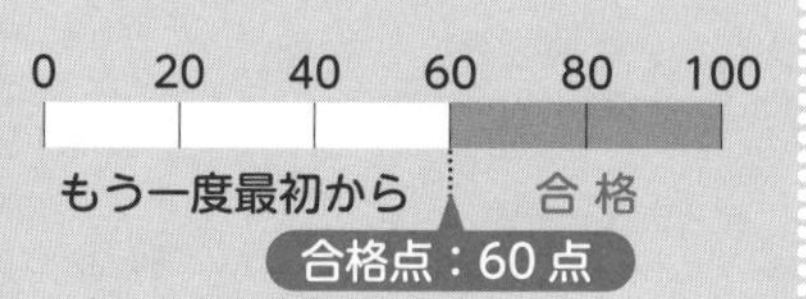

点

解答 → 別冊 p.14～15

わからなければ 9 へ

1 次の計算をせよ。 （各 6 点　計 18 点）

(1) $i+\dfrac{1}{i}$　　(2) $\left(\dfrac{-1+\sqrt{3}i}{2}\right)^2$　　(3) $1+i+i^2+i^3$

わからなければ 10 へ

2 次の 2 次方程式を解け。 （各 7 点　計 28 点）

(1) $(x-2)^2=-4$　　(2) $2x^2-3x-4=0$

(3) $x^2+2x+3=0$　　(4) $2x^2-\sqrt{5}x+1=0$

わからなければ 10 へ

3 x の 2 次方程式 $2x^2-mx+m=0$（m は実数）の解を判別せよ。 （8 点）

4 わからなければ 11 へ

2 次方程式 $2x^2-5x+4=0$ の 2 つの解を α, β とするとき，次の式の値を求めよ。

(各 9 点　計 27 点)

(1) $\alpha^2+\beta^2$　　(2) $\dfrac{\beta}{\alpha}+\dfrac{\alpha}{\beta}$　　(3) $\alpha^3+\beta^3$

5 わからなければ 11 へ

2 次方程式 $x^2+2x+4=0$ の 2 つの解を α, β とするとき，2 数 $\alpha+2$, $\beta+2$ を解にもつ 2 次方程式を 1 つ作れ。 (9 点)

6 わからなければ 10 へ

x の 2 次方程式 $x^2-2ax+b+3=0$ の解の 1 つが $2-i$ であるとき，実数の定数 a, b の値を求めよ。また，他の解も求めよ。 (10 点)

12 剰余の定理・因数定理

まとめ

☑ 多項式の表し方

多項式が x の多項式であることを明示するため，$P(x)=x^3+2x-1$ などとかく。
また，$P(x)$ に $x=a$ を代入した値を $P(a)$ とかく。

☑ 剰余の定理

多項式 $P(x)$ を1次式 $x-\alpha$ で割ったときの商を $Q(x)$，余りを R（定数となる）とすると

$$P(x)=(x-\alpha)Q(x)+R \quad \cdots\cdots①$$

（これは，整数の計算で13を3で割ると商が4で余りが1になり
$13 = 3 \times 4 + 1$
とかけることと同じ形であることで覚えやすい。）

そして，①において $x=\alpha$ を両辺に代入すると

$$P(\alpha)=(\alpha-\alpha)Q(\alpha)+R \qquad \text{ゆえに} \quad \boldsymbol{P(\alpha)=R}$$

したがって，**$P(x)$ を $x-\alpha$ で割ったときの余りは $P(\alpha)$** である。

☑ 多項式の剰余

多項式 $P(x)$ を多項式 $A(x)$ で割ったときの商を $Q(x)$，余りを $R(x)$ とすると

$$\boldsymbol{P(x)=A(x)\cdot Q(x)+R(x)} \quad (R(x)\text{ の次数})<(A(x)\text{ の次数})$$
または，$R(x)=0$

☑ 因数定理

多項式 $P(x)$ において　**$P(x)$ は $x-\alpha$ を因数にもつ $\Longleftrightarrow P(\alpha)=0$**

チェック問題

$P(x)=x^3-3x^2+4$ のとき

$P(x)$ を $x-1$ で割ったときの余りは　$P($ ❶ $)=$ ❷

$P(x)$ を $x+2$ で割ったときの余りは　$P($ ❸ $)=$ ❹

$P(x)$ を $x-2$ で割ったときの余りは ❺ なので，$P(x)$ は ❻ を因数にもつ。

答え

❶ 1　❷ 2

❸ -2　❹ -16

❺ 0

❻ $x-2$

例題 次の問いに答えよ。

(1) 多項式 x^3+3x^2-mx-3 を $x-2$ で割ると 5 余るという。定数 m の値を求めよ。

(2) 多項式 $P(x)$ を $x-1$ で割ると余りは 5 で，$x+2$ で割ると余りは -1 であるという。$P(x)$ を $(x-1)(x+2)$ で割ったときの余りを求めよ。

解説

(1) $P(x)=x^3+3x^2-mx-3$ とおく。

剰余の定理により，$P(x)$ を $x-2$ で割ったときの余りは

$$P(2)=2^3+3\cdot 2^2-2m-3=-2m+17$$

よって，余りが 5 であることから　$-2m+17=5$　　ゆえに　$\boldsymbol{m=6}$ …答

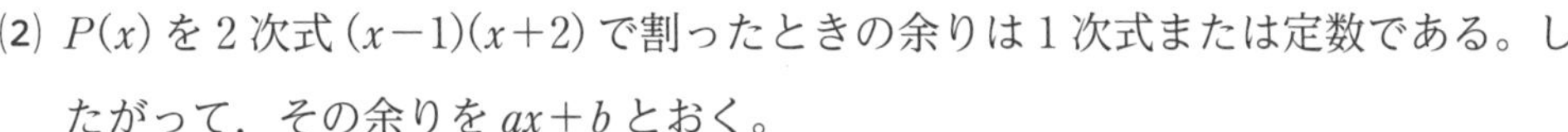

(2) $P(x)$ を 2 次式 $(x-1)(x+2)$ で割ったときの余りは 1 次式または定数である。したがって，その余りを $ax+b$ とおく。

すると条件より，3 つの多項式 $Q_1(x)$，$Q_2(x)$，$Q_3(x)$ を用いて

$$P(x)=(x-1)Q_1(x)+5 \quad \cdots\cdots①$$

$$P(x)=(x+2)Q_2(x)-1 \quad \cdots\cdots②$$

$$P(x)=(x-1)(x+2)Q_3(x)+ax+b \quad \cdots\cdots③$$

①と③で $P(1)$ を考えて　$5=a+b$

②と③で $P(-2)$ を考えて　$-1=-2a+b$

この連立方程式を解いて　$a=2$，$b=3$　　よって，余りは　$\boldsymbol{2x+3}$ …

類題 多項式 $P(x)$ を $x+2$ で割ると余りは -3 で，$(x+1)(x-3)$ で割ると余りは $5x+2$ である。$P(x)$ を $(x+2)(x-3)$ で割ったときの余りを求めよ。

解答 → 別冊 p.16

13 > 高次方程式

まとめ

☑ 高次方程式

x の多項式 $P(x)$ が n 次式のとき，方程式 $P(x)=0$ を x の n 次方程式という。
3 次以上の方程式を高次方程式という。

例 ① $(x-1)(x-2)(x-3)=0$ の解　$x=1,\ 2,\ 3$

② $(x-1)^2(x-2)=0$ の解　$x=1$(2 重解)，2

③ $(x-1)^3=0$ の解　$x=1$(3 重解)

注 2 重解のことを「重解」ということもある。

☑ 高次方程式の解の個数

高次方程式の解の個数について，2 重解は 2 個，3 重解は 3 個と数えることにすると，n 次方程式は常に n 個の解をもつといえる。

[参考]　5 次以上の高次方程式を，一般に解くことができないことはアーベルによって証明されたが，解が存在することは証明されている。

☑ 高次方程式と虚数解

実数を係数とする n 次方程式が，虚数解 $\alpha=a+bi$ を解にもつとき，α と共役な複素数 $\overline{\alpha}=a-bi$ も解である。つまり，実数を係数とする方程式が虚数解をもつときは，必ず共役な複素数とペアで解となっている。

> チェック問題

(1) $x^3-1=0$ の解は［ ❶ ］個ある。そして，解は

$x=$［ ❷ ］である。

(2) $x^4-x^2-2=0$ の左辺を因数分解すると

$(x^2-$［ ❸ ］$)(x^2+$［ ❹ ］$)=0$

となり，解は［ ❺ ］個ある。そして，解は

$x=$［ ❻ ］である。

(3) 実数を係数とする n 次方程式が虚数解 $2+i$ をもつことがわかっているとき，［ ❼ ］も解である。

答え >

❶ 3

❷ 1，$\dfrac{-1\pm\sqrt{3}i}{2}$

❸ 2　❹ 1

❺ 4

❻ $\pm\sqrt{2}$，$\pm i$

❼ $2-i$

例題 次の問いに答えよ。

(1) 3 次方程式 $x^3-x-6=0$ を解け。

(2) x の 3 次方程式 $x^3+ax^2-3x+b=0$ の解の 1 つが $2-i$ であるとき，実数の定数 a，b の値を求めよ。また，他の解を求めよ。

! 解説

(1) $P(x)=x^3-x-6$ とおく。$P(2)=2^3-2-6=0$

よって，$P(x)$ は $x-2$ を因数にもつので　$P(x)=(x-2)(x^2+2x+3)$

（$(x^3-x-6)\div(x-2)$ を計算して求める）

$P(x)=0$ から $x-2=0$，または $x^2+2x+3=0$

したがって　$\boldsymbol{x=2,\ -1\pm\sqrt{2}i}$ …答

(2) $2-i$ が解なので　$(2-i)^3+a(2-i)^2-3(2-i)+b=0$

$(3a+b-4)-(4a+8)i=0$

$3a+b-4$，$-(4a+8)$ は実数なので　$3a+b-4=0$，$-(4a+8)=0$

よって　$\boldsymbol{a=-2,\ b=10}$ …答

もとの方程式は $x^3-2x^2-3x+10=0$ より　$(x+2)(x^2-4x+5)=0$

したがって　$x=-2,\ 2\pm i$　　他の解は　$\boldsymbol{-2,\ 2+i}$ …答

類題 次の問いに答えよ。 解答 → 別冊 p.16

(1) 3 次方程式 $x^3-2x^2-6x+4=0$ を解け。

(2) x の 3 次方程式 $x^3-3x^2+ax+b=0$ の解の 1 つが $1+i$ であるとき，実数の定数 a，b の値と他の解を求めよ。

12 ～ 13 の

確認テスト

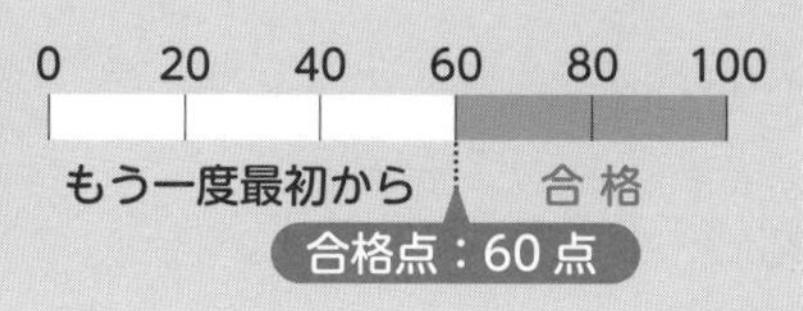

点

解答 → 別冊 p.18～19

わからなければ 12 へ

1 x^3-3x^2+kx+2 を $x-2$ で割ったときの余りが 4 である。定数 k の値を求めよ。

（12 点）

わからなければ 12 へ

2 2 つの多項式 $f(x)=x^3+x^2-3x+2$，$g(x)=x^3-x^2-2x+5$ を，それぞれ $x-a$ で割ったときの余りが等しくなるように，定数 a の値を定めよ。（12 点）

わからなければ 12 へ

3 多項式 $P(x)$ を，$(x-1)(x+2)$ で割ったときの余りは $2x-1$ で，$(x+1)(x+3)$ で割ったときの余りは $x-4$ であるという。このとき，$P(x)$ を $(x+1)(x-1)$ で割ったときの余りを求めよ。

（13 点）

わからなければ 12 へ

4 $x^4-2x^3+2x^2-x-6$ を因数分解せよ。 (13点)

わからなければ 13 へ

5 次の方程式を解け。 (各10点 計20点)

(1) $x^3-7x+6=0$

(2) $12x^3-4x^2-3x+1=0$

わからなければ 13 へ

6 x の方程式 $x^3-ax^2-bx-10=0$ の解の1つが $2+i$ であるとき，実数 a，b の値を求めよ。また，他の解を求めよ。 (15点)

わからなければ 13 へ

7 x の多項式 x^3-2ax^2+7x-6 は $x-a$ で割り切れる。このとき，定数 a の値を求めよ。 (15点)

14 点の座標

まとめ

☑ 数直線上の2点　数直線上の2点 A(a), B(b) の間の距離 AB は $|b-a|$ で求める。

$$AB=|b-a|=\begin{cases} a-b & (a>b) \\ 0 & (a=b) \\ b-a & (a<b) \end{cases}$$

$a>b$　B b …$a-b$… A a　x

$a<b$　A a …$b-a$… B b　x

☑ 平面上の2点　座標平面上の2点 A$(x_1,\ y_1)$, B$(x_2,\ y_2)$ の間の距離 AB は

$$\mathbf{AB}=\sqrt{(x_2-x_1)^2+(y_2-y_1)^2}$$

とくに，原点Oと点P$(x,\ y)$ の間の距離 OP は　$\mathbf{OP}=\sqrt{x^2+y^2}$

☑ 内分点と外分点　($m>0$, $n>0$ とする。)

線分 AB 上に点Pがあり，AP：PB＝m：n のとき，点Pを線分 AB を m：n に**内分**する点という。

線分 AB の延長上に点Pがあり，AP：PB＝m：n のとき，点Pを線分 AB を m：n に**外分**する点という。

A　m　P　n　B

A　B　P　(m：AP, n：BP)　$(m>n)$

P　A　B　(m：PA, n：PB)　$(m<n)$

☑ 内分点と外分点の座標　2点 A$(x_1,\ y_1)$, B$(x_2,\ y_2)$ を結ぶ線分 AB を，m：n に内分する点をP，外分する点をQ，中点をMとすれば

$$P\left(\frac{nx_1+mx_2}{m+n},\ \frac{ny_1+my_2}{m+n}\right),\quad Q\left(\frac{-nx_1+mx_2}{m-n},\ \frac{-ny_1+my_2}{m-n}\right),\quad M\left(\frac{x_1+x_2}{2},\ \frac{y_1+y_2}{2}\right)$$

A　B ／ m：n　　　A　B ／ m：$(-n)$　　　（ただし，外分の場合は $m\neq n$）

☑ △ABC の重心の座標

座標平面上の3点 A$(x_1,\ y_1)$, B$(x_2,\ y_2)$, C$(x_3,\ y_3)$ を頂点とする △ABC の重心をGとすると

$$G\left(\frac{x_1+x_2+x_3}{3},\ \frac{y_1+y_2+y_3}{3}\right)$$

チェック問題

数直線上の2点 A(-4), B(8) に対して，AB＝［❶］，線分 AB を 2：1 に内分する点Pの座標は［❷］，AB を 2：1 に外分する点Qの座標は［❸］

答え

❶ 12

❷ 4

❸ 20

例題 次の問いに答えよ。

(1) 座標平面上の 2 点 A(−3, −2), B(3, 7) について，線分 AB を 1：2 に内分する点を P，1：3 に外分する点を Q とする。2 点 P，Q の座標をそれぞれ求めよ。

(2) 点 M(2, −1) に関して，点 A(−2, 3) と対称な点 B の座標を求めよ。

解説

(1) P(x_1, y_1), Q(x_2, y_2) とおくと

$$x_1=\frac{2\times(-3)+1\times3}{1+2}=-1,\quad y_1=\frac{2\times(-2)+1\times7}{1+2}=1$$

よって　**P(−1, 1)** …答

$$x_2=\frac{-3\times(-3)+1\times3}{1-3}=-6,\quad y_2=\frac{-3\times(-2)+1\times7}{1-3}=-\frac{13}{2}$$

よって　**Q**$\left(\mathbf{-6,\ -\frac{13}{2}}\right)$ …答

(2) B(x, y) とおく。線分 AB の中点が M であるので

$$\frac{-2+x}{2}=2,\quad \frac{3+y}{2}=-1$$

より　$x=6$, $y=-5$　　よって　**B(6, −5)** …答

類題 座標平面上に 3 点 A(−3, 4), B(3, 1), C(−1, 0) がある。

解答 → 別冊 p.20

(1) 線分 AB を 2：1 に内分する点 P の座標を求めよ。

(2) 点 P に関して点 C と対称な点 D の座標を求めよ。

15 ＞ 直線

まとめ

☑ 直線の方程式

(1) 傾きが m，y 切片が n の直線　$\boldsymbol{y=mx+n}$

(2) 点 $(x_1,\ y_1)$ を通り，傾きが m の直線　$\boldsymbol{y-y_1=m(x-x_1)}$

(3) 2 点 $(x_1,\ y_1)$，$(x_2,\ y_2)$ を通る直線

$x_1 \neq x_2$ のとき　$\boldsymbol{y-y_1=\dfrac{y_2-y_1}{x_2-x_1}(x-x_1)}$

$x_1=x_2$ のとき　$\boldsymbol{x=x_1}$

(4) 直線の方程式の一般形　$\boldsymbol{ax+by+c=0}$

（ただし，a，b，c は定数，a と b は同時に 0 とはならない）

☑ 2 直線の位置関係

(1) 2 直線が平行でないときは，1 点で交わる。

(2) 2 直線が平行で異なる。交点はない。

(3) 2 直線が一致している。直線上のすべての点が共有点。

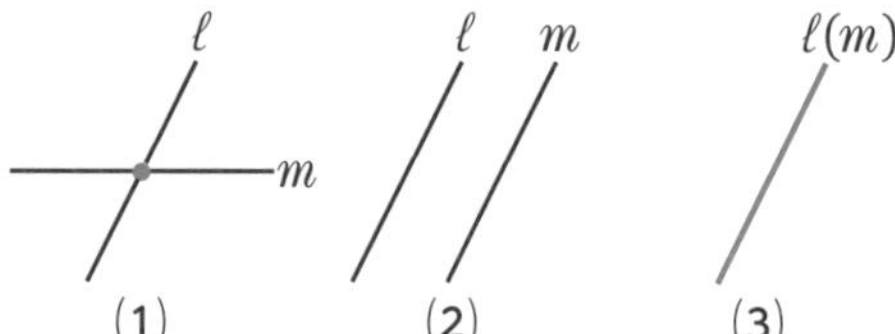

☑ 2 直線の交点と連立方程式

2 直線 ℓ：$ax+by+c=0$，m：$px+qy+r=0$ の交点の座標は，連立方程式

$\begin{cases} ax+by+c=0 \\ px+qy+r=0 \end{cases}$ の解として求められる。

2 直線の位置関係の(1)，(2)，(3)に対応し

(1) ⟺ 解が 1 つ　　(2) ⟺ 解がない　　(3) ⟺ 解は無数にある

＞ チェック問題

次の条件を満たす直線の方程式を求めよ。

・点 $(-1,\ 2)$ を通り，傾きが 2 の直線 [❶]

・2 点 $(1,\ 3)$，$(2,\ 5)$ を通る直線 [❷]

・点 $(3,\ 4)$ を通り y 軸に平行な直線 [❸]

答え ＞

❶ $y=2x+4$

❷ $y=2x+1$

❸ $x=3$

例題 次の問いに答えよ。

(1) 3 点 A(2, 3), B(4, a), C($4-2a$, 4) が一直線上にあるとき，定数 a の値を求めよ。

(2) 2 直線 $2x-y=1$，$x+y=5$ の交点の座標を求めよ。また，その交点と点 (4, 2) を通る直線の方程式を求めよ。

! 解説

(1) 2 点 A，B を通る直線の方程式は

$y-3=\dfrac{a-3}{4-2}(x-2)$ より　$2(y-3)=(a-3)(x-2)$

この直線上に点 C があるので

$2(4-3)=(a-3)(4-2a-2)$ ← $x=4-2a$，$y=4$ を代入

整理して　$a^2-4a+4=0$　　$(a-2)^2=0$　　$\boldsymbol{a=2}$ …答

(2) $2x-y=1$ ……①，$x+y=5$ ……②

①，②の連立方程式を解くと，$x=2$，$y=3$ となる。

よって，交点の座標は　**(2, 3)** …答

点 (2, 3) と点 (4, 2) を通る直線の方程式は　$y-3=\dfrac{2-3}{4-2}(x-2)$

整理して　$\boldsymbol{x+2y-8=0}$ …答 ← または　$y=-\dfrac{1}{2}x+4$

類題 次の問いに答えよ。 解答 → 別冊 p.20

(1) 3 点 A(1, 4), B(3, −2), C($a+1$, 1) が一直線上にあるように，定数 a の値を定めよ。

(2) 2 直線 $3x-y+1=0$，$2x+y-6=0$ の交点と，点(−1, 2) を通る直線の方程式を求めよ。

16 > 2直線の平行・垂直

まとめ

☑ 2直線の平行条件・垂直条件

(1) 2直線 $\ell_1 : y=m_1x+n_1$, $\ell_2 : y=m_2x+n_2$ について

$$\ell_1 /\!/ \ell_2 \iff \boldsymbol{m_1=m_2}$$

$$\ell_1 \perp \ell_2 \iff \boldsymbol{m_1 \cdot m_2=-1}$$

(2) 2直線 $\ell_1 : a_1x+b_1y+c_1=0$, $\ell_2 : a_2x+b_2y+c_2=0$ について

$$\ell_1 /\!/ \ell_2 \iff \boldsymbol{a_1b_2-a_2b_1=0}$$

$$\ell_1 \perp \ell_2 \iff \boldsymbol{a_1a_2+b_1b_2=0}$$

(3) 点 $(x_0,\ y_0)$ を通り，直線 $ax+by+c=0$ に

平行な直線の方程式は　$a(x-x_0)+b(y-y_0)=0$

垂直な直線の方程式は　$b(x-x_0)-a(y-y_0)=0$

☑ 点と直線の距離

点 $(x_1,\ y_1)$ と直線 $ax+by+c=0$ の距離 d は

$$d=\frac{|ax_1+by_1+c|}{\sqrt{a^2+b^2}}$$

とくに，原点Oと直線 $ax+by+c=0$ の距離 d は

$$d=\frac{|c|}{\sqrt{a^2+b^2}}$$

> チェック問題　　答え >

(1) 直線 $\ell : 2x-3y=1$ と平行な直線および垂直な直線を下の p～r から選べ。

$p : 2x+3y=1$, $q : 3x+2y=2$, $r : 2x-3y=4$

平行な直線は [❶]，垂直な直線は [❷] である。

❶ r　❷ q

(2) 点 $(2,\ -1)$ を通り，直線 $2x+3y=4$ と平行な直線の方程式は [❸] であり，垂直な直線の方程式は [❹] である。

❸ $2x+3y-1=0$

❹ $3x-2y-8=0$

(3) 点 $(1,\ 2)$ と直線 $x+y+1=0$ の距離 d は，$d=$ [❺] である。

❺ $\left(\dfrac{|1+2+1|}{\sqrt{1^2+1^2}}=\right)2\sqrt{2}$

例題 次の点の座標や直線の方程式を求めよ。

(1) 直線 ℓ：$x-2y=1$ に関して，点 P(2, 3) と対称な点 Q の座標

(2) 点 (3, 2) を通り，原点からの距離が $\dfrac{\sqrt{2}}{2}$ である直線の方程式

解説

(1) 点 Q(a, b) とおく。直線 ℓ の傾きは $\dfrac{1}{2}$ なので直線 PQ の傾きは -2 である。

よって，$\dfrac{b-3}{a-2}=-2$ より　$2a+b=7$　……①

また，線分 PQ の中点 $\left(\dfrac{2+a}{2}, \dfrac{3+b}{2}\right)$ は直線 ℓ 上にあるので

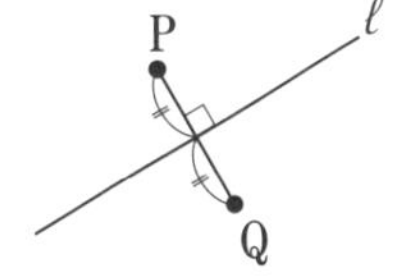

$\dfrac{2+a}{2}-2\times\dfrac{3+b}{2}=1$ より　$a-2b=6$　……②

①，②を解くと，$a=4$，$b=-1$ なので　**Q(4, −1)** …答

(2) 点 (3, 2) を通る直線が y 軸に平行ならば，原点からの距離が 3 となるので，条件に合わない。よって，傾きを m とすると

$$y-2=m(x-3) \quad \text{つまり} \quad mx-y-3m+2=0 \quad \cdots\cdots①$$

原点と①の距離が $\dfrac{\sqrt{2}}{2}$ なので

$\dfrac{|-3m+2|}{\sqrt{m^2+1}}=\dfrac{\sqrt{2}}{2}$ より　$2|-3m+2|=\sqrt{2}\cdot\sqrt{m^2+1}$

両辺を 2 乗して整理すると　$17m^2-24m+7=0$　　$(m-1)(17m-7)=0$

よって，$m=1$，$\dfrac{7}{17}$ を①に代入し　$\boldsymbol{x-y-1=0}$，$\boldsymbol{7x-17y+13=0}$ …答

類題 点 (2, −1) を通り，点 (5, 3) との距離が 4 である直線の方程式を求めよ。

解答 → 別冊 p.21

14～16の確認テスト

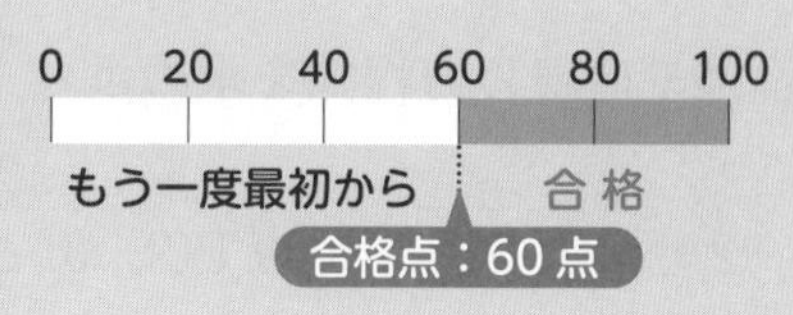

点

解答 → 別冊 p.22～23

わからなければ 14～16 へ

1 3点 A(2, −1), B(1, 2), C(3, 0) がある。次の問いに答えよ。（各8点　計48点）

(1) 線分 AB の中点 M の座標を求めよ。

(2) △ABC の重心 G の座標を求めよ。

(3) 点 A に関して，点 B と対称な点 P の座標を求めよ。

(4) 直線 AB の方程式を求めよ。

(5) 点 C を通り直線 AB に直交する直線の方程式を求めよ。

(6) 直線 AB に関して，点 C と対称な点 Q の座標を求めよ。

わからなければ 15 へ

2 3点 A(3, 1), B(a, 3), C(4, $2-2a$) が一直線上にあるとき，定数 a の値を求めよ。（12点）

わからなければ 16 へ

3 3 点 A(2, 1), B(3, 6), C(6, 3) を頂点とする △ABC の面積 S を求めよ。（12 点）

わからなければ 15 へ

4 2 直線 ℓ：$x+y-3=0$, m：$3x-y-5=0$ の交点と点 (5, 4) を通る直線の方程式を求めよ。（12 点）

わからなければ 15, 16 へ

5 3 直線 $x-y+1=0$, $3x+2y-12=0$, $kx-y-k+1=0$ が三角形を作らないような定数 k の値をすべて求めよ。（16 点）

17 > 円

まとめ

☑ 円の方程式

点 $(a,\ b)$ を中心とする半径 r の円の方程式は

$$(\boldsymbol{x}-\boldsymbol{a})^2+(\boldsymbol{y}-\boldsymbol{b})^2=\boldsymbol{r}^2$$

とくに，原点を中心とする半径 r の円の方程式は

$$x^2+y^2=r^2$$

☑ 円の方程式の一般形

$$\boldsymbol{x^2+y^2+lx+my+n=0}$$

これは $l^2+m^2>4n$ を満たすとき，円を表す。

> チェック問題

(1) 中心が点 $(1,\ 2)$，半径が 3 の円の方程式は

［ ❶ ］

(2) 方程式 $x^2+y^2+6x+2y-6=0$ を x，y それぞれで平方完成すると $(x+$ ［ ❷ ］$)^2+(y+$ ［ ❸ ］$)^2=$ ［ ❹ ］ であるので，中心が点 ［ ❺ ］，半径が ［ ❻ ］ の円を表す。

(3) 3 点 $(0,\ 0)$，$(2,\ 0)$，$(4,\ -2)$ を通る円の方程式を求める。

円の方程式を $x^2+y^2+lx+my+n=0$ とおく。

3 点 $(0,\ 0)$，$(2,\ 0)$，$(4,\ -2)$ を通るので

$n=0$ ……①

$4+2l+n=0$ ……②

［ ❼ ］ ……③

①より　$n=$ ［ ❽ ］

②より　$l=$ ［ ❾ ］

③より　$m=$ ［ ❿ ］

よって　［ ⓫ ］

答え >

❶ $(x-1)^2+(y-2)^2=9$

❷ 3　❸ 1　❹ 16

❺ $(-3,\ -1)$　❻ 4

❼ $20+4l-2m+n=0$

❽ 0

❾ -2

❿ 6

⓫ $x^2+y^2-2x+6y=0$

例題 2点 $(2,\ 2)$，$(3,\ 1)$ を通り，x 軸に接する円の方程式を求めよ。

！解説

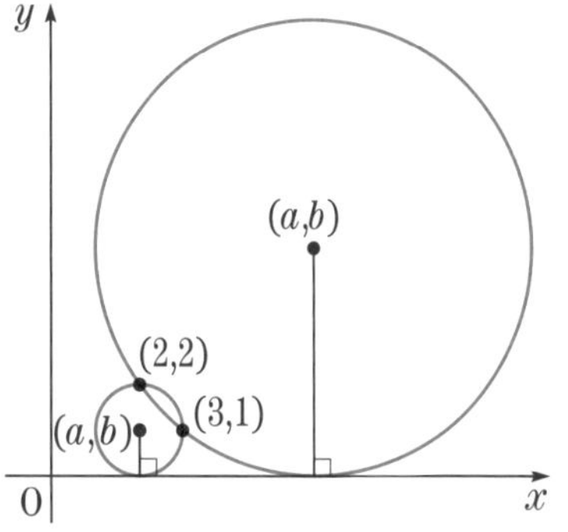

円の中心の座標を $(a,\ b)$ とおく。

x 軸に接することから，半径は $|b|$ となり，

円の方程式は

$$(x-a)^2+(y-b)^2=b^2$$

と表せる。これが2点 $(2,\ 2)$，$(3,\ 1)$ を通るので $\begin{cases}(2-a)^2+(2-b)^2=b^2\\(3-a)^2+(1-b)^2=b^2\end{cases}$

整理して $\begin{cases}a^2-4a-4b+8=0\\a^2-6a-2b+10=0\end{cases}$

b を消去して　$a^2-8a+12=0$　　$(a-2)(a-6)=0$

よって　$(a,\ b)=(2,\ 1)$，$(6,\ 5)$

円の方程式は　$\boldsymbol{(x-2)^2+(y-1)^2=1}$，$\boldsymbol{(x-6)^2+(y-5)^2=25}$　…答

類題 3点 $\mathrm{A}(2,\ -2)$，$\mathrm{B}(6,\ 0)$，$\mathrm{C}(-1,\ 7)$ を頂点とする三角形ABCについて，外接円の中心の座標と半径を求めよ。

解答 → 別冊 p.24

18 > 円と直線の位置関係

まとめ

☑ 円と直線の位置関係

円の方程式と直線の方程式を連立方程式として解くことで共有点の座標が得られる。2 つの方程式から y を消去(または x を消去)して得られる 2 次方程式の判別式を D，円の半径を r，円の中心と直線の距離を d とすると，円と直線の位置関係は次のようになる。

2点で交わる
$D>0$，$r>d$

接する
$D=0$，$r=d$

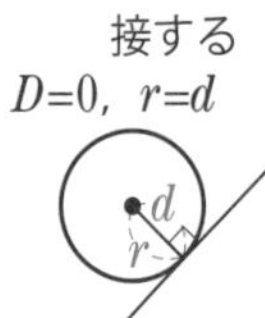

離れている
$D<0$，$r<d$

☑ 円の接線

円 $(x-a)^2+(y-b)^2=r^2$ 上の点 $\mathrm{P}(x_1,\ y_1)$ における接線の方程式は

$$(\boldsymbol{x_1-a})(\boldsymbol{x-a})+(\boldsymbol{y_1-b})(\boldsymbol{y-b})=\boldsymbol{r^2}$$

とくに，中心が原点のときは $a=b=0$ であり　$x_1x+y_1y=r^2$

☑ 2 円の位置関係

2 つの円 O，O′ の半径をそれぞれ r，r' $(r>r')$，中心間の距離を d とすると，2 つの円の位置関係は，次のようになる。

離れている
$r+r'<d$

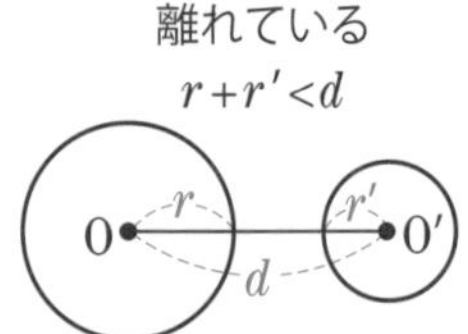

外接する
$r+r'=d$

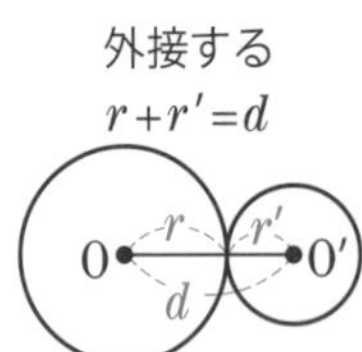

2点で交わる
$r-r'<d<r+r'$

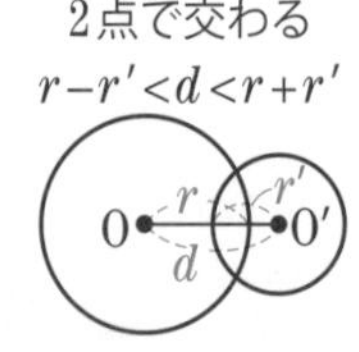

内接する
$r-r'=d$

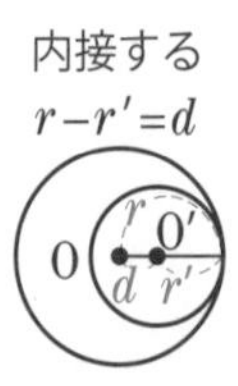

一方が他方に
含まれる
$r-r'>d$

> チェック問題　　答え >

(1) 円 $x^2+y^2=25$ 上の点 $(3,\ 4)$ における接線の方程式は［　❶　］である。

❶ $3x+4y=25$

(2) 円 $(x-1)^2+(y+2)^2=8$ 上の点 $(3,\ 0)$ における接線の方程式は［　❷　］である。

❷ $x+y=3$

例題 次の問いに答えよ。

(1) 直線 $y=-2x+m$ が円 $x^2+y^2-2x-4y=0$ と共有点をもつような，実数 m の値の範囲を求めよ。

(2) 点 $(1,\ 3)$ から円 $x^2+y^2=5$ にひいた接線の方程式を求めよ。

解説

(1) 直線と円の方程式から y を消去して

$$x^2+(-2x+m)^2-2x-4(-2x+m)=0$$

整理して　$5x^2+2(3-2m)x+m^2-4m=0$

判別式 $D=4(3-2m)^2-4\cdot5(m^2-4m)\geqq0$ であるから

$$m^2-8m-9\leqq0 \qquad (m+1)(m-9)\leqq0$$

したがって　$\boldsymbol{-1\leqq m\leqq9}$ …答

(2) 接点の座標を $(x_0,\ y_0)$ とおく。

これは円上の点なので　$x_0{}^2+y_0{}^2=5$ ……①

接線の方程式は $x_0x+y_0y=5$ で，点 $(1,\ 3)$ を通るので

$$x_0+3y_0=5 \quad ……②$$

②より　$x_0=-3y_0+5$

これを①に代入して　$(-3y_0+5)^2+y_0{}^2=5$

整理して　$10y_0{}^2-30y_0+20=0$　　$(y_0-1)(y_0-2)=0$　　$y_0=1,\ 2$

よって　$(x_0,\ y_0)=(2,\ 1),\ (-1,\ 2)$

接線の方程式は　$\boldsymbol{2x+y=5,\ -x+2y=5}$ …答

類題 円 $x^2+y^2=2$ に接する傾き 3 の直線の方程式を求めよ。 解答 → 別冊 p.25

第2章 図形と方程式

17～18の確認テスト

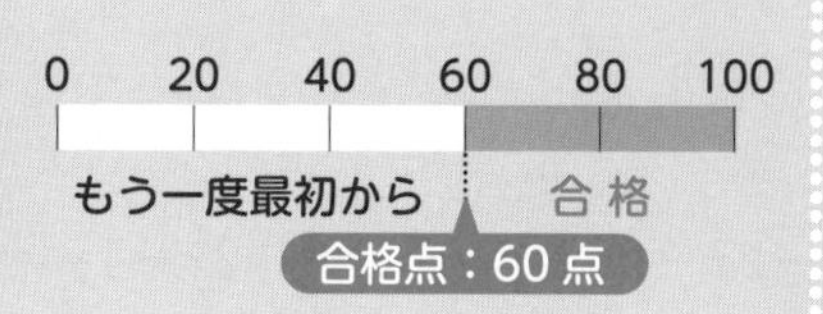

点

解答 → 別冊 p.26～27

わからなければ 17 へ

1 2点(2, −3), (4, 1)を直径の両端とする円の方程式を求めよ。 (10点)

わからなければ 17 へ

2 3点O(0, 0), A(2, −2), B(2, 1)を通る円の方程式を求めよ。 (13点)

わからなければ 17 へ

3 点(1, 2)を通り, x軸に接する円の方程式を求めよ。ただし, 円の中心は直線$y=x$上にある。 (13点)

わからなければ 18 へ

4 円$x^2+y^2=5$と直線$x-y-1=0$の交点の座標を求めよ。 (13点)

わからなければ 18 へ

5 直線 $y=x+k$ が円 $x^2+y^2=5$ と共有点をもたないような，定数 k の値の範囲を求めよ。 （13 点）

わからなければ 18 へ

6 点 $(5,\ 3)$ から円 $x^2+y^2=9$ にひいた接線の方程式を求めよ。 （14 点）

わからなければ 17，18 へ

7 x と y の方程式 $x^2+y^2-4x-2y=k$ が円を表すような実数の定数 k の値の範囲を求めよ。また，円が x 軸と接するような k の値を求めよ。 （各 12 点　計 24 点）

19 > 軌跡

まとめ

☑ 軌跡　平面上において，ある条件を満足しながら動く点Pの描く図形を，点Pの軌跡という。

条件 C を満たす点の軌跡が図形 F である。

$\Longleftrightarrow$ ① 条件 C を満たすすべての点は図形 F 上にある。
　　② 図形 F 上のすべての点は，条件 C を満たす。

例 [1] 点Oからの距離が1である点Pの軌跡は，原点を中心とする半径1の円である。この場合，P$(x,\ y)$ とすれば OP$=1$ より，$\sqrt{x^2+y^2}=1$ である。両辺を2乗すれば，方程式は $x^2+y^2=1$ となる。

[2] 点Oと点A$(10,\ 0)$ からの距離が等しい点Pの軌跡は，線分OAの垂直二等分線である。この場合，P$(x,\ y)$ とすれば OP$=$AP より，$\sqrt{x^2+y^2}=\sqrt{(x-10)^2+y^2}$ である。両辺を2乗して整理すれば，方程式は $x=5$ となる。

[1]

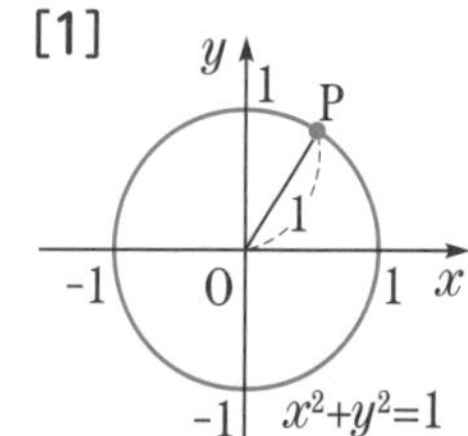

[2]

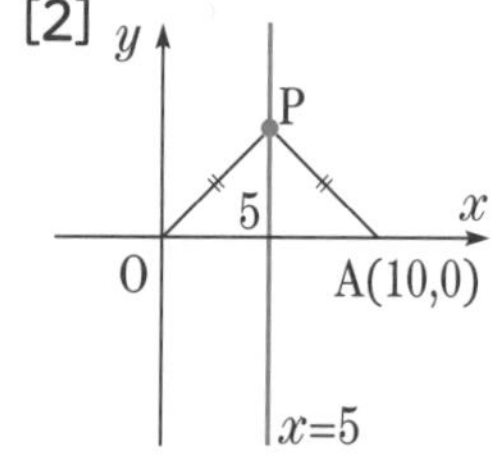

> チェック問題　　答え >

(1) 点A$(2,\ 1)$ からの距離が2である点Pの軌跡は，点Aを中心とする半径2の［❶］であり，その方程式は［❷］である。

❶ 円
❷ $(x-2)^2+(y-1)^2=4$

(2) 2点A$(2,\ 0)$，B$(2,\ 8)$ からの距離が等しい点Pの軌跡は，線分ABの［❸］であり，その方程式は［❹］である。

❸ 垂直二等分線
❹ $y=4$

(3) 2点A$(1,\ 0)$，B$(0,\ 1)$ からの距離の等しい点の軌跡の方程式は［❺］である。

❺ $y=x$

例題　次の問いに答えよ。

(1) 原点 O と点 A(5, 0) に対して，OP：AP＝3：2 となる点 P の軌跡を求めよ。

(2) 2 点 A(−2, 0)，B(8, 0) がある。円 $x^2+(y-6)^2=9$ の周上の動点 P に対して，△ABP の重心 G の軌跡を求めよ。

解説

(1) P(x, y) とおく。OP：AP＝3：2 より，3AP＝2OP となる。

この両辺は負ではないので $9AP^2=4OP^2$ と同値。よって

$$9\{(x-5)^2+y^2\}=4(x^2+y^2)$$

整理して　$x^2-18x+y^2+45=0$

$$(x-9)^2+y^2=36$$

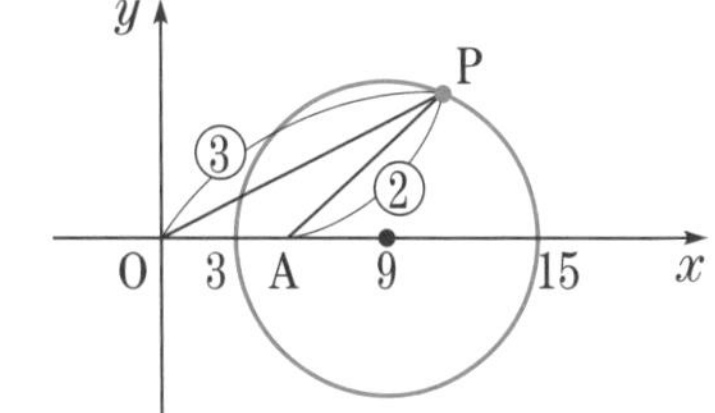

よって，求める軌跡は，**点 (9, 0) を中心とする半径 6 の円**である。…答

(2) P(X, Y) とおくと $X^2+(Y-6)^2=9$……① であり，G(x, y) とおくと，△ABP の重心が G であるので　$x=\dfrac{-2+8+X}{3}$，$y=\dfrac{0+0+Y}{3}$

つまり，$X=3x-6$，$Y=3y$ である。

これを，①に代入すると

$$(3x-6)^2+(3y-6)^2=9 \qquad (x-2)^2+(y-2)^2=1$$

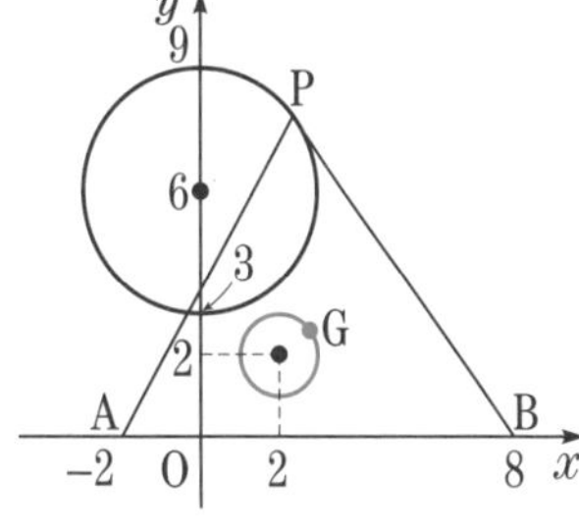

よって，求める軌跡は，**点 (2, 2) を中心とする半径 1 の円**である。…答

類題　点 A(2, 3) と直線 ℓ：$4x-3y=7$ 上の動点 P に対して，線分 AP の中点 M の軌跡を求めよ。

解答 → 別冊 p.28

20 領域

まとめ

☑ 領域

x, y についての不等式を満たす点 $(x,\ y)$ 全体の集合を，その不等式の表す**領域**という。

 (1) $y>3$　(2) $x\leqq 2$　(3) $y>x-1$　(4) $x^2+y^2\leqq 1$

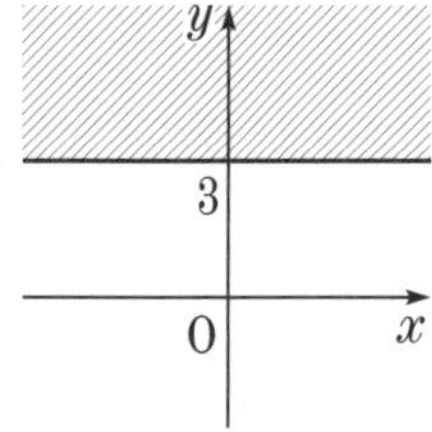

(境界線を含まない)

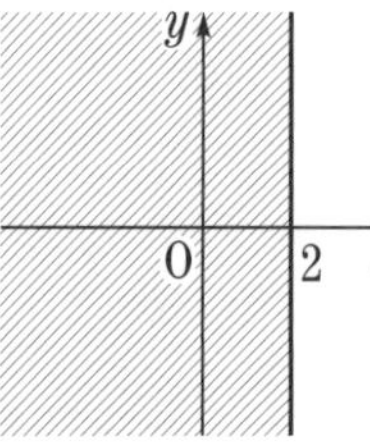

(境界線を含む)

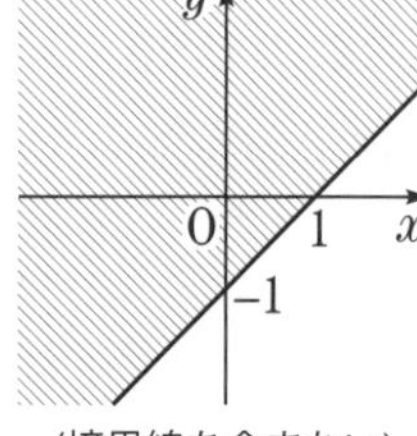

(境界線を含まない)

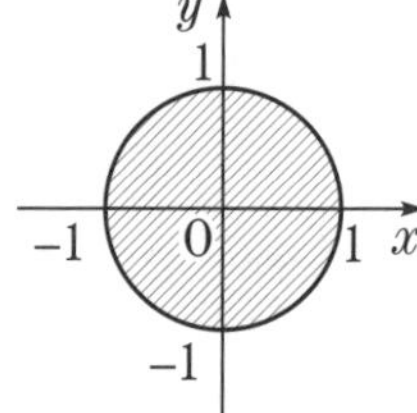

(境界線を含む)

☑ 連立不等式の表す領域

連立不等式の表す領域は，それぞれの不等式の表す領域の**共通部分**である。

(1) $\begin{cases} y>1 \\ x\leqq 2 \end{cases}$　(2) $\begin{cases} y>1 \\ y>x-1 \end{cases}$　(3) $\begin{cases} y>x-1 \\ x^2+y^2\leqq 1 \end{cases}$

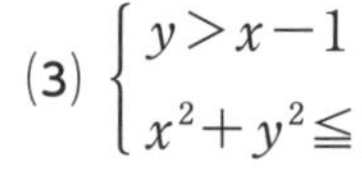

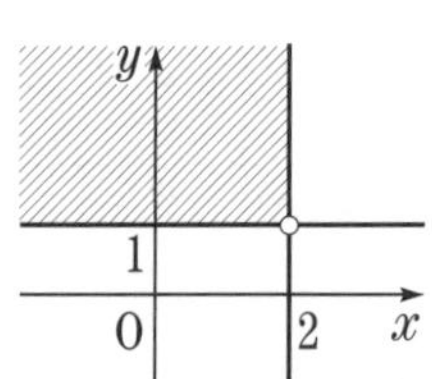

(直線 $x=2$ 上の点は含むが，直線 $y=1$ 上の点は含まない)

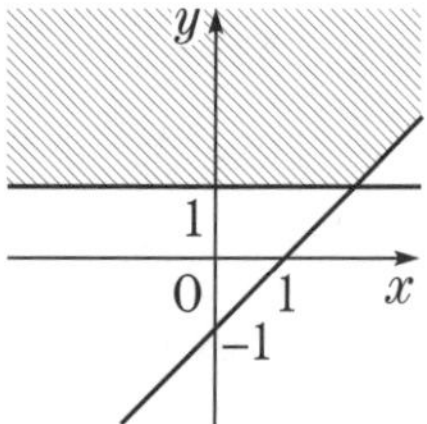

(境界線を含まない)

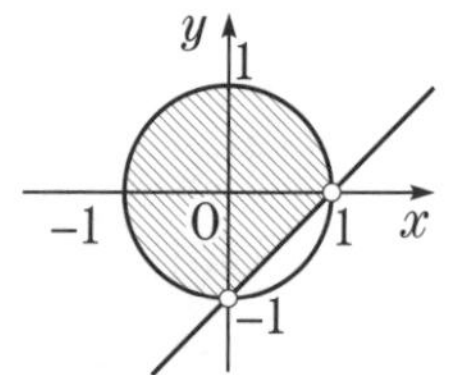

(円周上の点は含むが直線上の点は含まない)

＞チェック問題　答え＞

次の図で示されている領域を表す不等式を求めよ。

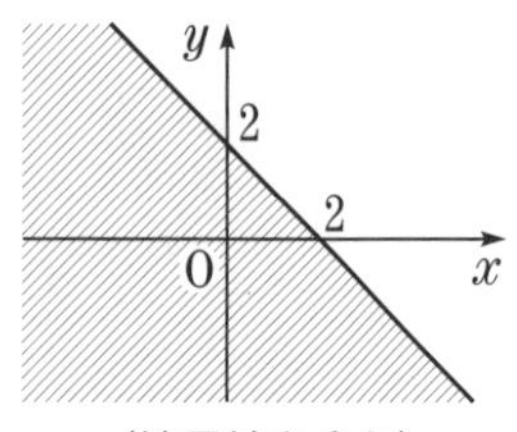

(境界線を含む)

❶

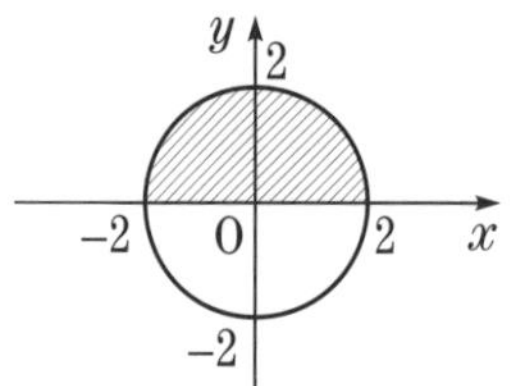

(境界線を含まない)

❷

答え

❶ $y\leqq -x+2$
$(x+y\leqq 2)$

❷ $\begin{cases} y>0 \\ x^2+y^2<4 \end{cases}$

例題 次の不等式の表す領域を図示せよ。

(1) $x-2y+4\geqq 0$

(2) $\begin{cases} x^2+y^2-2x-2y<0 \\ x-y>0 \end{cases}$

解説

(1) $-2y\geqq -x-4$ より

$$y\leqq \frac{1}{2}x+2$$

したがって，直線 $y=\frac{1}{2}x+2$ を含んで，その下側の領域。

答

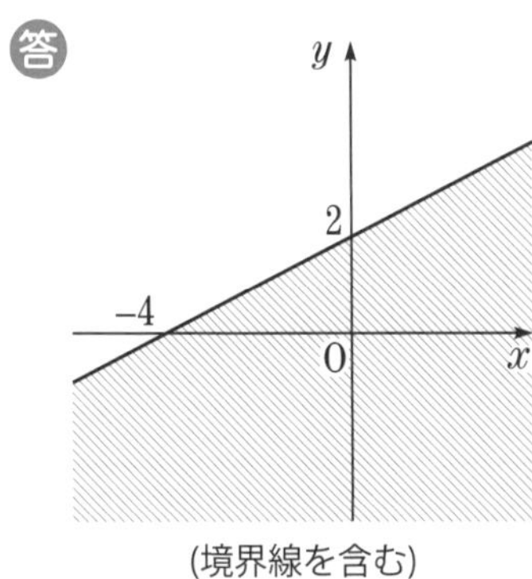

(境界線を含む)

(2) $x^2+y^2-2x-2y<0$ を変形し

$$(x-1)^2+(y-1)^2<2$$

点 $(1,\ 1)$ を中心とする半径 $\sqrt{2}$ の円の内部。

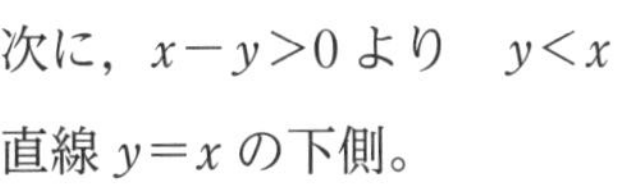

次に，$x-y>0$ より　$y<x$

直線 $y=x$ の下側。

答

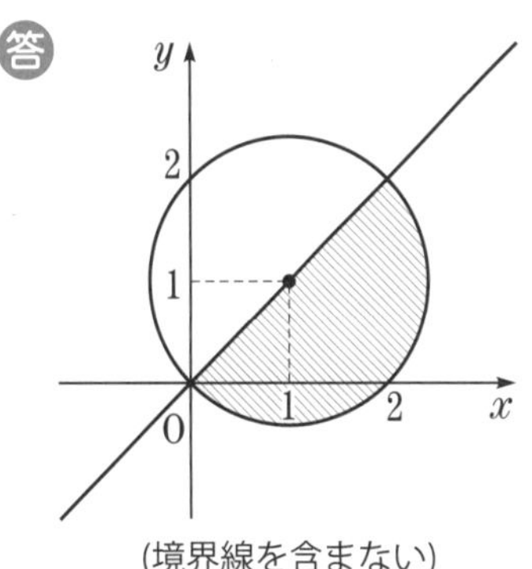

(境界線を含まない)

類題 次の不等式の表す領域を図示せよ。 解答 → 別冊 p.28

(1) $\begin{cases} x-y+1\geqq 0 \\ x+2y-8\leqq 0 \end{cases}$

(2) $\begin{cases} x+y-1<0 \\ x^2-y-1<0 \end{cases}$

21 > 領域のいろいろな問題

まとめ

☑ 領域と最大・最小

領域内の点 P$(x,\ y)$ に対して，$x,\ y$ の式の最大値，最小値を求めるとき，$x,\ y$ の式を k とおき，図形を使って考える。

例 右の図のような，境界線を含む領域 D 内の点 P$(x,\ y)$ に対して，$x+y$ の最大・最小を考える。
$x+y=k$ とおくと，$y=-x+k$ となる。k は傾き -1 の直線の y 切片を表している。このことから，点 P$(x,\ y)$ に対する $x+y$ の値は，点 P を通る傾き -1 の直線の y 切片ということがわかる。

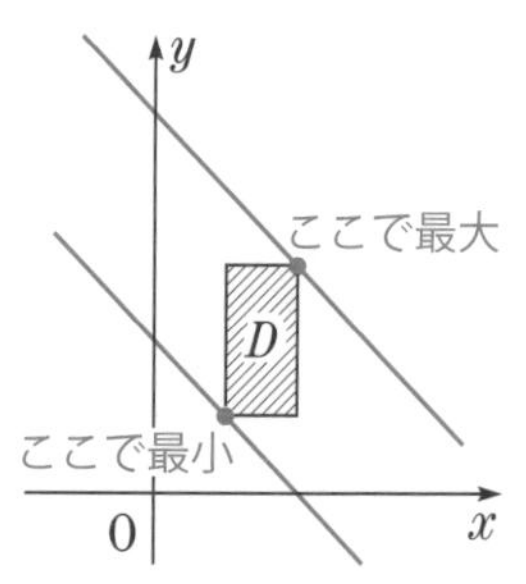

よって，領域を通る傾き -1 の直線を考え，y 切片が最大になる場合，最小になる場合を調べればよい。

> チェック問題

答え >

3 つの不等式 $x \geqq 0$，$x+y-5 \leqq 0$，$x-2y+4 \leqq 0$ で表される領域を D とするとき，$y-x$ の最大値と最小値を考える。

$x+y-5 \leqq 0$ より

$y \leqq$ [❶]

$x-2y+4 \leqq 0$ より

$y \geqq$ [❷]

また，$x \geqq 0$ であるので，領域 D は図の斜線部分で境界線を含む。

$y-x=k$ とおくと，$y=x+k$ となり，これは傾き [❸]，y 切片 [❹] の直線である。図より，

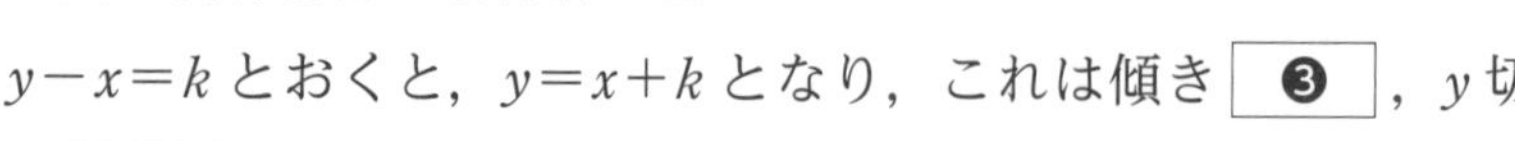

点 [❺] を通るとき最大で，最大値 $k=$ [❻]

点 [❼] を通るとき最小で，最小値 $k=$ [❽]

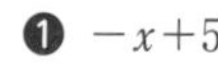

❶ $-x+5$

❷ $\frac{1}{2}x+2$

❸ 1

❹ k

❺ (0, 5)　❻ 5

❼ (2, 3)　❽ 1

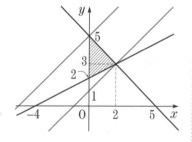

例題 ある工場で，製品A，Bを1kg作るのに必要な原料P，Qの量と製品A，B 1kgあたりの利益は右の表の通りである。

	原料P	原料Q	利益
製品A	3kg	1kg	20万円
製品B	1kg	2kg	10万円

この工場に1日に供給できるのは，原料Pが最大9kg，原料Qが最大8kgである。この工場で製品A，Bをそれぞれ何kg作ったとき，利益が最大となるか。また，その最大利益も求めよ。

! 解説

1日に製品A，Bをそれぞれ$x$kg，$y$kg作るとする。

$$x \geqq 0,\ y \geqq 0,\ 3x+y \leqq 9,\ x+2y \leqq 8$$

この4つの不等式を満たす領域は，右の図の斜線の部分で，境界線を含む。

このとき，利益をm万円とすると

$$m=20x+10y \qquad y=-2x+\frac{m}{10}$$

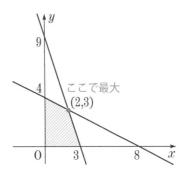

となる。

mが最大となるのは，傾き-2の直線が点(2，3)を通るときである。

よって，**Aを2kg，Bを3kg**作るとき利益は最大となり，

最大利益は　$m=20\times2+10\times3=$**70**（万円） …答

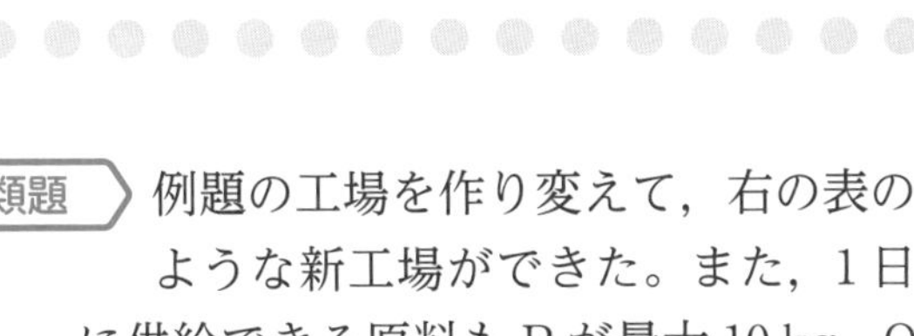

類題 例題の工場を作り変えて，右の表のような新工場ができた。また，1日に供給できる原料もPが最大10kg，Qが8kgとなった。最大利益を求めよ。

	原料P	原料Q	利益
製品A	2kg	1kg	15万円
製品B	1kg	2kg	15万円

解答 → 別冊 p.29

19～21の確認テスト

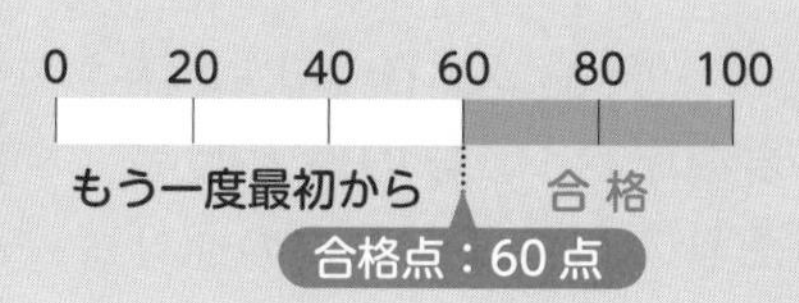

点

解答 → 別冊 p.30～31

わからなければ 19 へ

1 2点A(−2, 0), B(4, 0)からの距離の比が $m：n$ である点Pの軌跡を，次の各々の場合について求めよ。 (各8点 計16点)

(1) $m：n=1：1$

(2) $m：n=2：1$

わからなければ 19 へ

2 2点A(−2, 3), B(2, −2)に対して，$AP^2-BP^2=7$ を満たす点Pの軌跡を求めよ。 (9点)

わからなければ 19 へ

3 点A(4, 0)があり，点Bが次の各々の図形上の動点であるとき，線分ABの中点Mの軌跡を求めよ。 (各9点 計18点)

(1) 点Bが円 $x^2+y^2=4$ 上の動点

(2) 点Bが放物線 $y=x^2$ 上の動点

わからなければ 20 へ

4 次の不等式の表す領域を図示せよ。（各 7 点　計 42 点）

(1) $x^2+y^2+2x<0$

(2) $xy>0$

(3) $y \geqq x^2-1$

(4) $\begin{cases} x+y<1 \\ x^2+y^2<1 \end{cases}$

(5) $\begin{cases} (x+1)^2+y^2 \leqq 2 \\ (x-1)^2+y^2 \leqq 2 \end{cases}$

(6) $\begin{cases} 2x+y-1 \leqq 0 \\ x^2-2x+y^2 \leqq 0 \end{cases}$

わからなければ 21 へ

5 x，y が連立不等式 $x \geqq 0$，$y \geqq 0$，$3x+2y \leqq 12$，$x+2y \leqq 8$ を満たすとき，$x+y$ の最大値を求めよ。また，そのときの x，y の値を求めよ。（15 点）

22 一般角と弧度法

まとめ

☑ 動径の回転　半直線 OX は固定されているものとする。

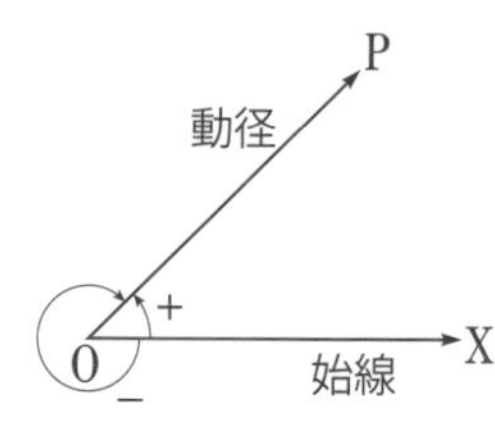

点 O のまわりを回転する半直線 OP が，はじめ OX の位置にあったものとし，その回転した角度を考える。このとき，OX を始線，OP を動径という。

☑ 一般角　動径の角度は，回転の向きで正と負の角を考えることができる。また，正の向きにも負の向きにも 360° を超える回転も考えることができる。このように，角の大きさの範囲を拡げて考える角のことを一般角という。

たとえば，−330°，30°，390°，750° を表す動径の位置は同じである。

つまり，動径の表す一般角は，次のようになる。

$\alpha+360°\times n$（n は整数）　←α は動径と始線のなす角の1つ

☑ 弧度法　扇形の中心角で，弧の長さが半径と等しくなる角を 1 とする角の測り方を弧度法という。つまり，扇形の半径を r，弧の長さを l とするとき $\theta=\dfrac{l}{r}$ と定義する。弧度法ではラジアンという単位名を使うが省略することも多い。

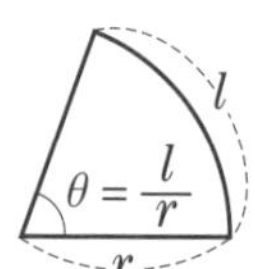

例

度数法	180°	90°	60°	45°	30°
弧度法	π	$\dfrac{\pi}{2}$	$\dfrac{\pi}{3}$	$\dfrac{\pi}{4}$	$\dfrac{\pi}{6}$

注　度数法は 60 分法ともいう。

☑ 扇形の弧の長さと面積　扇形の半径を r，中心角を θ とし，弧の長さを l，面積を S とすると

$$l=r\theta,\quad S=\frac{\theta}{2\pi}\times\pi r^2=\frac{1}{2}r^2\theta=\frac{1}{2}lr$$

チェック問題

次の問いに答えよ。ただし，(3)，(4)の n は整数とする。

(1) 120° を弧度法で表すと ❶ である。

(2) $\dfrac{5}{6}\pi$（ラジアン）を度数法で表すと ❷ である。

(3) $45°+360°\times n$ を弧度法で表すと ❸ となる。

(4) $\dfrac{\pi}{2}+2n\pi$ を度数法で表すと ❹ となる。

答え

❶ $\dfrac{2}{3}\pi$

❷ 150°

❸ $\dfrac{\pi}{4}+2n\pi$

❹ $90°+360°\times n$

例題　次の問いに答えよ。

(1) 半径 2，中心角 120° の扇形の弧の長さと面積を求めよ。
(2) 半径 6，弧の長さが π である扇形の中心角(ラジアン)と面積を求めよ。

解説

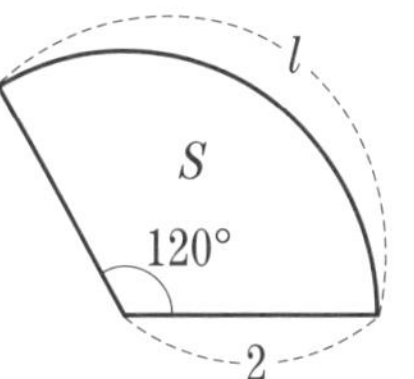

(1) 弧の長さを l とし，面積を S とする。

中心角 120° は $\frac{2}{3}\pi$ (ラジアン)より

$$l=r\theta=2\cdot\frac{2}{3}\pi=\mathbf{\frac{4}{3}\pi}$$ …答

$$S=\frac{1}{2}lr=\frac{1}{2}\cdot\frac{4}{3}\pi\cdot 2=\mathbf{\frac{4}{3}\pi}$$ …答

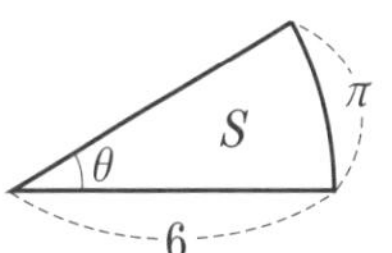

(2) 中心角を θ とし，面積を S とする。

$l=r\theta$ より　$\pi=6\theta$　　$\theta=\mathbf{\frac{\pi}{6}}$ (ラジアン) …答

$$S=\frac{1}{2}lr=\frac{1}{2}\cdot\pi\cdot 6=\mathbf{3\pi}$$ …答

類題　次の問いに答えよ。　解答 → 別冊 p.32

(1) 半径が 6，中心角が $\frac{2}{3}\pi$ の扇形の弧の長さと面積を求めよ。

(2) 中心角が $\frac{\pi}{4}$ で，面積が 2π である扇形の半径と弧の長さを求めよ。

23 > 三角関数

まとめ

☑ 三角関数の定義

xy 平面上で原点を中心とする半径 r の円Oを考える。x 軸の正の部分を始線とし，角 θ の定める動径と，円Oとの交点をPとする。点Pの座標を $(x,\ y)$ とおくとき，角 θ の三角関数を次のように定める。

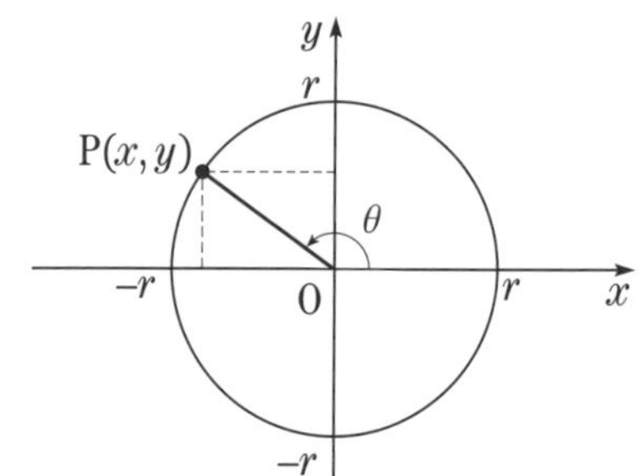

$\sin\theta = \dfrac{y}{r}$ ← sin を正弦ともいう

$\cos\theta = \dfrac{x}{r}$ ← cos を余弦ともいう

$\tan\theta = \dfrac{y}{x}$ ← tan を正接ともいう

☑ 三角関数の値域

$-1 \leqq \sin\theta \leqq 1$

$-1 \leqq \cos\theta \leqq 1$

$\tan\theta$ の値域は実数全体

> チェック問題

答え >

(1) 次の三角関数の値を求めよ。

$\sin\dfrac{3}{2}\pi =$ ❶　　$\cos\dfrac{9}{4}\pi =$ ❷

$\tan\dfrac{5}{3}\pi =$ ❸

(2) 角 θ が $\dfrac{\pi}{3} \leqq \theta \leqq \pi$ の範囲にあるとき，$\sin\theta$，$\cos\theta$ のとる値の範囲は

❹ $\leqq \sin\theta \leqq$ ❺

❻ $\leqq \cos\theta \leqq$ ❼

答え

❶ -1　❷ $\dfrac{1}{\sqrt{2}}$

❸ $-\sqrt{3}$

❹ 0　❺ 1

❻ -1　❼ $\dfrac{1}{2}$

例題 次の問いに答えよ。

(1) θ は第 2 象限の角で，$\cos\theta=-\dfrac{1}{2}$ のとき，$\sin\theta$，$\tan\theta$ の値を求めよ。

(2) θ は第 3 象限の角で，$\tan\theta=\dfrac{1}{2}$ のとき，$\sin\theta$，$\cos\theta$ の値を求めよ。

! 解説

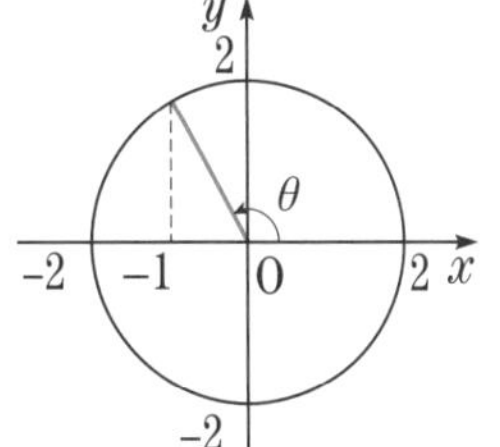

(1) θ は第 2 象限の角で $\cos\theta=-\dfrac{1}{2}$ なので　$\theta=\dfrac{2}{3}\pi$

よって　$\boldsymbol{\sin\theta=\dfrac{\sqrt{3}}{2}}$，$\boldsymbol{\tan\theta=-\sqrt{3}}$　…答

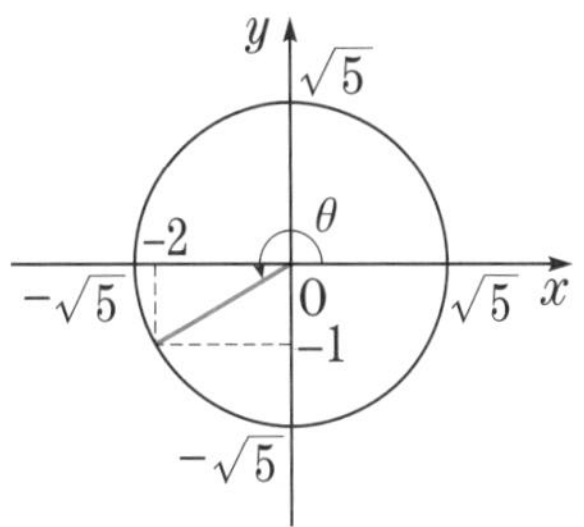

(2) 半径 $\sqrt{1^2+2^2}=\sqrt{5}$ の円を考える。

右の図より

$\boldsymbol{\sin\theta=-\dfrac{1}{\sqrt{5}}=-\dfrac{\sqrt{5}}{5}}$　…答

$\boldsymbol{\cos\theta=-\dfrac{2}{\sqrt{5}}=-\dfrac{2\sqrt{5}}{5}}$　…答

類題 次の問いに答えよ。　解答 → 別冊 p.32

(1) θ は第 3 象限の角で，$\sin\theta=-\dfrac{4}{5}$ のとき，$\cos\theta$ と $\tan\theta$ の値を求めよ。

(2) θ は第 1 象限の角で，$\tan\theta=\dfrac{5}{12}$ のとき，$\sin\theta$ と $\cos\theta$ の値を求めよ。

24 三角関数の相互関係

まとめ

☑ 三角関数と単位円

xy 平面上の原点を中心とする半径 1 の円を単位円という。単位円 O 上で，角 θ の定める動径と円 O との交点を $\mathrm{P}(x,\ y)$ とすると，次のようになる。

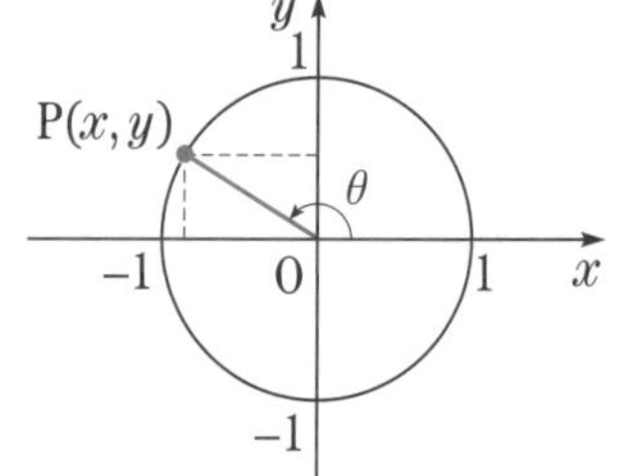

$$\sin\theta = y,\quad \cos\theta = x,\quad \tan\theta = \frac{y}{x}$$

☑ 三角関数の相互関係

(1) 三角関数を定義したときの円 O の方程式は $x^2+y^2=1$ であるので

$$\sin^2\theta+\cos^2\theta=1$$

(2) $\sin\theta=y$，$\cos\theta=x$，$\tan\theta=\dfrac{y}{x}$ であることから

$$\tan\theta=\frac{\sin\theta}{\cos\theta}$$

(3) (1)の両辺を $\cos^2\theta$ で割り，(2)を用いると，次の式が得られる。

$$1+\tan^2\theta=\frac{1}{\cos^2\theta}$$

チェック問題

(1) θ が第 1 象限の角で，$\tan\theta=3$ のとき，

$1+\tan^2\theta=\dfrac{1}{\cos^2\theta}$ より　$\cos\theta=$ ［❶］

$\tan\theta=\dfrac{\sin\theta}{\cos\theta}$ より　$\sin\theta=\tan\theta\cos\theta=$ ［❷］

(2) $\sin\theta+\cos\theta=a$ のとき　$(\sin\theta+\cos\theta)^2=a^2$

これより　$\sin^2\theta+2\sin\theta\cos\theta+\cos^2\theta=a^2$

よって，$\sin\theta\cos\theta$ を a を用いて表すと

$\sin\theta\cos\theta=$ ［❸］

$\sin^3\theta+\cos^3\theta$

$=(\sin\theta+\cos\theta)(\sin^2\theta-\sin\theta\cos\theta+\cos^2\theta)$

$=$ ［❹］

答え

❶ $\dfrac{1}{\sqrt{10}}$

❷ $\dfrac{3}{\sqrt{10}}$

❸ $\dfrac{a^2-1}{2}$

❹ $\dfrac{3a-a^3}{2}$

例題 次の等式を証明せよ。

$$\tan\theta+\frac{1}{\tan\theta}=\frac{1}{\sin\theta\cos\theta}$$

解説

[証明] (左辺)$=\tan\theta+\dfrac{1}{\tan\theta}=\dfrac{\sin\theta}{\cos\theta}+\dfrac{\cos\theta}{\sin\theta}$

$$=\frac{\sin^2\theta}{\sin\theta\cos\theta}+\frac{\cos^2\theta}{\sin\theta\cos\theta}=\frac{\sin^2\theta+\cos^2\theta}{\sin\theta\cos\theta}$$

$=\dfrac{1}{\sin\theta\cos\theta}=$(右辺) [証明終わり]

類題 次の等式を証明せよ。 解答 → 別冊 p.33

(1) $\tan^2\theta-\sin^2\theta=\tan^2\theta\sin^2\theta$

(2) $\dfrac{\cos^2\theta-\sin^2\theta}{1+2\sin\theta\cos\theta}=\dfrac{1-\tan\theta}{1+\tan\theta}$

25 > 三角関数の性質

まとめ

☑ 三角関数の性質

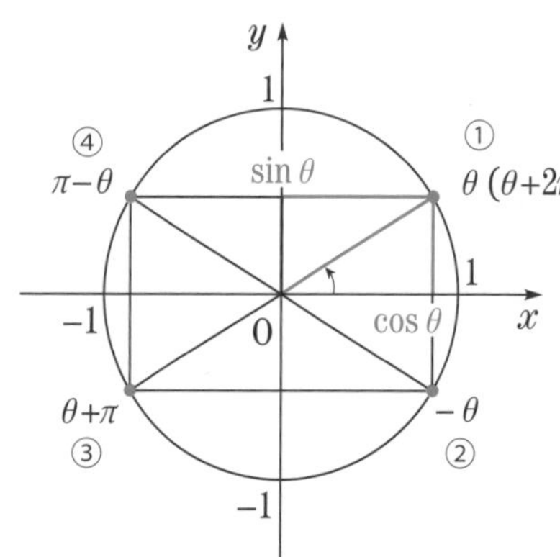

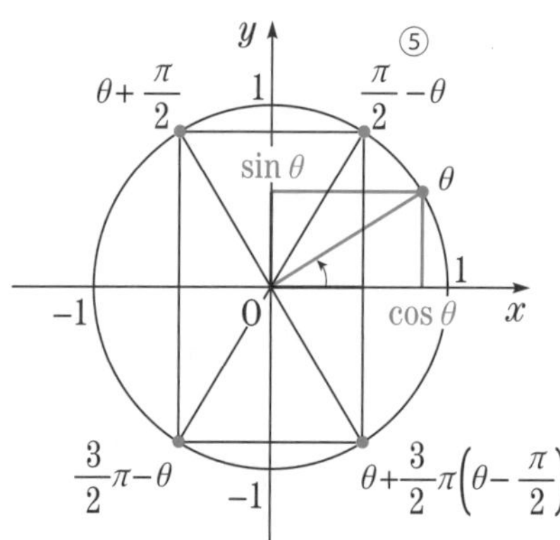

① $\sin(\theta+2n\pi)=\sin\theta$, $\cos(\theta+2n\pi)=\cos\theta$, $\tan(\theta+2n\pi)=\tan\theta$ （n は整数）

② $\sin(-\theta)=-\sin\theta$, $\cos(-\theta)=\cos\theta$, $\tan(-\theta)=-\tan\theta$

③ $\sin(\theta+\pi)=-\sin\theta$, $\cos(\theta+\pi)=-\cos\theta$, $\tan(\theta+\pi)=\tan\theta$

④ $\sin(\pi-\theta)=\sin\theta$, $\cos(\pi-\theta)=-\cos\theta$, $\tan(\pi-\theta)=-\tan\theta$

⑤ $\sin\left(\frac{\pi}{2}-\theta\right)=\cos\theta$, $\cos\left(\frac{\pi}{2}-\theta\right)=\sin\theta$, $\tan\left(\frac{\pi}{2}-\theta\right)=\frac{1}{\tan\theta}$

> チェック問題　　答え >

上の図を参考にして，次の式を簡単にせよ。

(1) $\sin\left(\theta+\frac{\pi}{2}\right)=$ ［❶］， $\cos\left(\theta+\frac{\pi}{2}\right)=$ ［❷］，

$\tan\left(\theta+\frac{\pi}{2}\right)=$ ［❸］

(2) $\sin\left(\theta-\frac{\pi}{2}\right)=$ ［❹］， $\cos\left(\theta-\frac{\pi}{2}\right)=$ ［❺］，

$\tan\left(\theta-\frac{\pi}{2}\right)=$ ［❻］

答え

❶ $\cos\theta$　❷ $-\sin\theta$

❸ $-\frac{1}{\tan\theta}$

❹ $-\cos\theta$　❺ $\sin\theta$

❻ $-\frac{1}{\tan\theta}$

例題 次の式を簡単にせよ。

(1) $\tan(\theta+\pi)\sin\left(\theta+\dfrac{3}{2}\pi\right)$

(2) $\cos\left(\theta+\dfrac{3}{2}\pi\right)\tan\left(\theta-\dfrac{3}{2}\pi\right)\tan(\pi-\theta)$

解説

(1) $\tan(\theta+\pi)=\tan\theta$, $\sin\left(\theta+\dfrac{3}{2}\pi\right)=-\cos\theta$

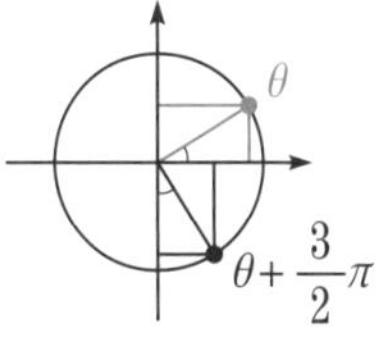

よって　$\tan(\theta+\pi)\sin\left(\theta+\dfrac{3}{2}\pi\right)=\tan\theta(-\cos\theta)$

$$=\frac{\sin\theta}{\cos\theta}\times(-\cos\theta)$$

$$=\boldsymbol{-\sin\theta}$$ …答

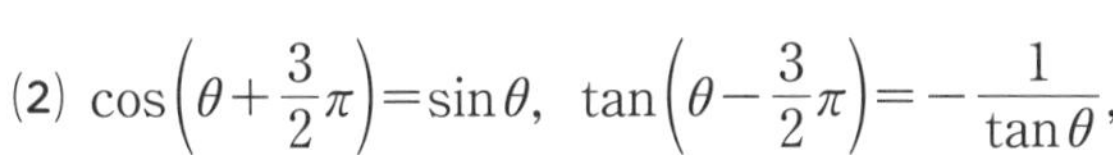

(2) $\cos\left(\theta+\dfrac{3}{2}\pi\right)=\sin\theta$, $\tan\left(\theta-\dfrac{3}{2}\pi\right)=-\dfrac{1}{\tan\theta}$,

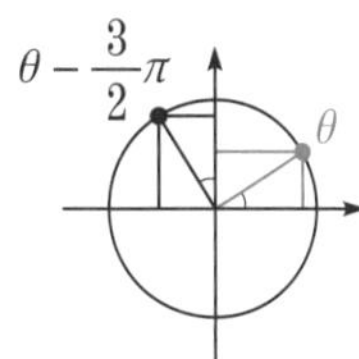

$\tan(\pi-\theta)=-\tan\theta$

よって　$\cos\left(\theta+\dfrac{3}{2}\pi\right)\tan\left(\theta-\dfrac{3}{2}\pi\right)\tan(\pi-\theta)$

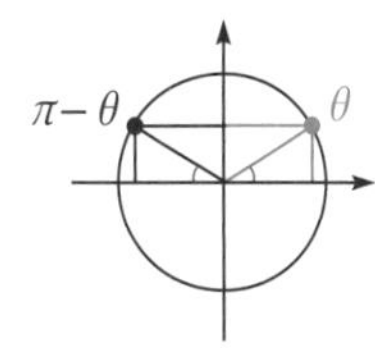

$$=\sin\theta\times\left(-\frac{1}{\tan\theta}\right)\times(-\tan\theta)=\boldsymbol{\sin\theta}$$ …答

類題 次の式を簡単にせよ。 解答→別冊 p.33

(1) $\tan(\pi-\theta)\cos(\pi+\theta)$

(2) $\cos\left(\theta-\dfrac{\pi}{2}\right)\tan\left(\theta+\dfrac{\pi}{2}\right)$

22 ～ 25 の確認テスト

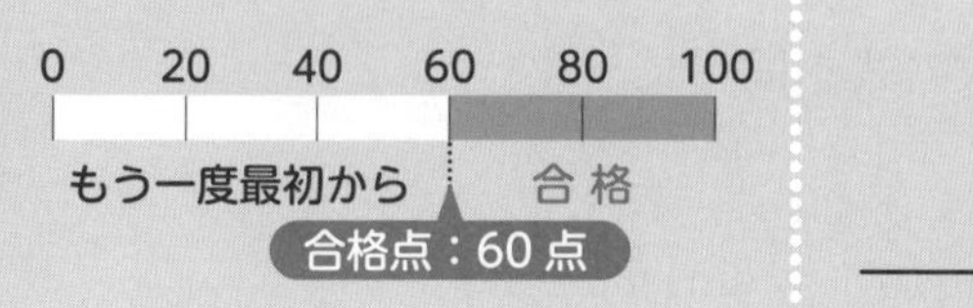

点

解答 → 別冊 p.34～35

わからなければ 22 へ

1 半径が 15，弧の長さが 10π である扇形の中心角と面積を求めよ。（各 10 点　計 20 点）

わからなければ 23 へ

2 $0<\theta<\pi$ で $\tan\theta=-2$ のとき，$\sin\theta$ と $\cos\theta$ の値を求めよ。（各 10 点　計 20 点）

わからなければ 24 へ

3 $\sin\theta+\cos\theta=\dfrac{1}{2}$ のとき，次の値を求めよ。（各 10 点　計 30 点）

(1) $\sin\theta\cos\theta$

(2) $\sin^3\theta+\cos^3\theta$

(3) $\sin\theta-\cos\theta$

わからなければ 24 へ

4

$\dfrac{\cos\theta}{1-\sin\theta}-\dfrac{1}{\cos\theta}$ を計算せよ。 (10 点)

わからなければ 24 へ

5

$\sin\theta+\cos\theta=\dfrac{1}{3}$ のとき，$\tan\theta+\dfrac{1}{\tan\theta}$ の値を求めよ。 (10 点)

わからなければ 25 へ

6

$\tan\left(\dfrac{\pi}{2}+\theta\right)\sin(\pi-\theta)$ を簡単にせよ。 (10 点)

26 三角関数のグラフ

まとめ

☑ $y=\sin\theta$, $y=\cos\theta$ のグラフ

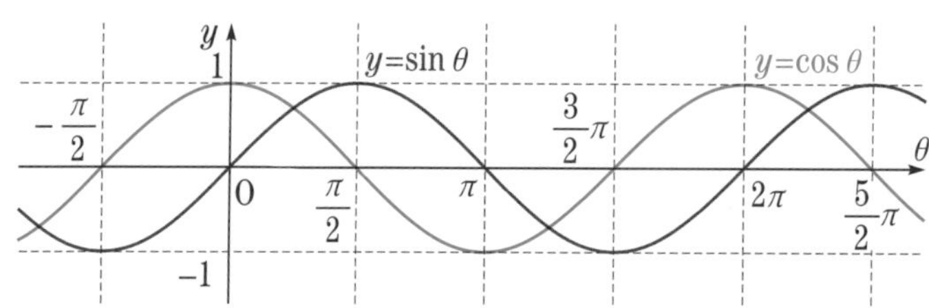

☑ $y=\sin\theta$ と $y=\cos\theta$ のグラフの関係

$\sin\left(\theta+\frac{\pi}{2}\right)=\cos\theta$ であるので，$y=\sin\theta$ のグラフを θ 軸方向に $-\frac{\pi}{2}$ だけ平行移動したグラフが $y=\cos\theta$ のグラフである。

つまり，2 つのグラフは同じ形の曲線であり，正弦曲線という。

☑ $y=\tan\theta$ のグラフ

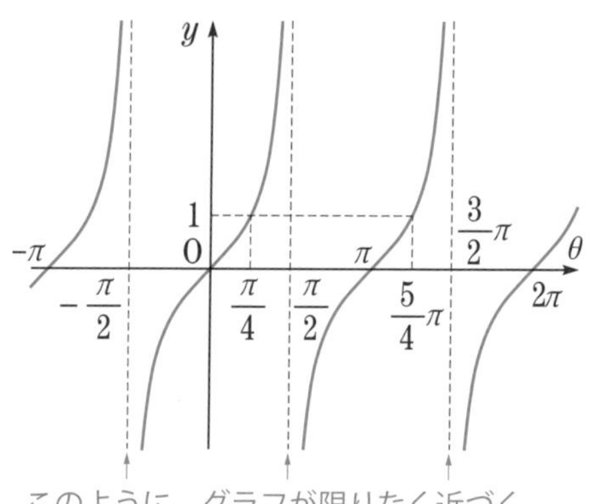

このように，グラフが限りなく近づく直線を漸近線という

☑ 周期

関数 $f(\theta)$ において，すべての実数 θ に対して $f(\theta+p)=f(\theta)$ を満たす実数 p が存在するとき，関数 $f(\theta)$ を周期関数，p を周期という。

例 関数 $y=\sin\theta$，$y=\cos\theta$ の周期はともに 2π である。

周期は普通，正で最小のものをいう

チェック問題

次の三角関数のグラフを表す式を，ア～ウから選べ。

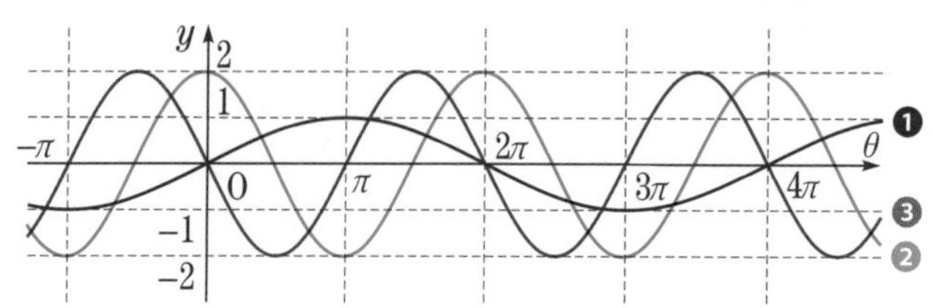

ア　$y=2\cos\theta$　　イ　$y=-2\sin\theta$　　ウ　$y=\sin\frac{\theta}{2}$

答え

❶ ウ

❷ ア

❸ イ

例題 次の関数のグラフをかけ。

(1) $y=\sin\left(\theta-\dfrac{\pi}{3}\right)$　　(2) $y=2\cos\left(\theta+\dfrac{\pi}{2}\right)$

解説

(1) このグラフは関数 $y=\sin\theta$ のグラフを θ 軸方向に $\dfrac{\pi}{3}$ だけ平行移動したもの。

答

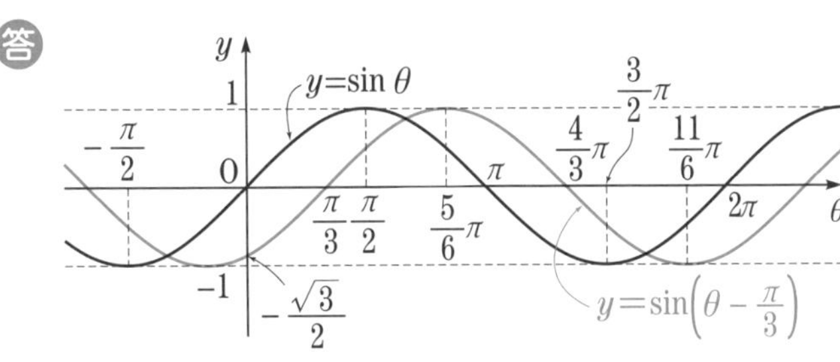

(2) 関数 $y=2\cos\left(\theta+\dfrac{\pi}{2}\right)$ は関数 $y=\cos\theta$ のグラフを θ 軸方向に $-\dfrac{\pi}{2}$ だけ平行移動したのち，y 軸方向へ 2 倍に拡大したもの。

答

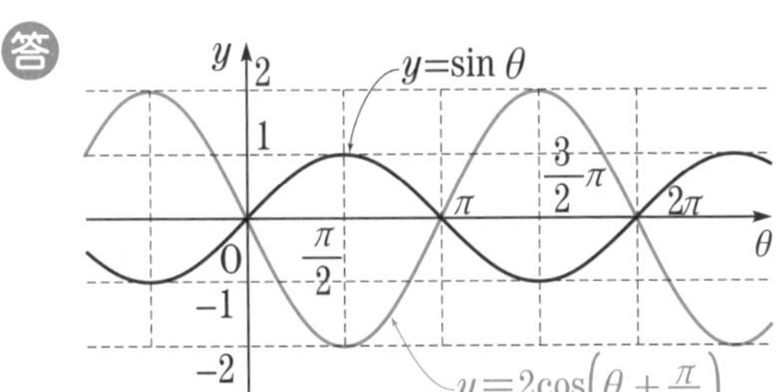

注 $2\cos\left(\theta+\dfrac{\pi}{2}\right)=-2\sin\theta$ であるので，このグラフは $y=\sin\theta$ のグラフを y 軸方向へ -2 倍に拡大したもの。つまり，上下逆に 2 倍したもの。

類題 次の関数のグラフをかけ。 解答 → 別冊 p.36

(1) $y=\cos 2\theta$　　(2) $y=2\sin\left(\theta+\dfrac{\pi}{2}\right)+1$

27 > 三角方程式

まとめ

☑ 三角方程式

三角関数の角または角を表す式に未知数を含む方程式を三角方程式という。

例 (1) $2\sin\theta-1=0$　　(2) $2\cos^2\theta-1=0$

☑ 三角方程式を単位円を使って解く方法

上の例(1), (2)の解を $0\leqq\theta<2\pi$ の範囲で求める。

(1) $\sin\theta=\dfrac{1}{2}$ より，円 $x^2+y^2=1$ と直線 $y=\dfrac{1}{2}$ との交点から得られる動径の角を読みとり

$$\theta=\frac{\pi}{6},\ \frac{5}{6}\pi$$

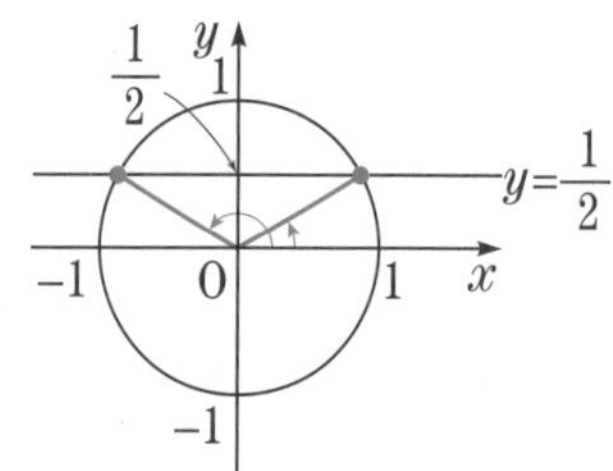

(2) $\cos\theta=\pm\dfrac{1}{\sqrt{2}}$ より，円 $x^2+y^2=1$ と直線 $x=\pm\dfrac{1}{\sqrt{2}}$ との交点から得られる動径の角を読みとり

$$\theta=\frac{\pi}{4},\ \frac{3}{4}\pi,\ \frac{5}{4}\pi,\ \frac{7}{4}\pi$$

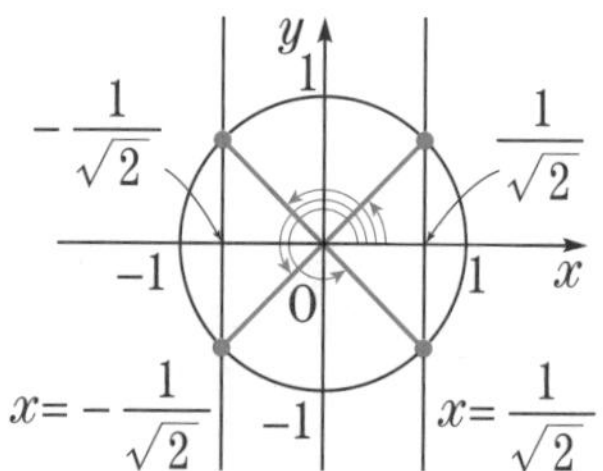

☑ 三角方程式の一般解

上の例(1)で，θ を $0\leqq\theta<2\pi$ の範囲に制限しなければ，$\sin\theta$ の周期性から，解は

$\theta=\dfrac{\pi}{6}+2n\pi,\ \dfrac{5}{6}\pi+2n\pi$（$n$ は整数）となる。このような解を一般解という。

θ の範囲に制限がない場合は，一般解を答えとするのが普通である。

> チェック問題

(1) $\sqrt{2}\sin\theta-1=0$ を $0\leqq\theta<2\pi$ の範囲で解くと

$\theta=$［ ❶ ］となり，$\sqrt{2}\sin\theta-1=0$ の一般解は

$\theta=$［ ❷ ］となる。

(2) $\cos\theta+1=0$ の一般解は $\theta=$［ ❸ ］である。

答え >

❶ $\dfrac{\pi}{4},\ \dfrac{3}{4}\pi$

❷ $\dfrac{\pi}{4}+2n\pi,\ \dfrac{3}{4}\pi+2n\pi$

❸ $\pi+2n\pi$

（❷，❸の n は整数）

例題 次の方程式を解け。

(1) $0 \leqq \theta < 2\pi$ のとき　$2\cos^2\theta + \sin\theta - 1 = 0$

(2) $5\sin\theta = 2(1 + \sin^2\theta)$

解説

(1) $\cos^2\theta = 1 - \sin^2\theta$ を代入し　$2(1 - \sin^2\theta) + \sin\theta - 1 = 0$

整理して　$2\sin^2\theta - \sin\theta - 1 = 0$

左辺を因数分解すると

$(2\sin\theta + 1)(\sin\theta - 1) = 0$

したがって　$\sin\theta = -\dfrac{1}{2},\ 1$

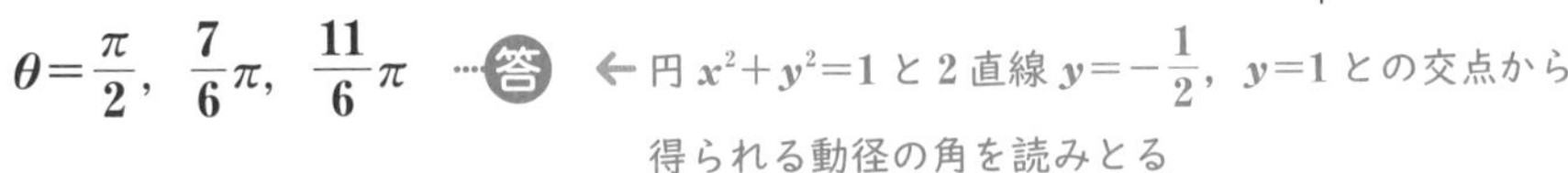

$\boldsymbol{\theta = \dfrac{\pi}{2},\ \dfrac{7}{6}\pi,\ \dfrac{11}{6}\pi}$ …答 ← 円 $x^2 + y^2 = 1$ と 2 直線 $y = -\dfrac{1}{2}$, $y = 1$ との交点から得られる動径の角を読みとる

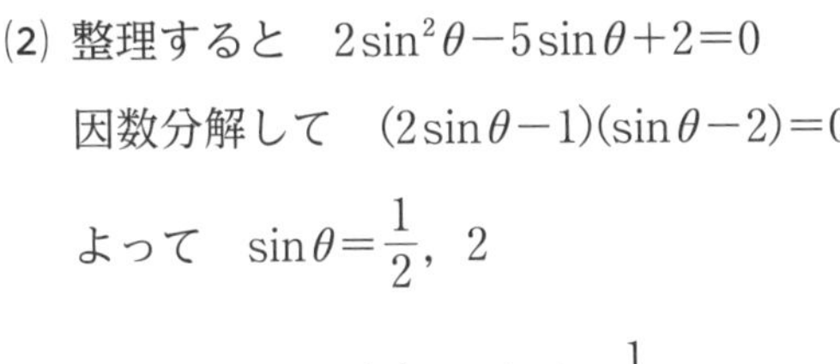

(2) 整理すると　$2\sin^2\theta - 5\sin\theta + 2 = 0$

因数分解して　$(2\sin\theta - 1)(\sin\theta - 2) = 0$

よって　$\sin\theta = \dfrac{1}{2},\ 2$

$-1 \leqq \sin\theta \leqq 1$ より　$\sin\theta = \dfrac{1}{2}$

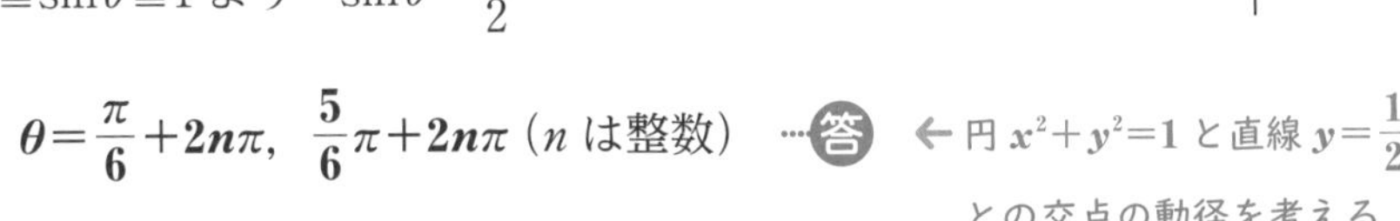

$\boldsymbol{\theta = \dfrac{\pi}{6} + 2n\pi,\ \dfrac{5}{6}\pi + 2n\pi}$ (n は整数) …答 ← 円 $x^2 + y^2 = 1$ と直線 $y = \dfrac{1}{2}$ との交点の動径を考える

類題 次の方程式を解け。 解答 → 別冊 p.36

(1) $0 \leqq \theta < 2\pi$ のとき　$4\sin^2\theta - 3 = 0$　　(2) $\sin^2\theta - 2\cos\theta - 1 = 0$

28 > 三角不等式

まとめ

☑ 三角不等式

三角関数の角または角を表す式に未知数を含む不等式を三角不等式という。

例 (1) $\sin\theta \geqq \dfrac{1}{2}$　　(2) $2\cos^2\theta - 1 < 0$

☑ 三角不等式を単位円を使って解く方法

上の例(1), (2)の解を $0 \leqq \theta < 2\pi$ の範囲で求める。

(1) 角 θ の動径と単位円の交点を $P(x,\ y)$ とすると，$\sin\theta \geqq \dfrac{1}{2}$ は $y \geqq \dfrac{1}{2}$ となる。

この領域にある点Pについて，動径が表す角 θ の範囲を求めると

$\dfrac{\pi}{6} \leqq \theta \leqq \dfrac{5}{6}\pi$

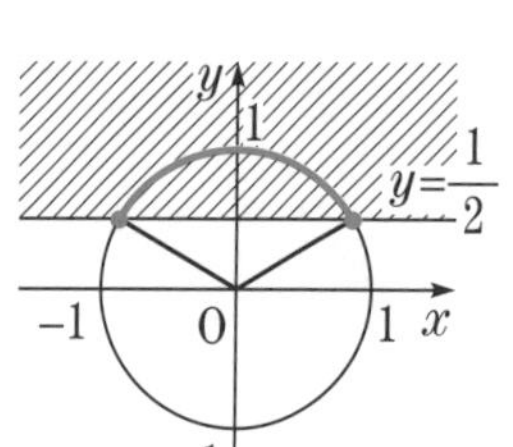

(2) $2\cos^2\theta - 1 < 0$ は　$2x^2 - 1 < 0$

$(\sqrt{2}x + 1)(\sqrt{2}x - 1) < 0$

$-\dfrac{1}{\sqrt{2}} < x < \dfrac{1}{\sqrt{2}}$

(1)と同様に角 θ の範囲を求める。

$\dfrac{\pi}{4} < \theta < \dfrac{3}{4}\pi,$

$\dfrac{5}{4}\pi < \theta < \dfrac{7}{4}\pi$

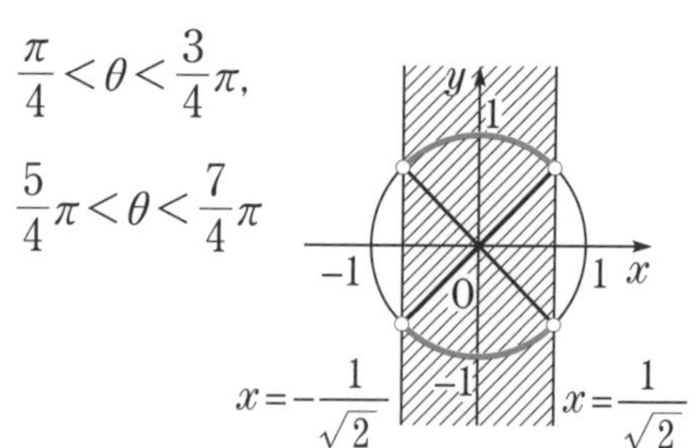

☑ 三角不等式の一般解

三角方程式の一般解と同様に，上の例(1)で説明すると，θ を $0 \leqq \theta < 2\pi$ の範囲に制限しなければ，$\sin\theta$ の周期性から，解は次のようになる。

$$\frac{\pi}{6} + 2n\pi \leqq \theta \leqq \frac{5}{6}\pi + 2n\pi \ (n \text{ は整数})$$

> チェック問題

$0 \leqq \theta < 2\pi$ のとき，次の不等式を解け。

(1) $\cos\theta < \dfrac{1}{2}$ を解くと［ ❶ ］である。

(2) $\sin\theta \geqq -\dfrac{1}{2}$ を解くと［ ❷ ］である。

答え >

❶ $\dfrac{\pi}{3} < \theta < \dfrac{5}{3}\pi$

❷ $0 \leqq \theta \leqq \dfrac{7}{6}\pi,\ \dfrac{11}{6}\pi \leqq \theta < 2\pi$

例題　$0 \leqq \theta < 2\pi$ のとき，次の不等式を解け。

(1) $\sin\theta + 2\cos^2\theta > 2$　　　(2) $\cos\left(\theta - \dfrac{\pi}{4}\right) \leqq 0$

解説

(1) $\cos^2\theta = 1 - \sin^2\theta$ を代入し，整理すると　$2\sin^2\theta - \sin\theta < 0$

$\sin\theta = y$ とおくと　$2y^2 - y < 0$　　$y(2y-1) < 0$

ゆえに　$0 < y < \dfrac{1}{2}$

よって　$0 < \sin\theta < \dfrac{1}{2}$

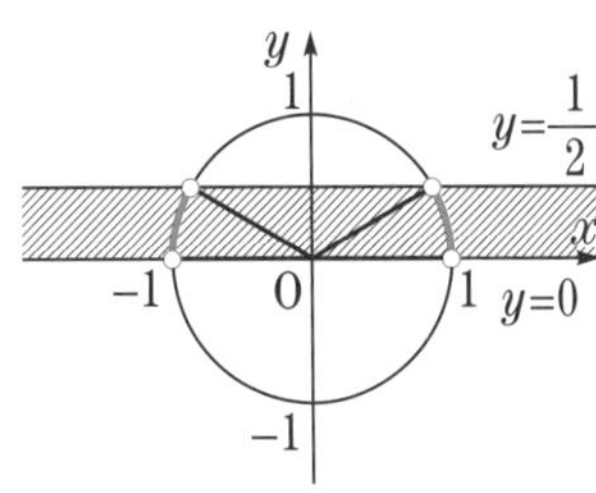

図より　$\mathbf{0 < \theta < \dfrac{\pi}{6}}$，$\mathbf{\dfrac{5}{6}\pi < \theta < \pi}$　…答

(2) $\theta - \dfrac{\pi}{4} = \alpha$ とおくと，$0 \leqq \theta < 2\pi$ より

$$-\frac{\pi}{4} \leqq \alpha < \frac{7}{4}\pi$$

また，$\cos\alpha \leqq 0$ であるので　$\dfrac{\pi}{2} \leqq \alpha \leqq \dfrac{3}{2}\pi$

よって　$\dfrac{\pi}{2} \leqq \theta - \dfrac{\pi}{4} \leqq \dfrac{3}{2}\pi$

$$\mathbf{\frac{3}{4}\pi \leqq \theta \leqq \frac{7}{4}\pi}$$　…答

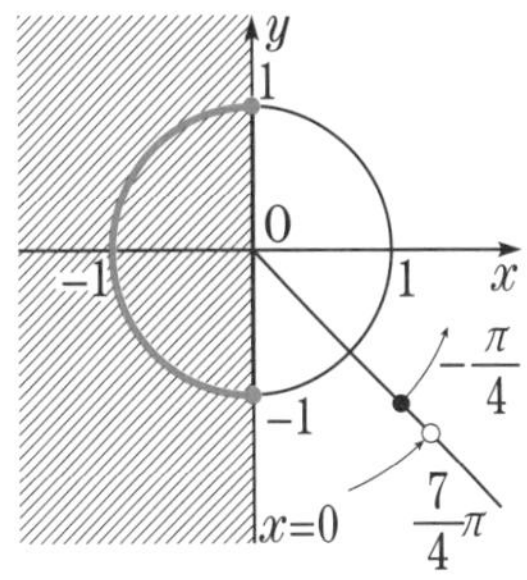

類題　$0 \leqq \theta < 2\pi$ のとき，次の不等式を解け。　解答 → 別冊 p.37

(1) $2\sin^2\theta + \sin\theta - 1 \leqq 0$　　　(2) $2\sin\left(\theta - \dfrac{\pi}{4}\right) + 1 > 0$

26～28の確認テスト

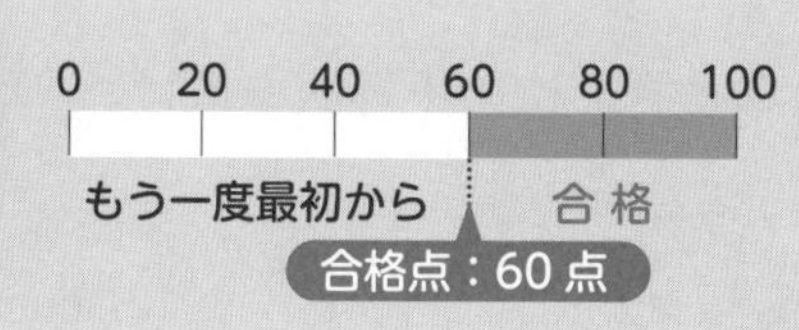

点

解答 → 別冊 p.38～39

わからなければ 26 へ

1 次の関数のグラフは，関数 $y=\sin\theta$ のグラフをどのように平行移動したものか。

（各8点　計16点）

(1) $y=\sin\left(\theta-\dfrac{\pi}{3}\right)$

(2) $y=\sin\left(\theta+\dfrac{\pi}{4}\right)-3$

わからなければ 26 へ

2 次の関数のグラフの方程式を求めよ。

（各8点　計16点）

(1) 関数 $y=\cos\theta$ のグラフを，y 軸方向に2倍に拡大し，θ 軸方向に $\dfrac{\pi}{6}$ だけ平行移動したもの

(2) 関数 $y=\tan\theta$ のグラフを，θ 軸方向に2倍に拡大し，θ 軸方向に $\dfrac{\pi}{4}$，y 軸方向に -2 だけ平行移動したもの

わからなければ 27 へ

3 $0 \leqq \theta < 2\pi$ のとき，次の三角方程式を解け。　　（各 10 点　計 20 点）

(1) $\sin\theta = -\dfrac{1}{2}$　　(2) $\tan\theta = \dfrac{\sqrt{3}}{3}$

わからなければ 28 へ

4 $0 \leqq \theta < 2\pi$ のとき，次の三角不等式を解け。　　（各 10 点　計 20 点）

(1) $\cos\theta < \dfrac{\sqrt{2}}{2}$　　(2) $\sin\theta \geqq \dfrac{\sqrt{3}}{2}$

わからなければ 27，28 へ

5 $0 \leqq \theta < 2\pi$ のとき，次の三角方程式，三角不等式を解け。　　（各 14 点　計 28 点）

(1) $\tan^2\theta - 1 = 0$　　(2) $2\cos^2\theta + \cos\theta \leqq 0$

29 ＞ 加法定理

まとめ

☑ 加法定理

$\sin(\alpha+\beta)=\sin\alpha\cos\beta+\cos\alpha\sin\beta$　　$\sin(\alpha-\beta)=\sin\alpha\cos\beta-\cos\alpha\sin\beta$

$\cos(\alpha+\beta)=\cos\alpha\cos\beta-\sin\alpha\sin\beta$　　$\cos(\alpha-\beta)=\cos\alpha\cos\beta+\sin\alpha\sin\beta$

$\tan(\alpha+\beta)=\dfrac{\tan\alpha+\tan\beta}{1-\tan\alpha\tan\beta}$　　$\tan(\alpha-\beta)=\dfrac{\tan\alpha-\tan\beta}{1+\tan\alpha\tan\beta}$

・この加法定理の3つ(6つ)の公式は，とにかく，きちんと覚えよう。このあと出てくる，すべての公式の「タネ」となっている。つまり，これさえ覚えていれば，他の公式は「加法定理から割と簡単に作り出せる」のです。

☑ 2倍角の公式 （角を半分にする公式）

$\sin 2\theta=2\sin\theta\cos\theta$

$\cos 2\theta=\cos^2\theta-\sin^2\theta=2\cos^2\theta-1=1-2\sin^2\theta$

$\tan 2\theta=\dfrac{2\tan\theta}{1-\tan^2\theta}$

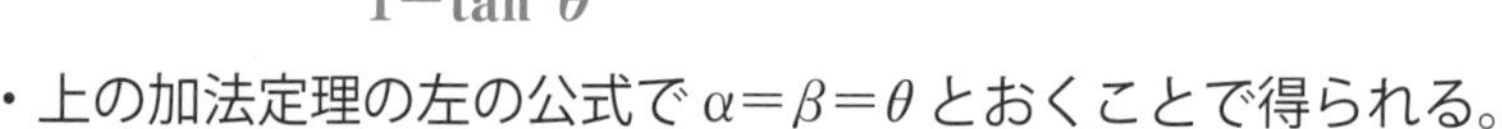

・上の加法定理の左の公式で $\alpha=\beta=\theta$ とおくことで得られる。

☑ 半角の公式 （角を倍にする公式）

$\sin^2\dfrac{\theta}{2}=\dfrac{1-\cos\theta}{2}$，　$\cos^2\dfrac{\theta}{2}=\dfrac{1+\cos\theta}{2}$

・$\cos 2\theta=1-2\sin^2\theta$ の公式で θ を新たに $\dfrac{\theta}{2}$ とすると得られる。

半角の公式の一方がわかれば，他方も $\sin^2\dfrac{\theta}{2}+\cos^2\dfrac{\theta}{2}=1$ から導かれる。

＞ チェック問題

次の三角関数の値を求めよ。

(1) $\sin 75°=\sin(45°+30°)=$ ［ ❶ ］

$=$ ［ ❷ ］

(2) $\tan 15°=\tan(60°-45°)=$ ［ ❸ ］

答え ＞

❶ $\sin 45°\cos 30°+\cos 45°\sin 30°$ $\left(=\dfrac{\sqrt{2}}{2}\cdot\dfrac{\sqrt{3}}{2}+\dfrac{\sqrt{2}}{2}\cdot\dfrac{1}{2}\right)$

❷ $\dfrac{\sqrt{6}+\sqrt{2}}{4}$

❸ $\left(\dfrac{\sqrt{3}-1}{1+\sqrt{3}}=\right)$ $2-\sqrt{3}$

例題 $\sin\alpha=\dfrac{2\sqrt{2}}{3}$，$\cos\beta=-\dfrac{1}{2}$ とする。ただし，$0<\alpha<\dfrac{\pi}{2}$，$0<\beta<\pi$ とする。このとき，次の値を求めよ。

(1) $\sin(\alpha+\beta)$　　(2) $\sin 2\alpha$　　(3) $\cos\dfrac{\alpha}{2}$

解説

$\sin\alpha=\dfrac{2\sqrt{2}}{3}$，$\cos\beta=-\dfrac{1}{2}$ と図より，$\cos\alpha=\dfrac{1}{3}$，$\sin\beta=\dfrac{\sqrt{3}}{2}$ である。

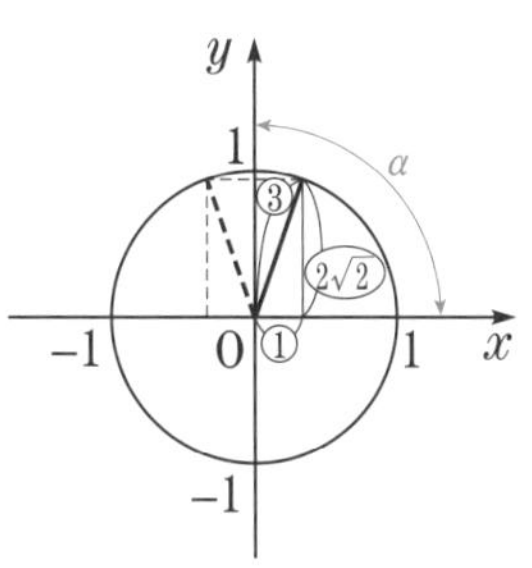

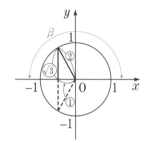

(1) $\sin(\alpha+\beta)=\sin\alpha\cos\beta+\cos\alpha\sin\beta$

$$=\frac{2\sqrt{2}}{3}\cdot\left(-\frac{1}{2}\right)+\frac{1}{3}\cdot\frac{\sqrt{3}}{2}=\boldsymbol{\frac{\sqrt{3}-2\sqrt{2}}{6}}$$ ……答

(2) $\sin 2\alpha=2\sin\alpha\cos\alpha=2\cdot\dfrac{2\sqrt{2}}{3}\cdot\dfrac{1}{3}=\boldsymbol{\dfrac{4\sqrt{2}}{9}}$ ……答

(3) $\cos^2\dfrac{\alpha}{2}=\dfrac{1+\cos\alpha}{2}=\dfrac{1+\frac{1}{3}}{2}=\dfrac{3+1}{6}=\dfrac{2}{3}$

$0<\alpha<\dfrac{\pi}{2}$ より，$0<\dfrac{\alpha}{2}<\dfrac{\pi}{4}$ なので，$\cos\dfrac{\alpha}{2}>0$ である。

よって　$\cos\dfrac{\alpha}{2}=\sqrt{\dfrac{2}{3}}=\dfrac{\sqrt{2}}{\sqrt{3}}=\boldsymbol{\dfrac{\sqrt{6}}{3}}$ ……答

類題 例題の α，β に対して，次の値を求めよ。 解答→別冊 p.40

(1) $\cos(\beta-\alpha)$　　(2) $\sin\dfrac{\alpha}{2}$

30 三角関数の合成

まとめ

☑ 三角関数の合成公式

$$a\sin\theta + b\cos\theta = r\sin(\theta+\alpha)$$

ただし　$r=\sqrt{a^2+b^2}$，$\sin\alpha=\dfrac{b}{r}$，$\cos\alpha=\dfrac{a}{r}$

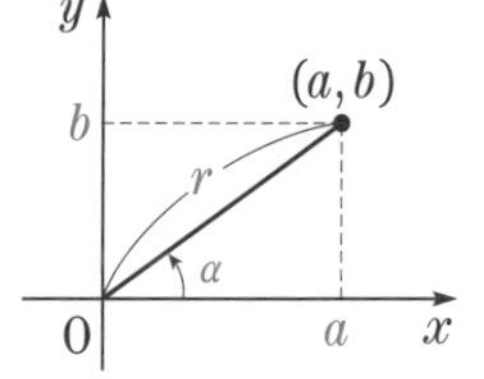

例

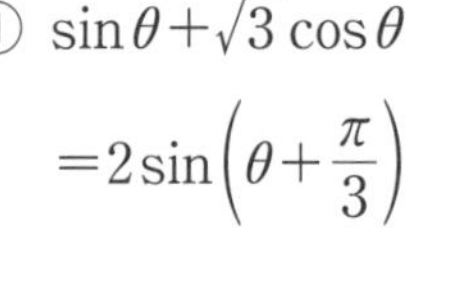

① $\sin\theta+\sqrt{3}\cos\theta$

$=2\sin\left(\theta+\dfrac{\pi}{3}\right)$

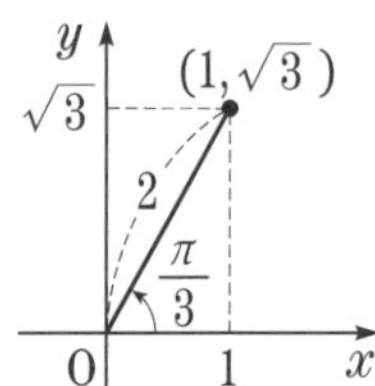

② $\sin\theta-\cos\theta$

$=\sqrt{2}\sin\left(\theta-\dfrac{\pi}{4}\right)$

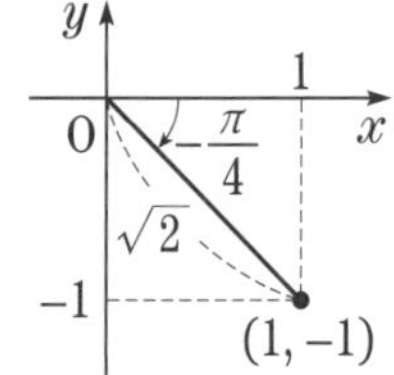

注　上の例①を確認してみよう。

加法定理を用いて

$$2\sin\left(\theta+\frac{\pi}{3}\right)=2\left(\sin\theta\cos\frac{\pi}{3}+\cos\theta\sin\frac{\pi}{3}\right)$$

$$=2\left(\frac{1}{2}\sin\theta+\frac{\sqrt{3}}{2}\cos\theta\right)$$

$$=\sin\theta+\sqrt{3}\cos\theta$$

つまり，三角関数の合成公式は，sin の加法定理を，うまく利用して作ってある。

チェック問題

次の式を $r\sin(\theta+\alpha)$ の形に変形せよ。ただし，$r>0$，$-\pi<\alpha\leqq\pi$ とする。

(1) $\sin\theta+\cos\theta=$ [❶]

(2) $\sqrt{3}\sin\theta-\cos\theta=$ [❷]

(3) $-\sin\theta-\sqrt{3}\cos\theta=$ [❸]

(4) $2\sin\theta-2\cos\theta=$ [❹]

答え

❶ $\sqrt{2}\sin\left(\theta+\dfrac{\pi}{4}\right)$

❷ $2\sin\left(\theta-\dfrac{\pi}{6}\right)$

❸ $2\sin\left(\theta-\dfrac{2}{3}\pi\right)$

❹ $2\sqrt{2}\sin\left(\theta-\dfrac{\pi}{4}\right)$

例題 次の問いに答えよ。

(1) $0 \leqq \theta < 2\pi$ のとき，方程式 $\sin\theta + \cos\theta = 1$ を解け。

(2) $0 \leqq \theta \leqq \pi$ のとき，不等式 $\sin 2\theta > \sqrt{3}\cos 2\theta$ を解け。

解説

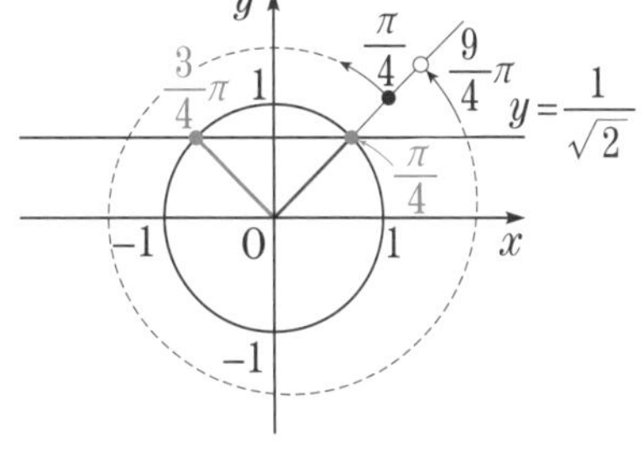

(1) 三角関数の合成公式を用いて

$$\sqrt{2}\sin\left(\theta + \frac{\pi}{4}\right) = 1$$

よって　$\sin\left(\theta + \frac{\pi}{4}\right) = \frac{1}{\sqrt{2}}$　……①

また，$0 \leqq \theta < 2\pi$ より，$\frac{\pi}{4} \leqq \theta + \frac{\pi}{4} < \frac{9}{4}\pi$

となり，①を満たすのは　$\theta + \frac{\pi}{4} = \frac{\pi}{4},\ \frac{3}{4}\pi$

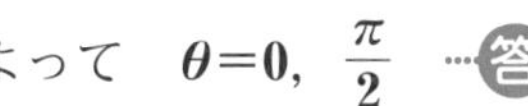

よって　$\boldsymbol{\theta = 0,\ \frac{\pi}{2}}$ …答

(2) $\sin 2\theta - \sqrt{3}\cos 2\theta > 0$

$$2\sin\left(2\theta - \frac{\pi}{3}\right) > 0$$

$$\sin\left(2\theta - \frac{\pi}{3}\right) > 0 \quad \cdots\cdots②$$

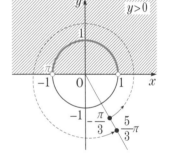

また，$0 \leqq \theta \leqq \pi$ より　$0 \leqq 2\theta \leqq 2\pi$

よって，$-\frac{\pi}{3} \leqq 2\theta - \frac{\pi}{3} \leqq \frac{5}{3}\pi$ となり，②を満たす

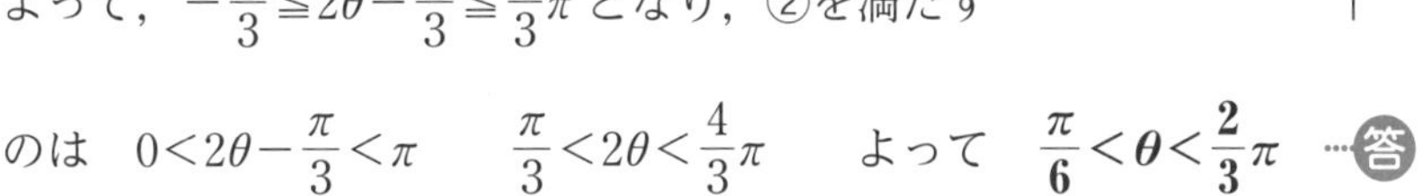

のは　$0 < 2\theta - \frac{\pi}{3} < \pi$　$\frac{\pi}{3} < 2\theta < \frac{4}{3}\pi$　よって　$\boldsymbol{\frac{\pi}{6} < \theta < \frac{2}{3}\pi}$ …答

類題 $0 \leqq \theta < 2\pi$ のとき，次の方程式，不等式を解け。　解答→別冊 p.40

(1) $\sqrt{3}\sin 2\theta - \cos 2\theta = \sqrt{3}$　　(2) $\sin\theta + \cos\theta \geqq \frac{1}{\sqrt{2}}$

31 ＞ 三角関数の応用①

まとめ

☑ 2 倍角の公式

$$\sin 2\theta = 2\sin\theta\cos\theta \quad \cdots\cdots ①$$

$$\cos 2\theta = \cos^2\theta - \sin^2\theta$$

$$= 2\cos^2\theta - 1 \quad \cdots\cdots ②$$

$$= 1 - 2\sin^2\theta \quad \cdots\cdots ③$$

注　①の θ を $\dfrac{\theta}{2}$ におきかえて，$\sin\theta = 2\sin\dfrac{\theta}{2}\cos\dfrac{\theta}{2}$ として用いることもある。

☑ 半角の公式

$$\cos^2\theta = \frac{1+\cos 2\theta}{2} \quad \cdots\cdots ④ \quad (②より)$$

$$\sin^2\theta = \frac{1-\cos 2\theta}{2} \quad (③より)$$

注　これらの公式の共通の特徴は，左辺と右辺で三角関数の次数が異なることである。例えば，半角の公式④の左辺は $\cos\theta$ の 2 次式，右辺は $\cos 2\theta$ の 1 次式となっている。その他の公式も，右辺と左辺で三角関数の次数が 2 次と 1 次となっている。この性質に着目して利用することを考える。

＞ チェック問題

次の計算をせよ。

(1)　$\sin 3\theta = \sin(2\theta + \theta)$

$= [❶]\cos\theta + [❷]\sin\theta$

$= 2\sin\theta\cos\theta \cdot \cos\theta + (1 - 2\sin^2\theta)\cdot\sin\theta$

$= 2\sin\theta(1 - [❸]) + \sin\theta - 2\sin^3\theta$

$= 3\sin\theta - [❹]$

(2)　$\cos 3\theta = \cos(2\theta + \theta)$

$= [❺]\cos\theta - [❻]\sin\theta$

$= (2\cos^2\theta - 1)\cos\theta - 2\sin\theta\cos\theta\cdot\sin\theta$

$= 2\cos^3\theta - \cos\theta - 2(1 - [❼])\cos\theta$

$= 4\cos^3\theta - [❽]$

答え ＞

❶ $\sin 2\theta$　❷ $\cos 2\theta$

❸ $\sin^2\theta$

❹ $4\sin^3\theta$

❺ $\cos 2\theta$　❻ $\sin 2\theta$

❼ $\cos^2\theta$

❽ $3\cos\theta$

例題 $0 \leqq \theta < 2\pi$ のとき，関数 $y=2\cos 2\theta+4\cos\theta+2$ の最大値，最小値とそのときの θ の値を求めよ。

解説

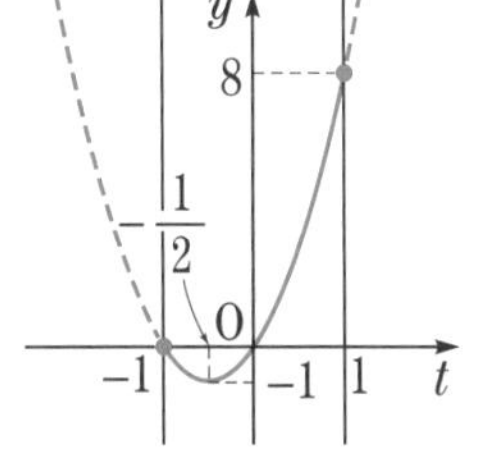

$y=2(2\cos^2\theta-1)+4\cos\theta+2=4\cos^2\theta+4\cos\theta$

$t=\cos\theta$ とおくと，$0 \leqq \theta < 2\pi$ より　$-1 \leqq t \leqq 1$

また　$y=4t^2+4t=4\left(t+\frac{1}{2}\right)^2-1$

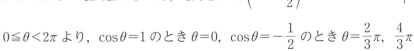

グラフより　最大値 8 $(t=1)$，最小値 -1 $\left(t=-\frac{1}{2}\right)$

$0 \leqq \theta < 2\pi$ より，$\cos\theta=1$ のとき $\theta=0$，$\cos\theta=-\frac{1}{2}$ のとき $\theta=\frac{2}{3}\pi$，$\frac{4}{3}\pi$

以上より，**最大値 8 $(\boldsymbol{\theta=0})$，最小値 -1 $\left(\boldsymbol{\theta=\frac{2}{3}\pi,\ \frac{4}{3}\pi}\right)$** …答

類題 次の問いに答えよ。 解答 → 別冊 p.41

(1) $\sin\theta+\cos\theta=t$ とするとき，$\sin\theta\cos\theta$ を t で表せ。

(2) 関数 $y=\sin\theta+\cos\theta+\sin\theta\cos\theta$ の最大値，最小値とそのときの θ の値を求めよ。ただし，$0 \leqq \theta < 2\pi$ とする。

第3章 三角関数

32 ＞ 三角関数の応用②

まとめ

☑ 積和公式

$\sin\alpha\cos\beta=\frac{1}{2}\{\sin(\alpha+\beta)+\sin(\alpha-\beta)\}$　　$\cos\alpha\sin\beta=\frac{1}{2}\{\sin(\alpha+\beta)-\sin(\alpha-\beta)\}$

$\cos\alpha\cos\beta=\frac{1}{2}\{\cos(\alpha+\beta)+\cos(\alpha-\beta)\}$　　$\sin\alpha\sin\beta=-\frac{1}{2}\{\cos(\alpha+\beta)-\cos(\alpha-\beta)\}$

注　これらの公式は，$\sin(\alpha+\beta)$ と $\sin(\alpha-\beta)$ の加法定理の式の和や差，$\cos(\alpha+\beta)$ と $\cos(\alpha-\beta)$ の加法定理の式の和や差を 2 で割ると得られる。

☑ 和積公式

$\sin A+\sin B=2\sin\frac{A+B}{2}\cos\frac{A-B}{2}$　　$\sin A-\sin B=2\cos\frac{A+B}{2}\sin\frac{A-B}{2}$

$\cos A+\cos B=2\cos\frac{A+B}{2}\cos\frac{A-B}{2}$　　$\cos A-\cos B=-2\sin\frac{A+B}{2}\sin\frac{A-B}{2}$

注　これらの公式は，積和公式の両辺を 2 倍し，$\alpha+\beta=A$，$\alpha-\beta=B$ とおくと，$\alpha=\frac{A+B}{2}$，$\beta=\frac{A-B}{2}$ となって得られる。

＞ チェック問題　　答え＞

積和公式，和積公式を用いて，次の計算せよ。

(1) $\sin\left(\theta+\frac{\pi}{6}\right)\cos\left(\theta-\frac{\pi}{6}\right)=\frac{1}{2}(\sin$ ❶ $+\sin$ ❷ $)$

$=\frac{1}{2}\sin$ ❶ $+$ ❸

(2) $\cos(\theta+\pi)\cos(\theta-\pi)=\frac{1}{2}(\cos$ ❹ $+\cos$ ❺ $)$

$=\frac{1}{2}\cos$ ❹ $+$ ❻

(3) $\sin\left(\theta+\frac{\pi}{3}\right)+\sin\left(\theta-\frac{\pi}{3}\right)=2\sin$ ❼ $\cos$ ❽

$=$ ❾

答え

❶ 2θ　❷ $\frac{\pi}{3}$

❸ $\frac{\sqrt{3}}{4}$

❹ 2θ　❺ 2π

❻ $\frac{1}{2}$

❼ θ　❽ $\frac{\pi}{3}$

❾ $\sin\theta$

例題 三角方程式 $\sin 5\theta+\sin\theta=0$ を解け。ただし，$0\leqq\theta\leqq\pi$ とする。

解説

$\sin 5\theta+\sin\theta=0$ を，和積公式を用いて変形すると

$$2\sin\frac{5\theta+\theta}{2}\cos\frac{5\theta-\theta}{2}=0$$

すなわち

$$2\sin 3\theta\cos 2\theta=0$$

となる。これより，

$$\sin 3\theta=0 \quad \text{または} \quad \cos 2\theta=0$$

を得る。

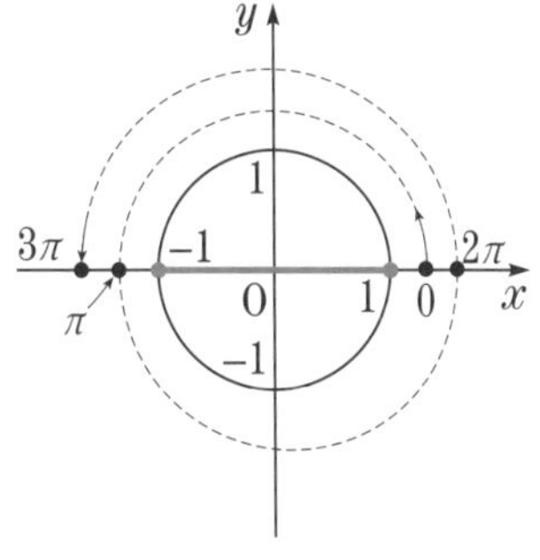

$0\leqq 3\theta\leqq 3\pi$ と $\sin 3\theta=0$ より

$$3\theta=0,\ \pi,\ 2\pi,\ 3\pi$$

よって　$\theta=0,\ \dfrac{\pi}{3},\ \dfrac{2}{3}\pi,\ \pi$

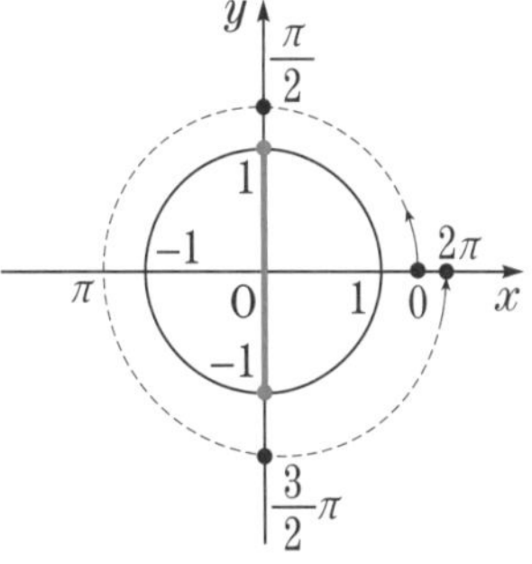

$0\leqq 2\theta\leqq 2\pi$ と $\cos 2\theta=0$ より

$$2\theta=\frac{\pi}{2},\ \frac{3}{2}\pi$$

よって　$\theta=\dfrac{\pi}{4},\ \dfrac{3}{4}\pi$

以上，まとめて

$$\boldsymbol{\theta=0,\ \frac{\pi}{4},\ \frac{\pi}{3},\ \frac{2}{3}\pi,\ \frac{3}{4}\pi,\ \pi}$$ …答

類題 三角方程式 $\cos 3\theta+\cos\theta=0$ を解け。ただし，$0\leqq\theta\leqq\pi$ とする。

解答 → 別冊 p.41

29～32の確認テスト

点

解答 → 別冊 p.42～43

1

わからなければ 29 へ

次の値を求めよ。 （各7点　計14点）

(1) $\sin 165^\circ$　　(2) $\tan 105^\circ$

2

わからなければ 29 へ

$\sin\alpha = a\ (a>0)$ のとき，次の値を a で表せ。ただし，$0<\alpha<\dfrac{\pi}{2}$ とする。

（各7点　計14点）

(1) $\sin 2\alpha$　　(2) $\cos 2\alpha$

3

わからなければ 29 へ

2直線 $\ell : y=2x$，$m : y=-3x$ について，次の問いに答えよ。

（(1)各4点，(2)8点　計16点）

(1) x 軸の正の向きと2直線 ℓ，m のなす角をそれぞれ α，$\beta\left(0<\alpha<\dfrac{\pi}{2},\ \dfrac{\pi}{2}<\beta<\pi\right)$ とする。このとき

$\tan\alpha=$ ①［　　］，$\tan\beta=$ ②［　　］

(2) 2直線 ℓ，m のなす角 $\theta\left(0\leqq\theta\leqq\dfrac{\pi}{2}\right)$ を求めよ。

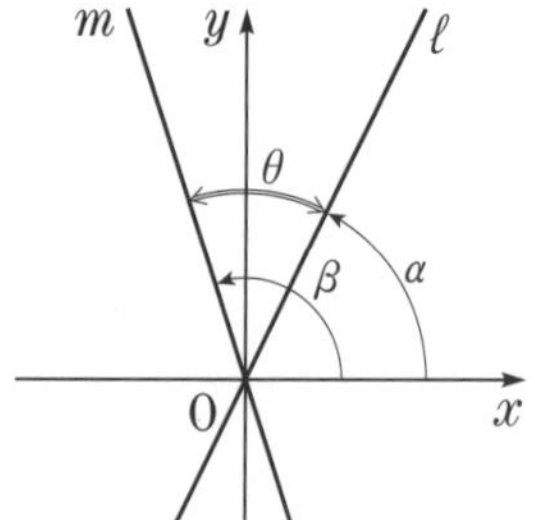

わからなければ 29，30 へ

4 $0 \leqq \theta < 2\pi$ のとき，次の方程式，不等式を解け。　（各 8 点　計 32 点）

(1) $\sqrt{3}\sin\theta - \cos\theta = \sqrt{2}$

(2) $\sin\theta + \sqrt{3}\cos\theta < 1$

(3) $\sin 2\theta = \sin\theta$

(4) $\cos 2\theta > \sin\theta + 1$

わからなければ 30 へ

5 関数 $y = \sin\theta - \sqrt{3}\cos\theta\ (0 \leqq \theta < 2\pi)$ の最大値，最小値と，そのときの θ の値を求めよ。　（各 8 点　計 16 点）

わからなければ 31 へ

6 $0 \leqq \theta < 2\pi$ のとき，関数 $y = -2\cos^2\theta - 2\sin\theta + 4$ の最大値とそのときの θ の値を求めよ。　（8 点）

33 > 累乗根

まとめ

☑ 累乗根

正の整数 n に対して，$x^n=a$ を満たす x を a の n 乗根という。2 乗根，3 乗根，4 乗根，…をまとめて累乗根という。

☑ 実数の範囲での n 乗根 （a の n 乗根のうちで，実数であるもののみを考える）

・n が偶数のとき

$a>0$ のとき　$x^n=a$ を満たす実数 x は 2 つあり，
　正の方を $\sqrt[n]{a}$，負の方を $-\sqrt[n]{a}$ で表す。

$a=0$ のとき　$\sqrt[n]{a}=\sqrt[n]{0}=0$ (1 つ)

$a<0$ のとき　$x^n=a$ を満たす実数 x は存在しない。

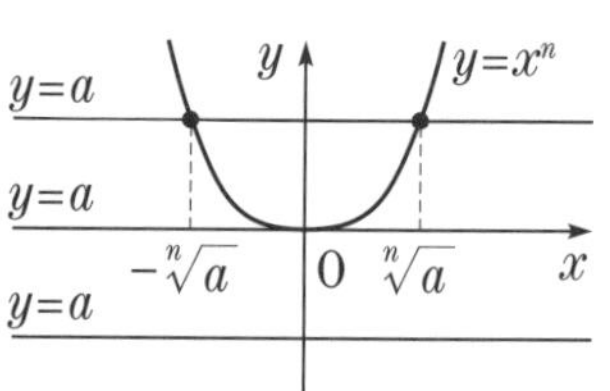

・n が奇数のとき

a の符号によらず $x^n=a$ を満たす実数 x は，常にただ 1 つである。これを $\sqrt[n]{a}$ で表す。

右のグラフより　$a>0$ のとき　$\sqrt[n]{a}>0$
　　　　　　　　$a=0$ のとき　$\sqrt[n]{a}=0$
　　　　　　　　$a<0$ のとき　$\sqrt[n]{a}<0$

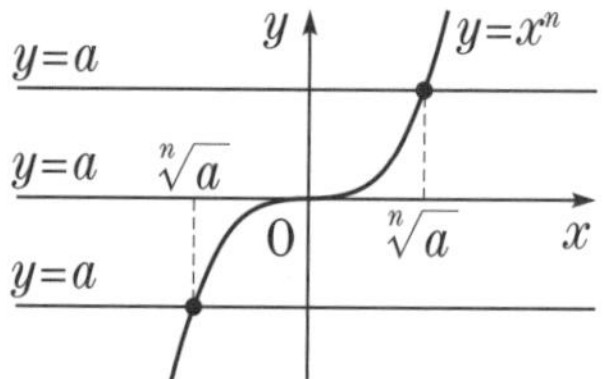

☑ 正の数 a の n 乗根 （$a>0$，n：任意の正の整数）

$x=\sqrt[n]{a} \iff x^n=a$ かつ $x>0 \iff x$ は a の正の n 乗根

☑ 累乗根の公式

$a>0$，$b>0$ かつ m，n を正の整数とするとき

① $\sqrt[n]{a}\sqrt[n]{b}=\sqrt[n]{ab}$　　② $\dfrac{\sqrt[n]{a}}{\sqrt[n]{b}}=\sqrt[n]{\dfrac{a}{b}}$

③ $\sqrt[n]{a^m}=\left(\sqrt[n]{a}\right)^m$　　④ $\sqrt[m]{\sqrt[n]{a}}=\sqrt[mn]{a}$

> チェック問題

次の値を求めよ。

$\sqrt[4]{81}=$ ❶，$\sqrt[3]{-8}=$ ❷，$\sqrt[4]{(-2)^4}=$ ❸

$\sqrt[5]{32}=$ ❹，$\sqrt[3]{\dfrac{27}{8}}=$ ❺，$\sqrt[3]{-1}=$ ❻

答え >

❶ 3　❷ −2　❸ 2

❹ 2　❺ $\dfrac{3}{2}$　❻ −1

例題　次の式を簡単にせよ。

(1) $\sqrt[3]{12}\sqrt[3]{18}$　(2) $\dfrac{\sqrt[3]{81}}{\sqrt[3]{3}}$　(3) $\sqrt[3]{\sqrt{64}}$　(4) $\sqrt[3]{54}-\sqrt[3]{16}$

解説

(1) $\sqrt[3]{12}\sqrt[3]{18}=\sqrt[3]{2^2\cdot 3}\cdot\sqrt[3]{2\cdot 3^2}=\sqrt[3]{2^3\cdot 3^3}=\sqrt[3]{2^3}\cdot\sqrt[3]{3^3}=2\cdot 3=\mathbf{6}$ …答

(2) $\dfrac{\sqrt[3]{81}}{\sqrt[3]{3}}=\dfrac{\sqrt[3]{3^4}}{\sqrt[3]{3}}=\sqrt[3]{\dfrac{3^4}{3}}=\sqrt[3]{3^3}=\mathbf{3}$ …答

(3) $\sqrt[3]{\sqrt{64}}=\sqrt[3]{\sqrt{2^6}}=\sqrt[3]{\sqrt{(2^3)^2}}=\sqrt[3]{2^3}=\mathbf{2}$ …答

↑ $\sqrt[3]{\sqrt{64}}=\sqrt[6]{2^6}=2$, $\sqrt[3]{\sqrt{64}}=\sqrt[3]{8}=\sqrt[3]{2^3}=2$ でもよい

(4) $\sqrt[3]{54}-\sqrt[3]{16}=\sqrt[3]{2\cdot 3^3}-\sqrt[3]{2^4}=3\sqrt[3]{2}-2\sqrt[3]{2}=\mathbf{\sqrt[3]{2}}$ …答

類題　次の式を簡単にせよ。　解答 → 別冊 p.44

(1) $(\sqrt[4]{3})^8$　(2) $\dfrac{\sqrt[3]{384}}{\sqrt[3]{6}}$　(3) $\sqrt{\sqrt[3]{125^2}}$

34 > 指数の拡張

まとめ

☑ 指数法則 ←数学Ⅰの範囲

m，n を正の整数とするとき

① $a^m \cdot a^n = a^{m+n}$　② $(a^m)^n = a^{mn}$　③ $(ab)^n = a^n b^n$

☑ 0や負の整数の指数

$a \neq 0$ で，n が正の整数のとき，$a^0 = 1$，$a^{-n} = \dfrac{1}{a^n}$ と定義する。

$a \neq 0$，$b \neq 0$ のとき，任意の整数 m，n に対して，次の等式が成り立つ。

① $\boldsymbol{a^m \cdot a^n = a^{m+n}}$　② $\boldsymbol{a^m \div a^n = a^{m-n}}$　③ $\boldsymbol{(a^m)^n = a^{mn}}$

④ $\boldsymbol{(ab)^n = a^n b^n}$　⑤ $\boldsymbol{\left(\dfrac{a}{b}\right)^n = \dfrac{a^n}{b^n}}$

☑ 有理数の指数

$a > 0$ で，m が任意の整数，n が正の整数のとき，次のように定義する。

$\boldsymbol{a^{\frac{m}{n}} = \sqrt[n]{a^m}}$　（とくに $a^{\frac{1}{n}} = \sqrt[n]{a}$，つまり $a^{\frac{1}{2}} = \sqrt{a}$，$a^{\frac{1}{3}} = \sqrt[3]{a}$，…）

☑ 無理数の指数

$3^{\sqrt{2}}$ とは，$\sqrt{2} = 1.4142\cdots$ に近づく有理数の列 1，1.4，1.41，1.414，1.4142，…を考え，それぞれに対し 3^1，$3^{1.4}$，$3^{1.41}$，$3^{1.414}$，$3^{1.4142}$，…を考えると，ある一定の値に近づいていく。この一定の値を $3^{\sqrt{2}}$ と定義する。

$a > 0$ で，x を任意の実数とするとき，a^x をこの例のように定義する。

注 $3^{1.41}$ をもう少し具体的に表記すると　$3^{1.41} = 3^{\frac{141}{100}} = \sqrt[100]{3^{141}}$

> チェック問題

3^{-2}，$8^{\frac{2}{3}}$，$4^{-\frac{1}{4}}$ を指数を用いない形で表すと

$3^{-2} =$ ［❶］　$8^{\frac{2}{3}} =$ ［❷］　$4^{-\frac{1}{4}} =$ ［❸］

$\dfrac{1}{16}$，$\sqrt[3]{4}$，$\dfrac{1}{\sqrt[3]{9}}$ を a^r の形にすると

↑r は有理数，a は自然数で適する最小のもの

$\dfrac{1}{16} =$ ［❹］　$\sqrt[3]{4} =$ ［❺］　$\dfrac{1}{\sqrt[3]{9}} =$ ［❻］

答え >

❶ $\dfrac{1}{9}$　❷ 4　❸ $\dfrac{1}{\sqrt{2}}$

❹ 2^{-4}　❺ $2^{\frac{2}{3}}$　❻ $3^{-\frac{2}{3}}$

例題 次の問いに答えよ。

(1) 次の計算をせよ。

① $8^{\frac{1}{2}}\times 8^{\frac{1}{3}}\div 8^{\frac{1}{6}}$　　　② $\sqrt[3]{81}\div\sqrt[4]{27}\times\sqrt[12]{3}$

(2) $a^{\frac{1}{2}}+a^{-\frac{1}{2}}=3$ のとき，$a+a^{-1}$ および $a^{\frac{3}{2}}+a^{-\frac{3}{2}}$ の値を求めよ。

解説

(1) ① $8^{\frac{1}{2}}\times 8^{\frac{1}{3}}\div 8^{\frac{1}{6}}=8^{\frac{1}{2}+\frac{1}{3}-\frac{1}{6}}=8^{\frac{3+2-1}{6}}=8^{\frac{4}{6}}=8^{\frac{2}{3}}=2^{3\times\frac{2}{3}}=2^2=\mathbf{4}$ …答

② $\sqrt[3]{81}\div\sqrt[4]{27}\times\sqrt[12]{3}=\sqrt[3]{3^4}\div\sqrt[4]{3^3}\times\sqrt[12]{3}=3^{\frac{4}{3}}\div 3^{\frac{3}{4}}\times 3^{\frac{1}{12}}=3^{\frac{4}{3}-\frac{3}{4}+\frac{1}{12}}=3^{\frac{16-9+1}{12}}$

$=3^{\frac{8}{12}}=3^{\frac{2}{3}}=\sqrt[3]{3^2}=\sqrt[3]{\mathbf{9}}$ …答　($3^{\frac{2}{3}}$ のままでも可)

(2) $a^{\frac{1}{2}}=x$，$a^{-\frac{1}{2}}=y$ とおくと，$x+y=3$，$xy=1$ である。

$a+a^{-1}=x^2+y^2=(x+y)^2-2xy=3^2-2\cdot 1=\mathbf{7}$ …答

次に　$a^{\frac{3}{2}}+a^{-\frac{3}{2}}=x^3+y^3=(x+y)^3-3xy(x+y)=3^3-3\cdot 1\cdot 3=\mathbf{18}$ …答

類題 次の問いに答えよ。　解答 → 別冊 p.44

(1) 次の計算をせよ。

① $81^{\frac{1}{3}}\times 9^{-\frac{2}{3}}$　　　② $4^{\frac{3}{2}}\times 4^{-\frac{3}{4}}\div 2^{\frac{1}{2}}$

(2) $\sqrt{x}+\dfrac{1}{\sqrt{x}}=\sqrt{3}$ のとき，$x+\dfrac{1}{x}$ および $x^2+\dfrac{1}{x^2}$ の値を求めよ。

35 > 指数関数とそのグラフ

まとめ

☑ 指数関数

$a>0$, $a \neq 1$ とするとき，関数 $y=a^x$ を a を底とする x の指数関数という。

☑ 指数関数 $y=a^x$ の特徴

・定義域は実数全体，値域は正の実数全体。

・グラフは2点 $(0,\ 1)$, $(1,\ a)$ を通り，x 軸が漸近線になる。

・$a>1$ のとき増加関数。$0<a<1$ のとき減少関数。

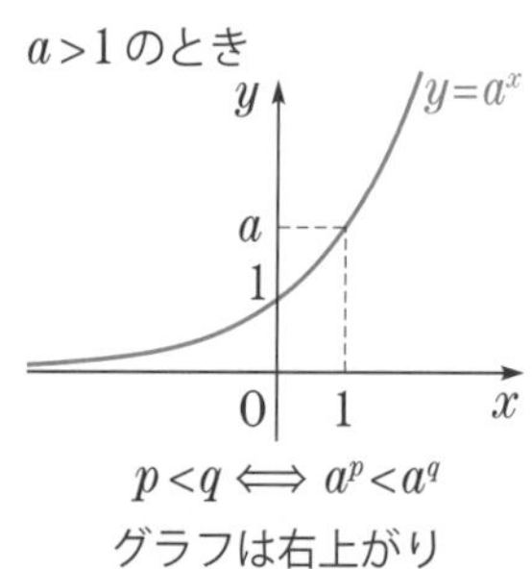

$p<q \iff a^p<a^q$
グラフは右上がり

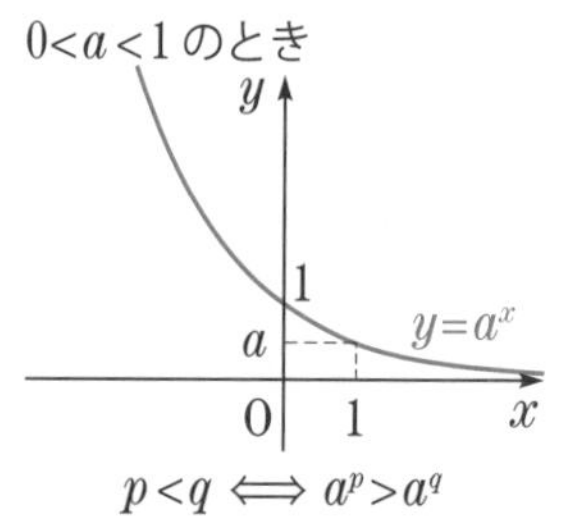

$p<q \iff a^p>a^q$
グラフは右下がり

☑ x 軸方向の平行移動と x 軸をもとにした y 軸方向の拡大の関係

例 [1] 2直線 $y=x$…①，$y=x+1$…②について

(考え方1) ②は①を y 軸方向へ1だけ平行移動した。

(考え方2) ②は①を x 軸方向へ -1 だけ平行移動した。

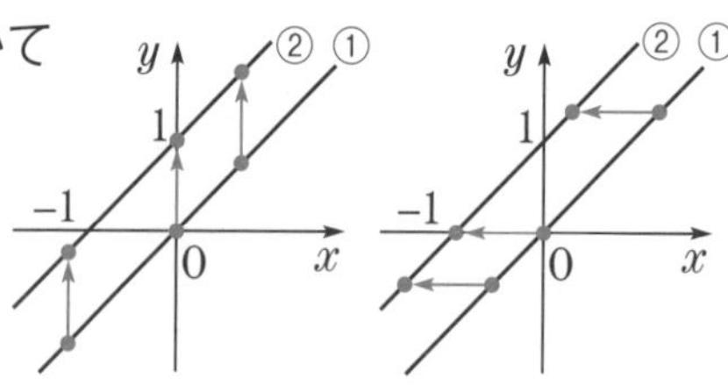

②を①の移動と考える方法は，この2つ以外にもいろいろ考えられる。

[2] $y=2^x$…③，$y=2^{x+1}$…④について

(考え方1) ④は③を x 軸方向へ -1 だけ平行移動した。

(考え方2) ④は $y=2 \cdot 2^x$ と変形できるので，④は③を x 軸をもとにして y 軸方向へ2倍に拡大した。

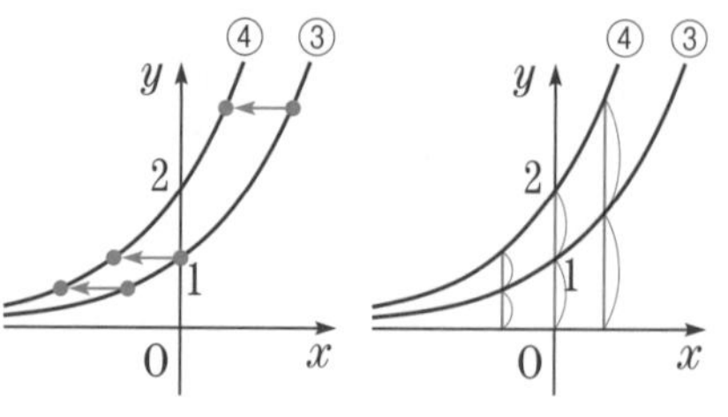

指数関数のグラフの移動は，この例[2]のように，平行移動と拡大の2通りが考えられるのである。これは大変興味深い性質である。

例題 次の問いに答えよ。

(1) 関数 $y=2^x$ のグラフをもとに，関数 $y=-\left(\frac{1}{2}\right)^x$ のグラフをかけ。

(2) $A=\sqrt{2}$，$B=\sqrt[3]{2}$，$C=\frac{2}{\sqrt[3]{2}}$ の大小を調べよ。

解説

(1) $y=-\left(\frac{1}{2}\right)^x=-2^{-x}$ となる。

$y=2^x$ のグラフを y 軸に関して対称に移動すると

$y=2^{-x}$

これをさらに x 軸に関して対称に移動すると

$y=-2^{-x}$

よって，グラフは右のようになる。

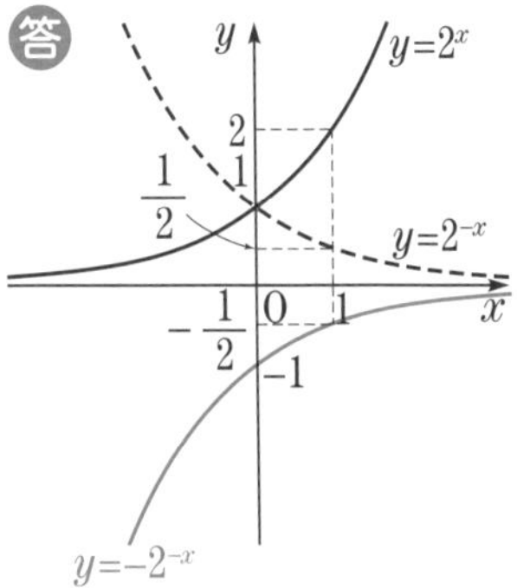

(2) A，B，C を底が 2 の指数で表すと

$$A=\sqrt{2}=2^{\frac{1}{2}},\ B=\sqrt[3]{2}=2^{\frac{1}{3}},\ C=\frac{2}{\sqrt[3]{2}}=2^{1-\frac{1}{3}}=2^{\frac{2}{3}}$$

底 $2>1$ なので $y=2^x$ は増加関数である。また，$\frac{1}{3}<\frac{1}{2}<\frac{2}{3}$ なので，

$2^{\frac{1}{3}}<2^{\frac{1}{2}}<2^{\frac{2}{3}}$ となる。よって　$\boldsymbol{B<A<C}$ …答

類題 次の各組の数の大小を調べよ。 解答 → 別冊 p.45

(1) $A=\frac{\sqrt{3}}{3}$，$B=\frac{3}{\sqrt[3]{3}}$，$C=\frac{3}{\sqrt[3]{9}}$　　(2) $A=\sqrt{3}$，$B=\sqrt[3]{5}$，$C=\sqrt[6]{26}$

36 指数関数の応用

まとめ

☑ 指数方程式

指数に未知数を含む方程式を指数方程式という。

例 ① $3^{x-1}=9$

$3^{x-1}=3^2$

$x-1=2$

$x=3$

② $4^x=8$

$2^{2x}=2^3$

$2x=3$

$x=\dfrac{3}{2}$

③ $2^{2x+1}=4^{2-x}$

$2^{2x+1}=2^{2(2-x)}$

$2x+1=4-2x$

$x=\dfrac{3}{4}$

☑ 指数不等式

指数に未知数を含む不等式を指数不等式という。

例 ① $3^{x+2}\geqq 27$

$3^{x+2}\geqq 3^3$

底 $3>1$ より

$x+2\geqq 3$

$x\geqq 1$

② $4^x<\dfrac{1}{2}$

$2^{2x}<2^{-1}$

底 $2>1$ より

$2x<-1$

$x<-\dfrac{1}{2}$

③ $\dfrac{1}{4^{x+3}}\geqq 8^{1-x}$

$2^{-2(x+3)}\geqq 2^{3(1-x)}$

底 $2>1$ より

$-2x-6\geqq 3-3x$

$x\geqq 9$

☑ 指数関数の値域

関数 $y=a^x$ $(a>0,\ a\neq 1)$ の値域は $y>0$ である。

定義域が $p<x<q$ の場合

・$a>1$ のとき，関数 $y=a^x$ は増加関数なので

値域は　$a^p<y<a^q$

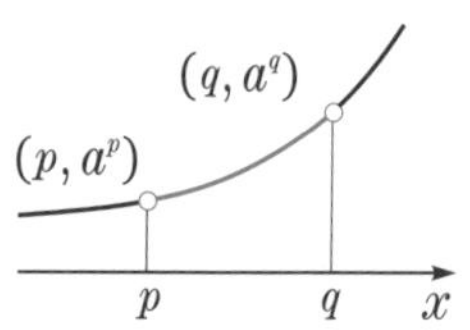

・$0<a<1$のとき，関数 $y=a^x$ は減少関数なので

値域は　$a^q<y<a^p$

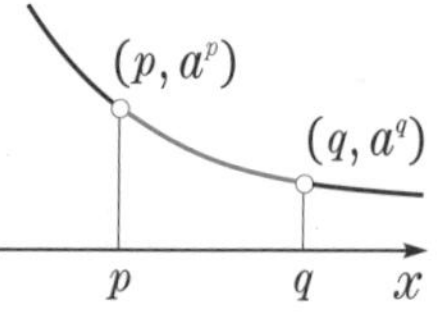

チェック問題

(1) 方程式 $4^{1-x}=8^x$ を解くと ❶

(2) 不等式 $5^{2x}\geqq\dfrac{1}{125}$ を解くと ❷

(3) 関数 $y=3^x(0\leqq x\leqq 2)$の値域は ❸

(4) 関数 $y=\left(\dfrac{1}{2}\right)^x(-3<x<1)$の値域は ❹

答え

❶ $x=\dfrac{2}{5}$

❷ $x\geqq -\dfrac{3}{2}$

❸ $1\leqq y\leqq 9$

❹ $\dfrac{1}{2}<y<8$

例題 次の問いに答えよ。

(1) 次の方程式，不等式を解け。

① $2^{2x}-2^{x+1}-2^3=0$　　　② $3^{2x+1}-10\cdot3^x+3<0$

(2) 関数 $y=4^x-2^{x+1}+2\ (-1\leqq x\leqq 2)$ の値域を求めよ。

解説

(1) ① $2^{2x}-2^{x+1}-2^3=0$ より　$(2^x)^2-2\cdot2^x-8=0$

$2^x=t$ とおくと，$t>0$ である。また，$t^2-2t-8=0$ より

$(t-4)(t+2)=0$ となり　$t=4,\ -2$

$t>0$ なので　$t=4$　　$2^x=4$　　$2^x=2^2$　　$\boldsymbol{x=2}$ …答

② $3^{2x+1}-10\cdot3^x+3<0$ より　$3(3^x)^2-10\cdot3^x+3<0$

$3^x=t$ とおくと，$t>0$ である。また，$3t^2-10t+3<0$ より

$(3t-1)(t-3)<0$ となり　$\dfrac{1}{3}<t<3$（$t>0$ を満たす）

よって，$3^{-1}<3^x<3^1$ となり，底 $3>1$ より　$\boldsymbol{-1<x<1}$ …

(2) $y=4^x-2^{x+1}+2$ より　$y=(2^x)^2-2\cdot2^x+2$

$2^x=t$ とおくと $-1\leqq x\leqq 2$ より，$\dfrac{1}{2}\leqq t\leqq 4$ の範囲で

$$y=t^2-2t+2=(t-1)^2+1$$

のグラフをかく。（右の図）

よって　$\boldsymbol{1\leqq y\leqq 10}$ …答

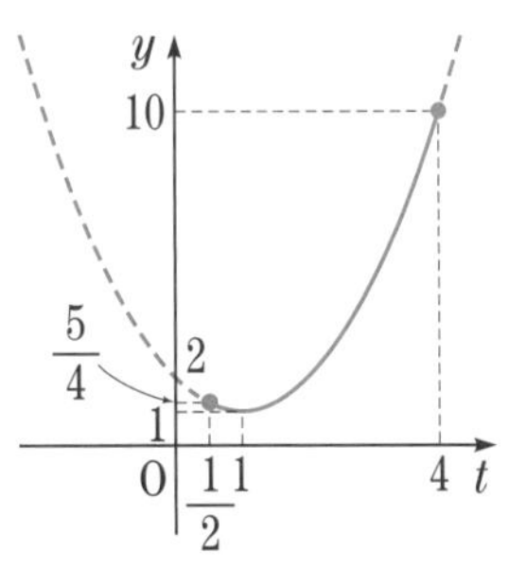

類題 次の問いに答えよ。

解答 → 別冊 p.45

(1) 不等式 $9^x+3^x>12$ を解け。

(2) 関数 $y=9^x+3^x\ (0\leqq x\leqq 1)$ の値域を求めよ。

33 ～ 36 の 確認テスト

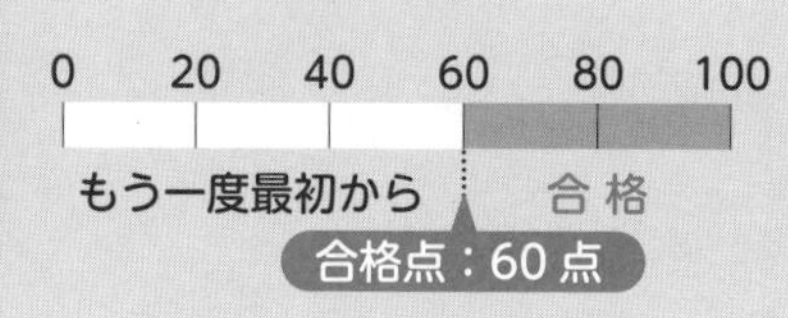

点

解答 → 別冊 p.46～47

わからなければ 33，34 へ

1 次の計算をせよ。ただし，$a>0$ とする。（各6点　計18点）

(1) $9^{\frac{1}{4}}\times 9^{\frac{1}{3}}\div 9^{\frac{1}{12}}$　　(2) $\sqrt[3]{18}\times\sqrt{54}\div\sqrt[6]{96}$　　(3) $\sqrt[3]{a^2}\times(\sqrt[3]{a})^5\div\sqrt[3]{a^4}$

わからなければ 34 へ

2 $2^x+2^{-x}=5$ のとき，次の式の値を求めよ。（各7点　計14点）

(1) 4^x+4^{-x}　　(2) 8^x+8^{-x}

わからなければ 35 へ

3 次の各組の数の大小を調べよ。（各7点　計14点）

(1) $A=\sqrt{2}$，$B=\sqrt[4]{8}$，$C=\sqrt[3]{4}$　　(2) $A=\sqrt[3]{3}$，$B=\sqrt{2}$，$C=\sqrt[6]{7}$

わからなければ 36 へ

4

次の方程式を解け。　　（各９点　計18点）

(1) $2\cdot4^x+4=9\cdot2^x$　　(2) $9^x-7\cdot3^x-18=0$

わからなければ 36 へ

5

次の不等式を解け。　　（各９点　計18点）

(1) $2^{x-6}<\left(\frac{1}{4}\right)^x$　　(2) $4^x-3\cdot2^x-4\leqq0$

わからなければ 36 へ

6

次の関数の最大値，最小値を求めよ。また，そのときの x の値を求めよ。

（各９点　計18点）

(1) $y=2^{-x+2}+4$ $(-1\leqq x\leqq3)$　　(2) $y=4^x-2^{x+2}+5$ $(0\leqq x\leqq2)$

37 > 対数とその性質

まとめ

☑ 対数の定義

$a>0$，$a\neq1$，$p>0$ のとき，$p=a^q$ を満たす q を a を底とする p の対数といい，$q=\log_a p$ と表す。また，$\log_a p$ の p を真数という。

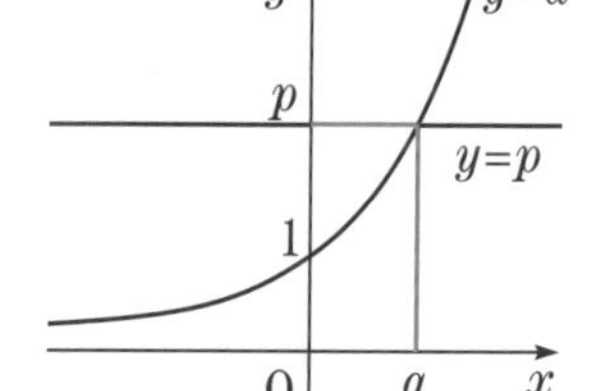

底　真数

$$p=a^q \iff q=\log_a p$$

例 $8=2^3 \iff 3=\log_2 8$　　$1=2^0 \iff 0=\log_2 1$

$\frac{1}{2}=2^{-1} \iff -1=\log_2\frac{1}{2}$　　$\sqrt{2}=2^{\frac{1}{2}} \iff \frac{1}{2}=\log_2\sqrt{2}$

☑ 自明な等式 （対数の定義からただちにわかる等式）

$p=a^{\log_a p}$　　　$q=\log_a a^q$

☑ 対数の性質　$a>0$，$a\neq1$，$M>0$，$N>0$ のとき

① $\log_a 1=0$，$\log_a a=1$　　② $\log_a MN=\log_a M+\log_a N$

③ $\log_a\frac{M}{N}=\log_a M-\log_a N$　　④ $\log_a M^r=r\log_a M$

☑ 底の変換公式　$a>0$，$a\neq1$，$c>0$，$c\neq1$，$b>0$ のとき

$$\log_a b=\frac{\log_c b}{\log_c a}$$

☑ 底の変換公式と④を組み合わせた公式　$a>0$，$a\neq1$，$b>0$，$r\neq0$ のとき

$\log_a b=\log_{a^r} b^r$　← 覚えておくと便利なことが多い

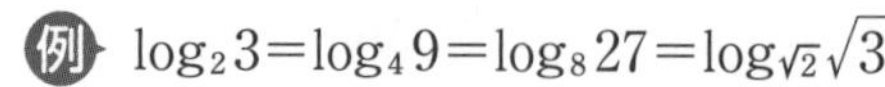

例 $\log_2 3=\log_4 9=\log_8 27=\log_{\sqrt{2}}\sqrt{3}$

> チェック問題　　答え >

(1) 次の等式を満たす正の数 x をそれぞれ求めよ。

$\log_2 x=4 \iff x=$ ❶ ，$\log_3 x=1 \iff x=$ ❷

$\log_2 x=0 \iff x=$ ❸ ，$\log_x 9=2 \iff x=$ ❹

(2) 次の値を求めよ。

$\log_2 32=$ ❺ ，$\log_3\frac{1}{9}=$ ❻ ，$\log_2\sqrt[3]{4}=$ ❼

$\log_2 12+\log_2 4-\log_2 3=$ ❽

$2^{\log_2 3}=$ ❾

答え

❶ $(2^4=)16$　❷ $(3^1=)3$

❸ $(2^0=)1$　❹ 3

❺ 5　❻ -2　❼ $\frac{2}{3}$

❽ $\left(\log_2\frac{12\times4}{3}=\right)4$

❾ 3（定義そのもの）

例題　次の計算をせよ。

(1) $\log_3 27+\log_3\sqrt{2}-\log_3\sqrt{6}$　　(2) $4^{\log_2 3}$

(3) $(\log_2 6)(\log_3 6)-(\log_2 3+\log_3 2)$

解説

(1) $\log_3 27+\log_3\sqrt{2}-\log_3\sqrt{6}=\log_3 3^3+\log_3 2^{\frac{1}{2}}+\log_3(2\times 3)^{-\frac{1}{2}}$

$=\log_3(3^3\times 2^{\frac{1}{2}}\times 2^{-\frac{1}{2}}\times 3^{-\frac{1}{2}})$

$=\log_3(\underset{1}{2^0}\times 3^{\frac{5}{2}})=\log_3 3^{\frac{5}{2}}=\frac{5}{2}\log_3 3=\mathbf{\frac{5}{2}}$ …答

(2) $4^{\log_2 3}=x$ とおくと，$\log_4 x=\log_2 3$ より　$\frac{\log_2 x}{\log_2 4}=\log_2 3$

つまり，$\log_2 x=(\log_2 4)\cdot(\log_2 3)=2\cdot\log_2 3=\log_2 9$ より　$x=\mathbf{9}$ …答

(3) $\log_2 6=\log_2(2\times 3)=\log_2 2+\log_2 3=1+\log_2 3$　　同様に　$\log_3 6=1+\log_3 2$

$(\log_2 6)(\log_3 6)-(\log_2 3+\log_3 2)=(1+\log_2 3)(1+\log_3 2)-\log_2 3-\log_3 2$

$=1+\log_2 3\cdot\log_3 2$

$=1+\log_2 3\cdot\frac{\log_2 2}{\log_2 3}$

$=1+\log_2 2=1+1=\mathbf{2}$ …答

別の解説

(2) $x=4^{\log_2 3}=4^{\log_4 9}=\mathbf{9}$ …答　$(\log_2 3=\log_4 9)$

定義

類題　次の計算をせよ。　解答→別冊 p.48

(1) $\log_2 12+\log_2 6-2\log_2 3$　　(2) $2^{\log_4 3}$

(3) $(\log_2 3+\log_4 9)(\log_3 4+\log_9 2)$

38 対数関数とそのグラフ

まとめ

☑ 対数関数

関数 $y=\log_a x$ を a を底とする x の**対数関数**という。

☑ 対数関数 $y=\log_a x$ の特徴

- 定義域は正の実数全体，値域は実数全体。
- グラフは 2 点 $(1,\ 0)$，$(a,\ 1)$ を通り，y 軸が漸近線になる。
- $a>1$ のとき増加関数。$0<a<1$ のとき減少関数。
- グラフは指数関数 $y=a^x$ のグラフと直線 $y=x$ に関して対称。

$a>1$ のとき

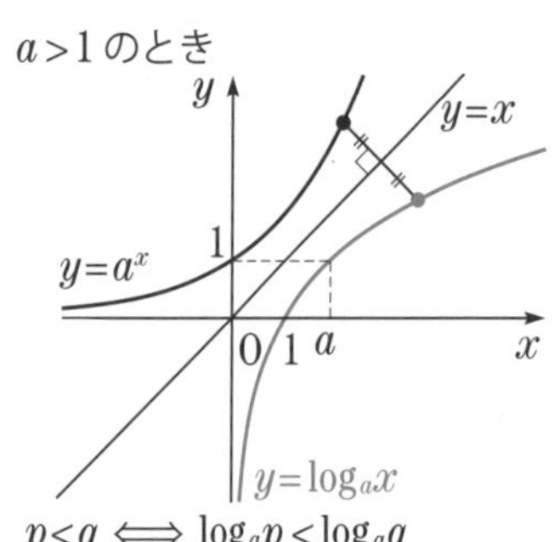

$p<q \iff \log_a p<\log_a q$
グラフは右上がり

$0<a<1$ のとき

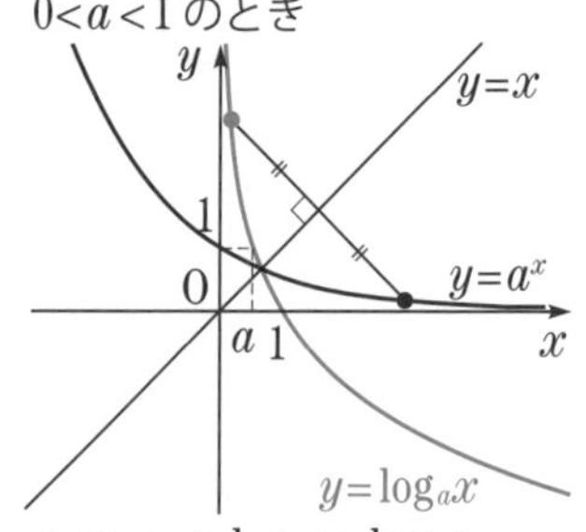

$p<q \iff \log_a p>\log_a q$
グラフは右下がり

> チェック問題

答え >

次の □ に $<$，$=$，$>$ のうち適するものを入れよ。

(1) $\log_2 4$ ❶ $\log_2 8$ ❶ $<$

(2) $\log_{\frac{1}{2}} 4$ ❷ $\log_{\frac{1}{2}} 8$ ❷ $>$

(3) $\log_{\frac{1}{2}} 4$ ❸ $\log_2 \frac{1}{4}$ ❸ $=$

(4) $\log_2 \frac{1}{4}$ ❹ $\log_{\frac{1}{2}} \frac{1}{3}$ ← 正か負かを考える ❹ $<$

(5) $\log_3 5$ ❺ $\log_4 5$ ← 逆数や底の変換を考える ❺ $>$

例題　次の各組の数の大小を調べよ。

(1) $2\log_{0.5}3$, $3\log_{0.5}2$　　(2) $\log_2 5$, $\log_4 24$

(3) $\log_{\frac{1}{2}}5$, $\log_2 5$, $\log_3 5$

解説

(1) $2\log_{0.5}3=\log_{0.5}3^2=\log_{0.5}9$

$3\log_{0.5}2=\log_{0.5}2^3=\log_{0.5}8$

底 $0.5<1$ と $9>8$ から　$\log_{0.5}9<\log_{0.5}8$　　$\mathbf{2\log_{0.5}3<3\log_{0.5}2}$ …

(2) $\log_4 24=\dfrac{\log_2 24}{\log_2 4}=\dfrac{\log_2 24}{2}=\log_2\sqrt{24}$

底 $2>1$ と $\sqrt{24}<\sqrt{25}=5$ から　$\log_2\sqrt{24}<\log_2\sqrt{25}$　　$\mathbf{\log_2 5>\log_4 24}$ …

(3) $\log_{\frac{1}{2}}5=\dfrac{1}{\log_5\frac{1}{2}}=-\dfrac{1}{\log_5 2}$, $\log_2 5=\dfrac{1}{\log_5 2}$, $\log_3 5=\dfrac{1}{\log_5 3}$

まず，$\log_{\frac{1}{2}}5<0$ である。

次に，底 $5>1$ と $1<2<3$ より，$\log_5 1=0<\log_5 2<\log_5 3$ なので，

$0<\dfrac{1}{\log_5 3}<\dfrac{1}{\log_5 2}$ から　$0<\log_3 5<\log_2 5$

よって　$\mathbf{\log_{\frac{1}{2}}5<\log_3 5<\log_2 5}$ …答

類題　次の各組の数の大小を調べよ。　解答→別冊 p.48

(1) $\log_2\dfrac{1}{4}$, -1, $\log_2\dfrac{1}{3}$　　(2) $\log_{\frac{1}{2}}3$, $\log_{\frac{1}{4}}3$, $\log_2 3$

39 > 対数関数の応用

まとめ

☑ 対数方程式とその解き方　$(a>0,\ a\neq1)$

対数の真数または底に未知数を含む方程式を，対数方程式という。

① $\log_a f(x)=b \iff f(x)=a^b$　　$(f(x)>0)$

② $\log_a f(x)=\log_a g(x) \iff f(x)=g(x)$　　$(f(x)>0,\ g(x)>0)$

③ $\log_{f(x)} a=b \iff a=\{f(x)\}^b$　　$(f(x)>0,\ f(x)\neq1)$

☑ 対数不等式とその解き方

対数の真数または底に未知数を含む不等式を，対数不等式という。

・$a>1$ のとき　$\log_a f(x)>\log_a g(x) \iff f(x)>g(x)$　$(g(x)>0)$

・$0<a<1$ のとき　$\log_a f(x)>\log_a g(x) \iff f(x)<g(x)$　$(f(x)>0)$

☑ 対数関数の値域

定義域が $p\leqq x\leqq q$ の場合

・$a>1$ のとき　$\log_a p\leqq y\leqq\log_a q$

・$0<a<1$ のとき　$\log_a q\leqq y\leqq\log_a p$

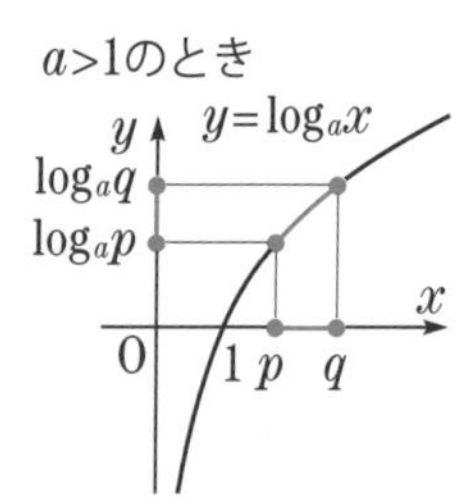

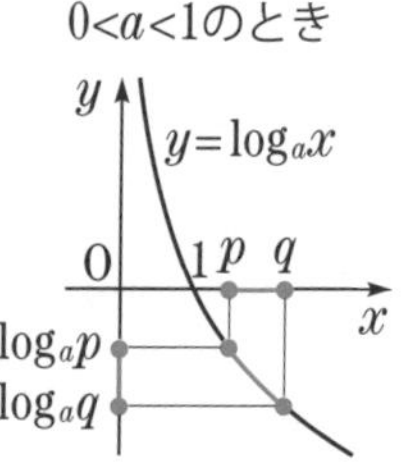

> チェック問題　　答え >

(1) 次の対数方程式を解け。

$\log_2 x=3$　　$x=$ [❶]

$\log_3 x=\log_3(2-x)$　　$x=$ [❷]

$\log_x 4=2$　　$x=$ [❸]

(2) 次の対数不等式を解け。

$\log_3 2x\leqq2$　[❹]

$\log_{\frac{1}{2}} x\geqq\log_{\frac{1}{2}} 3$　[❺]

(3) 関数 $y=\log_{\frac{1}{2}} x\ \left(\dfrac{1}{4}\leqq x\leqq2\right)$ の値域は，

[❻] $\leqq y\leqq$ [❼]

答え

❶ $(2^3=)8$

❷ 1

❸ 2

❹ $0<x\leqq\dfrac{9}{2}$

❺ $0<x\leqq3$

❻ -1　❼ 2

例題 次の問いに答えよ。

(1) 次の方程式，不等式を解け。

① $2\log_3 x=\log_3(x+2)$ ② $2(\log_2 x)^2-5\log_2 x+2\leqq 0$

(2) 関数 $y=(4-\log_3 x)\log_3 x$ $(x\geqq 3)$ の値域を求めよ。

! 解説

(1) ① $2\log_3 x=\log_3(x+2)$ より $\log_3 x^2=\log_3(x+2)$ $x^2=x+2$

$x^2-x-2=0$ $(x+1)(x-2)=0$ $x=-1,\ 2$

また，真数は正であるから，$x>0$，$x+2>0$ であり $\boldsymbol{x=2}$ …答

② $2(\log_2 x)^2-5\log_2 x+2\leqq 0$ $(2\log_2 x-1)(\log_2 x-2)\leqq 0$ ← $\log_2 x=t$ とおいてもよい

$\frac{1}{2}\leqq\log_2 x\leqq 2$ で，底 $2>1$ より $\boldsymbol{\sqrt{2}\leqq x\leqq 4}$ …答 ← 真数>0 を満たしている

(2) $t=\log_3 x$ とすると，底 $3>1$ と $x\geqq 3$ より $t\geqq 1$ となる。

$y=(4-t)t=-t^2+4t=-(t-2)^2+4$

$t\geqq 1$ の範囲のグラフより $\boldsymbol{y\leqq 4}$ …答

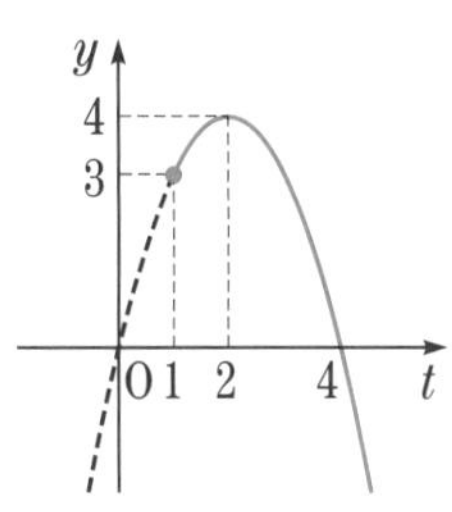

類題 次の問いに答えよ。 解答 → 別冊 p.49

(1) 方程式 $\log_2 x-2\log_x 4=3$ を解け。

(2) 不等式 $\log_{0.9}(3-x)\geqq\log_{0.9}(2x+1)$ を解け。

(3) 関数 $y=(\log_2 x)^2-2\log_2 x+3$ $(1\leqq x\leqq 8)$ の値域を求めよ。

40 > 常用対数

まとめ

☑ 常用対数

底が 10 の対数を**常用対数**という。

☑ 常用対数の性質

与えられた実数 x について，整数 n を用いて

$$n \leqq \log_{10} x < n+1$$

とできるとき，底 $10>1$ より

$$10^n \leqq x < 10^{n+1}$$

なので，次のことがいえる。

① $n \geqq 0$ ならば，x の整数部分は $(\boldsymbol{n+1})$ 桁

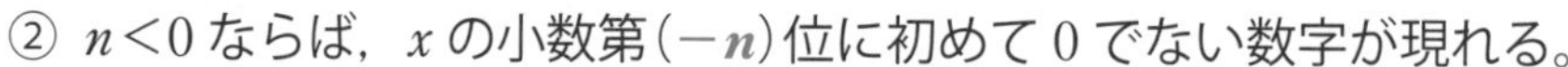

② $n<0$ ならば，x の小数第 $(-\boldsymbol{n})$ 位に初めて 0 でない数字が現れる。

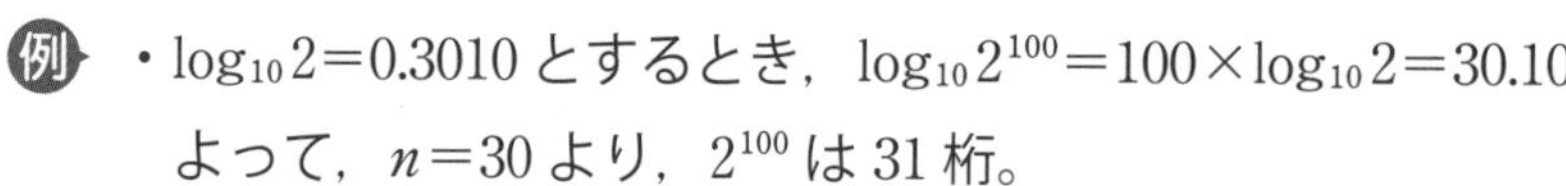

例
- $\log_{10} 2 = 0.3010$ とするとき，$\log_{10} 2^{100} = 100 \times \log_{10} 2 = 30.10$
  よって，$n=30$ より，2^{100} は 31 桁。
- $\log_{10} 3 = 0.4771$ とするとき，$\log_{10}\left(\dfrac{1}{3}\right)^{10} = -10 \times \log_{10} 3 = -4.771$
  よって，$n=-5$ なので，$\left(\dfrac{1}{3}\right)^{10}$ は小数第 5 位に初めて 0 でない数字が現れる。

[確認] $\log_{10} 2^{10} = 10 \times \log_{10} 2 = 10 \times 0.3010 = 3.01$ より　$n=3$
よって，2^{10} は 4 桁と考えられる。実際 $2^{10}=1024$ で 4 桁。

> チェック問題

$\log_{10} 2 = 0.3010$，$\log_{10} 3 = 0.4771$ とするとき

$\log_{10} 4 =$ [❶]　　$\log_{10} 5 =$ [❷]

$\log_{10} 6 =$ [❸]　　$\log_{10} 12 =$ [❹]

$\log_2 3 = \dfrac{\log_{10} [❺]}{\log_{10} [❻]} =$ [❼]

↑小数第 5 位を四捨五入

答え >

❶ 0.6020　❷ 0.6990

❸ 0.7781　❹ 1.0791

❺ 3　❻ 2　❼ 1.5850

例題 次の問いに答えよ。(1)，(2)について，必要なら，$\log_{10}2=0.3010$，$\log_{10}3=0.4771$ を用いよ。

(1) 4^{25} は何桁の整数か。

(2) $\left(\dfrac{2}{3}\right)^{100}$ は小数第何位に初めて 0 でない数字が現れるか。

(3) $\log_{10}2=a$，$\log_{10}3=b$ とおくとき，$\log_9 5$ を a，b で表せ。

解説

(1) $x=4^{25}$ とおく。$x=(2^2)^{25}=2^{50}$ より

$$\log_{10}x=\log_{10}2^{50}=50\times\log_{10}2=50\times0.3010=15.05$$

$15<\log_{10}x<16$ より　$10^{15}<x<10^{16}$

よって，4^{25} は**16 桁**の整数である。 …答

(2) $x=\left(\dfrac{2}{3}\right)^{100}$ とおく。

$$\log_{10}x=\log_{10}\left(\frac{2}{3}\right)^{100}=100\log_{10}\frac{2}{3}=100(\log_{10}2-\log_{10}3)$$

$$=100(0.3010-0.4771)=-17.61$$

$-18<\log_{10}x<-17$ より　$10^{-18}<x<10^{-17}$

よって，$\left(\dfrac{2}{3}\right)^{100}$ は**小数第 18 位**に初めて 0 でない数字が現れる。 …答

(3) $\log_9 5=\dfrac{\log_{10}\dfrac{10}{2}}{\log_{10}3^2}=\dfrac{\log_{10}10-\log_{10}2}{2\log_{10}3}=\boldsymbol{\dfrac{1-a}{2b}}$ …答

類題 $x=2^{64}$ とするとき，次の(1)，(2)は何桁の整数か。また，(3)は小数第何位に初めて 0 でない数字が現れるか。ただし，$\log_{10}2=0.3010$ とする。

解答 → 別冊 p.49

(1) x　　(2) $\sqrt{x}$　　(3) $\dfrac{1}{x}$

37～40の確認テスト

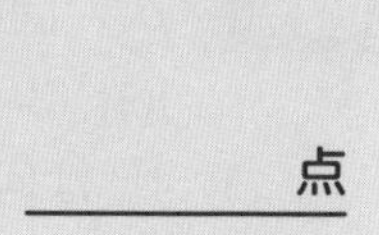

解答→別冊 p.50～51

わからなければ 37, 38 へ

1 次の各組の数の大小を調べよ。（各8点　計16点）

(1) $\log_4 30$, $\dfrac{5}{2}$　　(2) $\log_4 100$, $\log_{\sqrt{2}} 3$

わからなければ 37, 40 へ

2 $\log_{10} 2 = a$, $\log_{10} 3 = b$ とする。このとき，次の値を a と b で表せ。（各8点　計16点）

(1) $\log_{10} 120$　　(2) $\log_5 18$

わからなければ 39 へ

3 次の方程式を解け。（各9点　計18点）

(1) $\log_2(x-5) = \log_4(x+1)$　　(2) $\log_2 x - 2\log_x 16 = 2$

わからなければ 39 へ

4 次の不等式を解け。 (各 10 点　計 20 点)

(1) $\log_2(x-3)<2+\log_{\frac{1}{2}}(x-1)$　　(2) $2+(\log_{10}x)^2 \leqq 3\log_{10}x$

わからなければ 39 へ

5 関数 $y=\log_2(x-2)+\log_2(4-x)$ の最大値と，そのときの x の値を求めよ。(12 点)

わからなければ 40 へ

6 次の問いに答えよ。ただし，$\log_{10}2=0.3010$，$\log_{10}3=0.4771$ とする。

(各 9 点　計 18 点)

(1) 5^{50} は何桁の整数か。

(2) $\left(\dfrac{5}{3}\right)^n \geqq 10^8$ を満たす最小の整数 n を求めよ。

41 関数の極限

まとめ

☑ 関数の極限の定義

関数 $f(x)$ において x が a と異なる値をとり，限りなく a に近づくとき，$f(x)$ がある定数 b に限りなく近づくとすると，このことを

$$f(x) \to b\ (x \to a \text{ のとき}) \quad \text{または} \quad \lim_{x \to a} f(x) = b$$

と表し，x が a に限りなく近づくときの $f(x)$ の極限値は b であるという。

☑ x の多項式 $f(x)$ の極限について

$f(x)$ が x の多項式であるときは，明らかに $\lim_{x \to a} f(x) = f(a)$ である。

☑ 分数関数 $f(x)$ の極限について

① x が $f(x)$ の分母を 0 にしない値 a に限りなく近づくとき，
$\lim_{x \to a} f(x) = f(a)$ である。

② x が $f(x)$ の分母を 0 にする値に限りなく近づくときは，次のような工夫をして求められることがある。（これを「不定形の極限」と呼ぶことがある。）

例 $f(x) = \dfrac{x^2-1}{x-1}$ のとき，$f(x)$ に $x=1$ を形式的に代入すると分母が 0 となるので代入は不可能である。しかし $x \to 1$ のときは，x は 1 と異なるので，この条件の下で

$$f(x) = \frac{x^2-1}{x-1} = \frac{(x+1)(x-1)}{x-1} = x+1$$

←$x \neq 1$ より $x-1 \neq 0$ なので分母，分子を約分できる

となるので $\lim_{x \to 1} f(x) = \lim_{x \to 1}(x+1) = 1+1 = 2$

チェック問題

次の極限値を求めよ。

(1) $\lim_{x \to 2}(x^2-3x+4) =$ ❶

(2) $\lim_{x \to 1} \dfrac{x^2-4}{x-2} =$ ❷

(3) $\lim_{x \to 2} \dfrac{x^2-4}{x-2} = \lim_{x \to 2} \dfrac{(x-2)(x+2)}{x-2} =$ ❸

(4) $\lim_{x \to 1} \dfrac{x^2-1}{x^2+x-2} = \lim_{x \to 1} \dfrac{(x-1)(x+1)}{(x-1)(x+2)} =$ ❹

答え

❶ 2

❷ 3

❸ 4

❹ $\dfrac{2}{3}$

例題 次の問いに答えよ。

(1) 極限値 $\lim_{x \to 3} \dfrac{2x^2+ax-3}{x-3}$ が存在するとき，定数 a の値とその極限値を求めよ。

(2) 等式 $\lim_{x \to 1} \dfrac{x^2+ax+b}{x-1}=4$ が成り立つように，定数 a，b の値を定めよ。

解説

(1) $x \to 3$ のとき，分母 $\to 0$ であるから，分子 $\to 0$ である。

よって，$\lim_{x \to 3}(2x^2+ax-3)=18+3a-3=0$ より　$\boldsymbol{a=-5}$ …答

$$\lim_{x \to 3} \frac{2x^2-5x-3}{x-3}=\lim_{x \to 3} \frac{(x-3)(2x+1)}{x-3}=\lim_{x \to 3}(2x+1)=\boldsymbol{7}$$ …答

(2) $x \to 1$ のとき，分母 $\to 0$ であるから，分子 $\to 0$ である。

よって，$\lim_{x \to 1}(x^2+ax+b)=1+a+b=0$ より　$b=-a-1$

$(\text{分子})=x^2+ax-a-1=(x-1)(x+1)+a(x-1)=(x-1)(x+a+1)$

$$\lim_{x \to 1} \frac{x^2+ax+b}{x-1}=\lim_{x \to 1} \frac{(x-1)(x+a+1)}{x-1}=\lim_{x \to 1}(x+a+1)=a+2$$

よって，$a+2=4$ より　$\boldsymbol{a=2}$，$\boldsymbol{b=-3}$ …答

類題 次の問いに答えよ。 解答 → 別冊 p.52

(1) 極限値 $\lim_{x \to -1} \dfrac{ax^2+x-2}{x+1}$ が存在するとき，定数 a の値とその極限値を求めよ。

(2) 等式 $\lim_{x \to -1} \dfrac{x^2+ax+b}{x^2+3x+2}=-3$ が成り立つように，定数 a，b の値を定めよ。

42 ＞ 平均変化率

まとめ

☑ 平均変化率

関数 $y=f(x)$ において，x の値が a から b まで変わるとき，y の値の変化 $f(b)-f(a)$ と x の値の変化 $b-a$ との比

$$H=\frac{f(b)-f(a)}{b-a}$$

を $x=a$ から $x=b$ までの関数 $y=f(x)$ の**平均変化率**という。平均変化率 H は，2 点 $\mathrm{A}(a,\ f(a))$，$\mathrm{B}(b,\ f(b))$ を結ぶ直線 AB の傾きである。

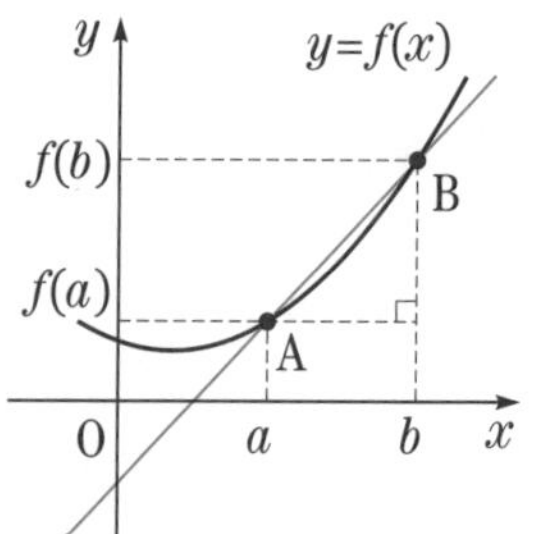

例 関数 $y=x^2$ において，x の値が

① 0 から 1　② 1 から 2

③ 0 から 3　④ −1 から 1

まで変わるときの平均変化率 H は，それぞれ次のようになる。

x	−1	0	1	2	3
y	1	0	1	4	9

① $H=\dfrac{1-0}{1-0}=1$　② $H=\dfrac{4-1}{2-1}=3$

③ $H=\dfrac{9-0}{3-0}=3$　④ $H=\dfrac{1-1}{1-(-1)}=0$

＞ チェック問題

関数 $f(x)=x^2+x$ について，次の問いに答えよ。

(1) $x=1$ から $x=3$ までの平均変化率 H を計算すると

$$H=\frac{f(\text{❶})-f(\text{❷})}{\text{❶}-\text{❷}}=\text{❸}$$

(2) $x=-1$ から $x=2$ までの平均変化率は　$H=$ ❹

(3) $x=1$ から $x=1+h$ $(h\neq 0)$ までの平均変化率を計算すると

$$H=\frac{f(\text{❺})-f(\text{❻})}{\text{❺}-\text{❻}}$$

$$=\frac{\text{❼}}{h}=\text{❽}$$

答え ＞

❶ 3　❷ 1　❸ 5

（❶ 1　❷ 3 でもよい）

❹ 2

❺ $1+h$　❻ 1

（❺ 1　❻ $1+h$ でもよい）

❼ h^2+3h　❽ $h+3$

例題 次の問いに答えよ。

(1) 関数 $f(x)=x^2+2x$ について，$x=0$ から $x=2$ までの平均変化率 H を求めよ。

(2) 関数 $f(x)=x^2+x$ について，$x=a$ から $x=a+h$ までの平均変化率 H を求めよ。

(3) 関数 $f(x)=x^2$ について，$x=a-h$ から $x=a+h$ までの平均変化率 H を求めよ。

解説

(1) $H=\dfrac{f(2)-f(0)}{2-0}=\dfrac{(2^2+2\cdot2)-0}{2}=\dfrac{8}{2}=\mathbf{4}$ …答

(2) $H=\dfrac{f(a+h)-f(a)}{(a+h)-a}=\dfrac{\{(a+h)^2+(a+h)\}-(a^2+a)}{h}$

$=\dfrac{2ah+h^2+h}{h}=\boldsymbol{2a+1+h}$ …答

(3) $H=\dfrac{f(a+h)-f(a-h)}{(a+h)-(a-h)}=\dfrac{(a+h)^2-(a-h)^2}{2h}$

$=\dfrac{4ah}{2h}=\boldsymbol{2a}$ …答

類題 次の問いに答えよ。 解答 → 別冊 p.52

(1) 関数 $f(x)=x^2-3x$ の $x=0$ から $x=a$ までの平均変化率 H が 1 であるとき，定数 a の値を求めよ。

(2) 関数 $f(x)=x^2-2x$ の $x=1$ から $x=a$ までの平均変化率 H が $2a$ であるとき，定数 a の値を求めよ。

43 微分係数

まとめ

☑ 微分係数

$\displaystyle\lim_{b\to a}\frac{f(b)-f(a)}{b-a}$ が存在するとき，これを関数 $y=f(x)$ の $x=a$ における微分係数といい $f'(a)$ で表す。

$$f'(a)=\lim_{h\to 0}\frac{f(a+h)-f(a)}{h}\quad (b-a=h\text{ のとき})$$

微分係数 $f'(a)$ は点 $\mathrm{A}(a,\ f(a))$ における曲線 $y=f(x)$ の接線の傾きである。

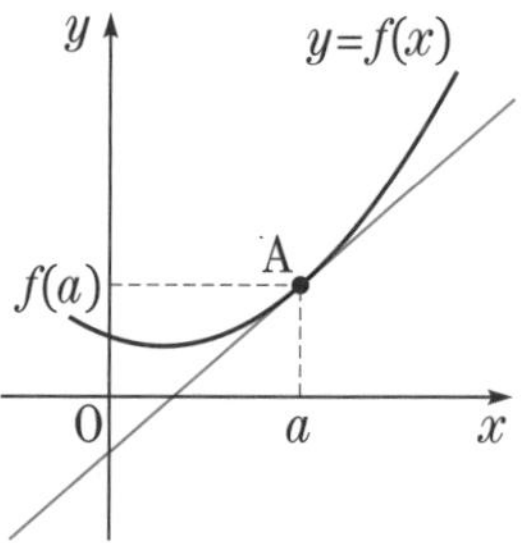

例 [1] 関数 $f(x)=x^2$ において

$$f'(a)=\lim_{h\to 0}\frac{(a+h)^2-a^2}{h}=\lim_{h\to 0}\frac{2ah+h^2}{h}=\lim_{h\to 0}(2a+h)=2a$$

[2] 関数 $f(x)=x^3$ において

$$f'(a)=\lim_{h\to 0}\frac{(a+h)^3-a^3}{h}=\lim_{h\to 0}\frac{3a^2h+3ah^2+h^3}{h}$$

$$=\lim_{h\to 0}(3a^2+3ah+h^2)=3a^2$$

チェック問題

関数 $f(x)=x^2+x$ について，次の問いに答えよ。

(1) $x=a$ における微分係数を計算すると

$$f'(a)=\lim_{h\to 0}\frac{f(a+h)-f(a)}{h}=\lim_{h\to 0}\frac{\boxed{❶}}{h}$$

$$=\lim_{h\to 0}(\boxed{❷})=\boxed{❸}$$

(2) $x=0$ から $x=2$ までの平均変化率と微分係数 $f'(a)$ が等しいとき，定数 a の値を求めると，$a=$ ❹ となる。

答え

❶ $(2a+1)h+h^2$

❷ $2a+1+h$

❸ $2a+1$

❹ 1

例題　次の問いに答えよ。

(1) 関数 $f(x)=x^2-x$ について，$x=1$ から $x=3$ までの平均変化率 H と $x=a$ における微分係数 $f'(a)$ が等しくなるように，定数 a の値を定めよ。

(2) 極限値 $\lim_{h\to 0}\frac{f(a+2h)-f(a)}{h}$ を $f'(a)$ で表せ。

解説

(1) $H=\frac{f(3)-f(1)}{3-1}=\frac{(3^2-3)-(1^2-1)}{2}=\frac{6}{2}=3$ である。

また　$f'(a)=\lim_{h\to 0}\frac{f(a+h)-f(a)}{h}=\lim_{h\to 0}\frac{\{(a+h)^2-(a+h)\}-(a^2-a)}{h}$

$$=\lim_{h\to 0}\frac{(2a-1)h+h^2}{h}=\lim_{h\to 0}(2a-1+h)=2a-1$$

これらが等しいので，$2a-1=3$ より　$\boldsymbol{a=2}$ …答

(2) $2h=k$ とおくと，$h\to 0$ のとき $k\to 0$ となるので　←$2h$ と h では 0 に近づく速さがちがうことに注意！

$$\lim_{h\to 0}\frac{f(a+2h)-f(a)}{h}=\lim_{h\to 0}2\cdot\frac{f(a+2h)-f(a)}{2h}$$

$$=\lim_{k\to 0}2\cdot\frac{f(a+k)-f(a)}{k}=\boldsymbol{2f'(a)}$$ …答　←$\lim_{k\to 0}\frac{f(a+k)-f(a)}{k}=f'(a)$

類題　次の問いに答えよ。　解答 → 別冊 p.52

(1) 関数 $f(x)=x^2+3x-1$ について，$x=1$ から $x=3$ までの平均変化率 H と $x=a$ における微分係数 $f'(a)$ が等しくなるように，定数 a の値を定めよ。

(2) 極限値 $\lim_{h\to 0}\frac{f(a+h)-f(a-h)}{h}$ を $f'(a)$ で表せ。

44 > 導関数

まとめ

☑ 導関数の定義

関数 $y=f(x)$ の $x=a$ における微分係数 $f'(a)$ について，a を定数と見るのではなく変数と見れば，$f'(a)$ は a の関数になっている。そこで，定数 a を変数 x でおき換えた $f'(x)$ を $f(x)$ の**導関数**という。

$$f'(x)=\lim_{h\to 0}\frac{f(x+h)-f(x)}{h}$$

注 微分係数 $f'(a)$ の定義の a を x におき換えた形そのものである。

[補足] h を x の増分といい Δx で表す。これに対し，y の増分を Δy とすれば導関数の定義は次のようにもかける。

$$f'(x)=\lim_{\Delta x\to 0}\frac{\Delta y}{\Delta x}=\lim_{\Delta x\to 0}\frac{f(x+\Delta x)-f(x)}{\Delta x}$$

☑ 導関数を表す記号

関数 $y=f(x)$ の導関数を表す記号には，次のようなものがあり，状況によって使い分けられる。

$$f'(x)=y'=\frac{dy}{dx}=\frac{d}{dx}f(x)$$

どの記号を使ったらよいかは，今後経験を重ねることで学んでいこう。

> チェック問題

次の問いに答えよ。

(1) 関数 $f(x)=3$ の導関数を定義に従って求める。

$$f'(x)=\lim_{h\to 0}\frac{f(x+h)-f(x)}{h}$$

$$=\lim_{h\to 0}\frac{\boxed{❶}-\boxed{❷}}{h}=\boxed{❸}$$

(2) 関数 $f(x)=x$ の導関数を定義に従って求める。

$$f'(x)=\lim_{h\to 0}\frac{\boxed{❹}-\boxed{❺}}{h}=\lim_{h\to 0}\frac{\boxed{❻}}{h}=\boxed{❼}$$

答え >

❶ 3　❷ 3　❸ 0

❹ $x+h$　❺ x　❻ h

❼ 1

例題　定義に従って，次の関数の導関数を求めよ。

(1) $f(x)=x+3$　　　(2) $f(x)=x^3$

解説

(1) $f'(x)=\lim_{h\to 0}\frac{f(x+h)-f(x)}{h}=\lim_{h\to 0}\frac{(x+h+3)-(x+3)}{h}$

$=\lim_{h\to 0}\frac{h}{h}=\lim_{h\to 0}1=\mathbf{1}$ …答

(2) $f'(x)=\lim_{h\to 0}\frac{f(x+h)-f(x)}{h}=\lim_{h\to 0}\frac{(x+h)^3-x^3}{h}$

$=\lim_{h\to 0}\frac{(x^3+3x^2h+3xh^2+h^3)-x^3}{h}=\lim_{h\to 0}\frac{3x^2h+3xh^2+h^3}{h}$

$=\lim_{h\to 0}(3x^2+3x\underset{\downarrow 0}{h}+\underset{\downarrow 0}{h^2})=\mathbf{3x^2}$ …答

類題　定義に従って，次の関数の導関数を求めよ。　解答 → 別冊 p.53

(1) $f(x)=\frac{1}{2}x^2+1$　　　(2) $f(x)=x(x-1)$

41 ～ 44 の 確認テスト

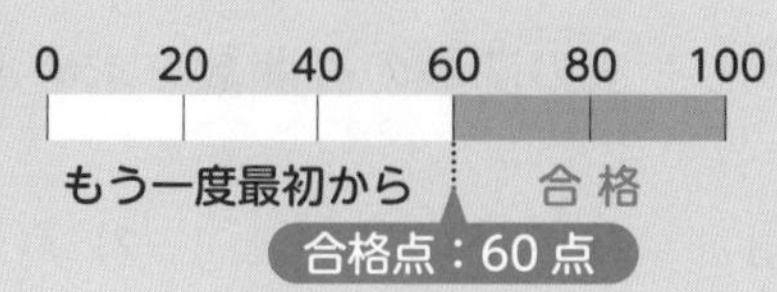

点

解答 → 別冊 p.54～55

1

わからなければ 41 へ

次の極限値を求めよ。　　(各 6 点　計 24 点)

(1) $\lim_{x \to -1}(x^3+3x^2-5)$

(2) $\lim_{x \to 1}\dfrac{x^3-1}{x^2-1}$

(3) $\lim_{x \to \frac{1}{2}}\dfrac{2x^2-3x+1}{2x^2+x-1}$

(4) $\lim_{x \to 0}\dfrac{1}{x}\left(1-\dfrac{1}{x+1}\right)$

2

わからなければ 41 へ

等式 $\lim_{x \to 2}\dfrac{x^2+ax+b}{x^2-3x+2}=5$ が成り立つように，定数 a，b の値を定めよ。　(10 点)

わからなければ 41 へ

3 極限値 $\lim_{x \to 1} \frac{x^2+x+a}{x-1}$ が存在するとき，定数 a の値とその極限値を求めよ。

（各 7 点　計 14 点）

わからなければ 42 へ

4 関数 $f(x)=\frac{1}{2}x^3+2x$ について，$x=1$ から $x=3$ までの平均変化率 H を求めよ。

（8 点）

わからなければ 43 へ

5 次の極限値を $f'(a)$ を用いて表せ。（各 10 点　計 20 点）

(1) $\lim_{h \to 0} \frac{f(a)-f(a-3h)}{h}$

(2) $\lim_{h \to 0} \frac{f(a+2h)-f(a+h)}{2h}$

わからなければ 44 へ

6 定義に従って，次の関数の導関数を求めよ。（各 12 点　計 24 点）

(1) $f(x)=x^2$

(2) $f(x)=(x-1)x(x+1)$

45 > 微分

まとめ

☑ 微分

関数 $f(x)$ の導関数を求めることを，$f(x)$ を微分するという。

☑ 微分の計算公式

関数と導関数の対応を表に表すと，次のようになる。

	関数	導関数	
①	x^n	nx^{n-1}	← 最も基本の公式
②	C	0	← 定数 C の微分は 0
③	$kf(x)$	$kf'(x)$	← 実数倍の微分は微分の実数倍
④	$f(x)+g(x)$	$f'(x)+g'(x)$	← 和の微分は微分の和
⑤	$f(x)-g(x)$	$f'(x)-g'(x)$	← 差の微分は微分の差
⑥	$(ax+b)^n$	$an(ax+b)^{n-1}$	← 1 次式の n 乗の微分。覚えておくと便利！

> チェック問題

次の関数を微分せよ。

(1) $y=x^3+x^2+x+1$ のとき

$y'=$ [❶]

(2) $y=(x+1)^2$ のとき，右辺を展開すると

$y=$ [❷] となるから　$y'=$ [❸]

(3) $y=(x-2)(x^2+3x+4)$ のとき，右辺を展開すると

$y=$ [❹] となるから

$y'=$ [❺]

答え >

❶ $3x^2+2x+1$

❷ x^2+2x+1　❸ $2x+2$

(公式⑥を使うと❷を求めなくとも，❸は $2(x+1)$ とわかる。)

❹ x^3+x^2-2x-8

❺ $3x^2+2x-2$

例題 次の問いに答えよ。

(1) 関数 $f(x)=x^3+ax^2+bx+c$ が，$f(1)=0$，$f(0)=-4$，$f'(1)=4$ を満たすとき，定数 a，b，c の値を求めよ。

(2) すべての x の値に対して，等式 $(x+1)f'(x)=3f(x)-x^2$ を満たす 2 次関数 $f(x)$ を求めよ。

! 解説

(1) $f(x)=x^3+ax^2+bx+c$ より，$f'(x)=3x^2+2ax+b$ である。

$f(1)=0$，$f(0)=-4$，$f'(1)=4$ より　$1+a+b+c=0$，$c=-4$，$3+2a+b=4$

この連立方程式を解いて　$\boldsymbol{a=-2}$，$\boldsymbol{b=5}$，$\boldsymbol{c=-4}$　…答

(2) $f(x)$ は 2 次関数なので，$f(x)=ax^2+bx+c\,(a\neq 0)$ とおくと，

$f'(x)=2ax+b$ となる。

$$(x+1)(2ax+b)=3(ax^2+bx+c)-x^2$$

$$2ax^2+(2a+b)x+b=(3a-1)x^2+3bx+3c$$

これは x の恒等式なので　$2a=3a-1$，$2a+b=3b$，$b=3c$

この連立方程式を解いて　$a=1$，$b=1$，$c=\frac{1}{3}$

よって　$\boldsymbol{f(x)=x^2+x+\frac{1}{3}}$　…答

類題 次の問いに答えよ。　解答 → 別冊 p.56

(1) 関数 $f(x)=x^3+ax^2+bx+c$ が $f(1)=1$，$f(-1)=7$，$f'(1)=1$ を満たすとき，定数 a，b，c の値を求めよ。

(2) 等式 $(2x+1)f'(x)=f(x)+6x^2+7x-1$ がすべての x の値に対して成り立つような 2 次関数 $f(x)$ を求めよ。

46 接線の方程式

まとめ

☑ 傾き m の直線の方程式 ←数学Ⅰの範囲

$y-b=m(x-a)$……傾き m，点 $(a,\ b)$ を通る直線

☑ 接線の方程式

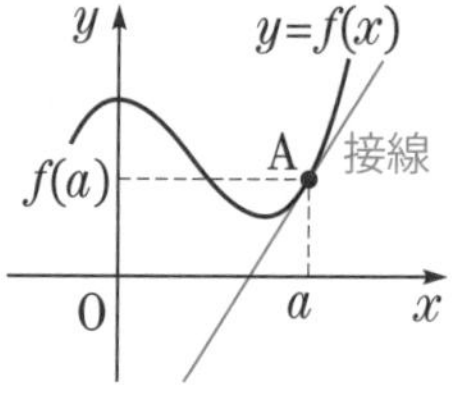

曲線 $y=f(x)$ 上の点 $\mathrm{A}(a,\ f(a))$ における接線の傾きは，$x=a$ における $f(x)$ の微分係数 $f'(a)$ に等しいので，接線の方程式は

$$y-f(a)=f'(a)(x-a)$$

↑曲線 $y=f(x)$ 上の点 $(a,\ f(a))$ における接線の方程式

☑ 法線の方程式

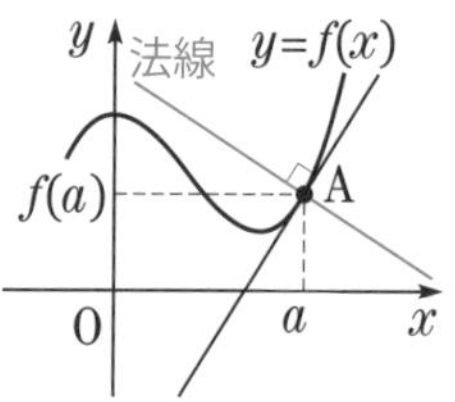

曲線 $y=f(x)$ 上の点 $\mathrm{A}(a,\ f(a))$ を通り，その点における接線と直交する直線を法線という。直交することから法線の傾きは $-\dfrac{1}{f'(a)}$ であり，法線の方程式は

$$y-f(a)=-\frac{1}{f'(a)}(x-a)\quad（ただし，f'(a)\neq 0）$$

↑曲線 $y=f(x)$ 上の点 $(a,\ f(a))$ における法線の方程式

チェック問題

次の問いに答えよ。

(1) $f(x)=x^2+2x$ について，曲線 $y=f(x)$ 上の点 $\mathrm{A}(1,\ 3)$ における接線の傾きは ❶ なので，点Aにおける接線の方程式は $y=$ ❷ である。

(2) $f(x)=\dfrac{1}{2}x^2-3x$ について，曲線 $y=f(x)$ 上の点 $\mathrm{B}(2,\ -4)$ における接線の傾きは ❸ なので，その点における法線の傾きは ❹ である。したがって，法線の方程式は $y=$ ❺ となる。

答え

❶ $(f'(1)=)4$

❷ $4x-1$

❸ -1

❹ 1

❺ $x-6$

例題 $f(x)=x^3-3x+2$ とする。曲線 $y=f(x)$ について，次の接線の方程式を求めよ。

(1) 傾きが 9 となるもの　　(2) 点 $\mathrm{A}\left(\frac{7}{3},\ 4\right)$ を通るもの

解説

$f(x)=x^3-3x+2$ より，$f'(x)=3x^2-3$ である。

(1) 接点の x 座標を t とすると，$f'(t)=3t^2-3=9$ より，$t=\pm 2$ となる。

$t=2$ のとき，接線の方程式は　$y-f(2)=9(x-2)$

よって　$\boldsymbol{y=9x-14}$ …答

$t=-2$ のとき，接線の方程式は　$y-f(-2)=9(x+2)$

よって　$\boldsymbol{y=9x+18}$ …答

(2) 接点を $\mathrm{T}(t,\ t^3-3t+2)$ とすると，接線の方程式は

$$y-(t^3-3t+2)=f'(t)(x-t) \quad \cdots\cdots ①$$

であり，点 $\mathrm{A}\left(\frac{7}{3},\ 4\right)$ を通るので

$$4-(t^3-3t+2)=(3t^2-3)\left(\frac{7}{3}-t\right)$$

$2t^3-7t^2+9=0$ より　$(t+1)(2t-3)(t-3)=0$

となり，$t=-1,\ \frac{3}{2},\ 3$ を得る。それぞれの t の値を①に代入し接線の方程式を求めると

$$\boldsymbol{y=4,\ y=\frac{15}{4}x-\frac{19}{4},\ y=24x-52} \quad \cdots答$$

[注意]　3 次関数のグラフは p.130「関数のグラフ」で学ぶ。

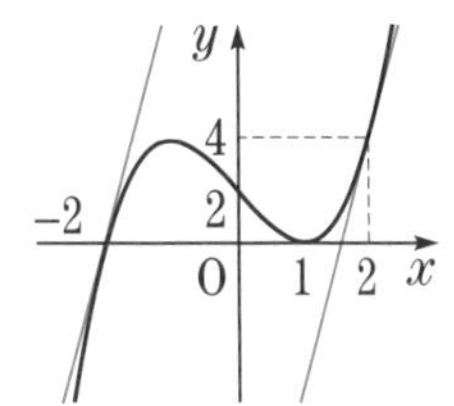

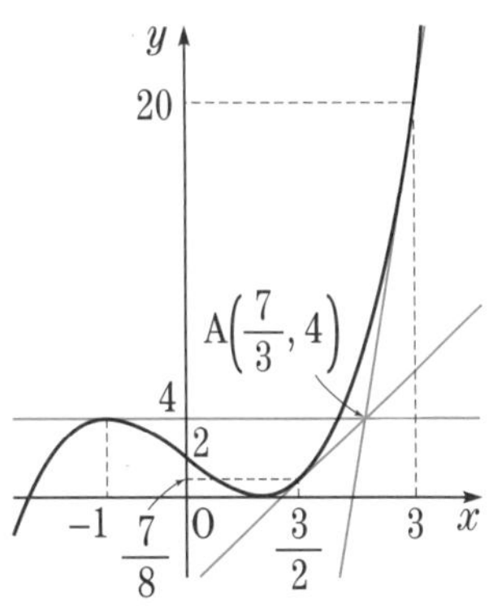

類題 $f(x)=x-x^3$ とする。曲線 $y=f(x)$ について，次の接線の方程式を求めよ。

解答 → 別冊 p.56

(1) 傾きが -2 となるもの　　(2) 点 $\mathrm{A}\left(\frac{2}{3},\ \frac{2}{3}\right)$ を通るもの

第5章 微分と積分

47 > 接線の応用

まとめ

☑ 2 曲線が接する条件

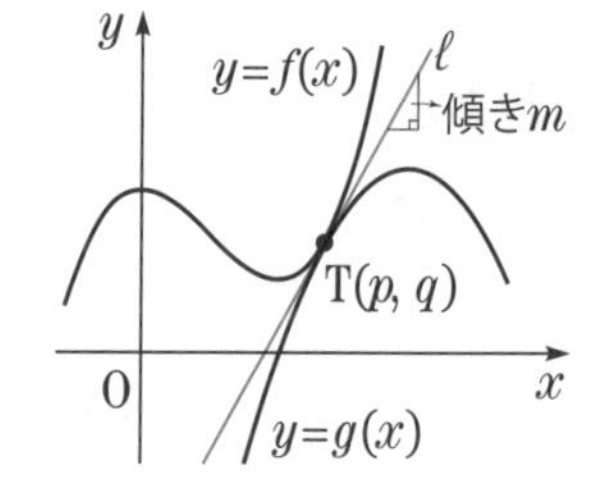

2 曲線 $y=f(x)$ と $y=g(x)$ が点 $\mathrm{T}(p,\ q)$ で接する。

$$\iff \begin{cases} f(p)=g(p) & (=q) \\ f'(p)=g'(p) & (=m) \end{cases}$$

［図形的意味］

点 $\mathrm{T}(p,\ q)$ を通り傾き m の直線を ℓ とすると

$$\begin{cases} \text{曲線 } y=f(x) \text{ と直線 } \ell \text{ は点 T で接する。} \\ \text{曲線 } y=g(x) \text{ と直線 } \ell \text{ は点 T で接する。} \end{cases}$$

つまり，直線 ℓ は，2 曲線 $y=f(x)$，$y=g(x)$ の**点 T における共通接線**である。

☑ 2 曲線の共通接線

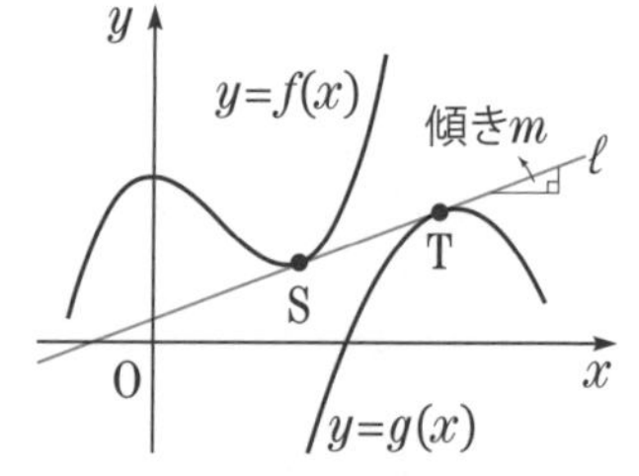

曲線 $y=f(x)$ 上の点 S における接線と，曲線 $y=g(x)$ 上の点 T における接線が一致しているとき，この直線を，2 曲線 $y=f(x)$，$y=g(x)$ の**共通接線**という。

> チェック問題　　答え >

2 曲線 $y=f(x)=x^3-9x+a$ と $y=g(x)=x^2+bx+c$ が点 $\mathrm{T}(-2,\ 6)$ で接しているとき，定数 a，b，c の値を求める。

曲線 $y=f(x)$ が点 $\mathrm{T}(-2,\ 6)$ を通るから　$a=$ ❶

それぞれの関数を微分して，

$f'(x)=$ ❷ ，$g'(x)=$ ❸

点 T における接線の傾きが等しいから，

$f'($ ❹ $)=g'($ ❹ $)$ より　$b=$ ❺

曲線 $y=g(x)$ が点 $\mathrm{T}(-2,\ 6)$ を通るから　$c=$ ❻

答え：
❶ -4
❷ $3x^2-9$　❸ $2x+b$
❹ -2　❺ 7
❻ 16

例題 2つの放物線 C_1：$y=x^2$ と C_2：$y=-x^2+8x-10$ の両方に接する直線の方程式を求めよ。

解説

C_1 上の接点を $S(s,\ s^2)$ とすると，$y'=2x$ より，接線の方程式は

$$y-s^2=2s(x-s)$$

つまり　$y=2sx-s^2$　……①

また，C_2 上の接点を $T(t,\ -t^2+8t-10)$ とすると，$y'=-2x+8$ より，接線の方程式は

$$y-(-t^2+8t-10)=(-2t+8)(x-t)$$

つまり　$y=(-2t+8)x+t^2-10$　……②

①，②は同一の直線であることから

$$2s=-2t+8,\quad -s^2=t^2-10$$

これらから s を消去して整理すると

$$t^2-4t+3=0 \qquad (t-1)(t-3)=0$$

$t=1,\ 3$ となり　$(s,\ t)=(3,\ 1),\ (1,\ 3)$

したがって，両方に接する直線の方程式は

①(または②)より

$$\boldsymbol{y=6x-9,\ y=2x-1}$$ …答

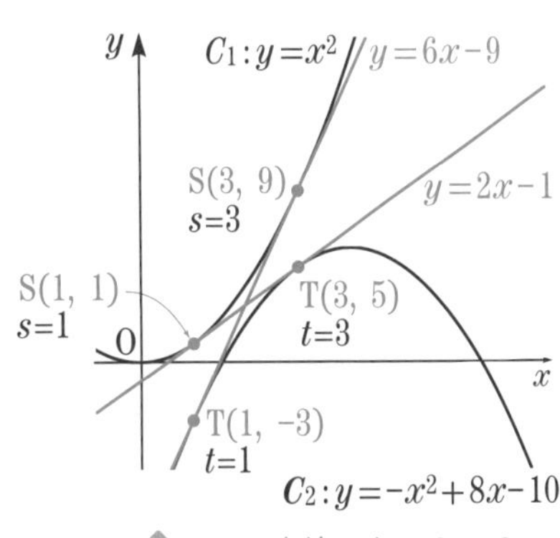

↑2つの直線とも，C_1，C_2 の両方に接している。

類題 2つの放物線 C_1：$y=\frac{1}{2}x^2$ と C_2：$y=\frac{1}{2}x^2-2x+1$ の共通接線の方程式を求めよ。

解答 → 別冊 p.57

45 ~ 47 の
確認テスト

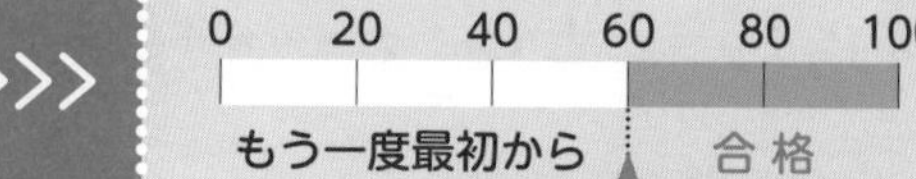

点

解答 → 別冊 p.58〜59

わからなければ 45 へ

1 次の関数を微分せよ。 （各 8 点　計 24 点）

(1) $y=\frac{4}{3}x^3-3x^2+x$　　(2) $y=(x+1)(x^2+1)$　　(3) $y=(2x+3)^2$

わからなければ 45 へ

2 3 次関数 $f(x)=x^3+ax^2+bx+c$ が $f(1)=13$，$f'(1)=13$，$f'(-1)=1$ を満たすという。このとき，定数 a，b，c の値を求めよ。 （8 点）

わからなければ 45 へ

3 すべての x に対して，等式 $(x-1)f'(x)=3f(x)-x^2+4x$ を満たす 2 次関数 $f(x)$ を求めよ。 （8 点）

わからなければ 46 へ

4 曲線 $y=\frac{1}{3}x^3-x^2$ について，次の問いに答えよ。 （(1) 各 10 点　(2) 10 点　計 30 点）

(1) 曲線上の点 $(3,\ 0)$ における接線の方程式を求めよ。また，接点以外の曲線と接線の共有点の座標を求めよ。

(2) 傾きが 3 となる接線の方程式を求めよ。

わからなければ 46 へ

5 曲線 $y=x^3-2x^2$ の接線で点 A(3, 0) を通るものの方程式を求めよ。 (15 点)

わからなければ 47 へ

6 2 つの放物線 $y=x^2$, $y=a-x^2$ $(a>0)$ の交点におけるそれぞれの接線が，他方の法線になっているという。このとき，定数 a の値を求めよ。 (15 点)

48 > 関数の増減

まとめ

☑ 定義域と関数　関数の定義域を実数全体で考えるか，正の値についてのみ考えるかによって，この関数がたとえ同じ式で表されていても異なる関数と考える。つまり，関数は定義域もセットにして考えなくてはならない。

例 ① $y=x^3-x\ (x>0)$　② $y=x^3-x\ (-1\leqq x\leqq 3)$　③ $y=x^3-x$

この例では，どれも同じ3次式で表されているが，定義域が異なるので，異なる関数であるとする。

☑ 区間　($a\leqq b$ とする)

$a\leqq x\leqq b$，$a<x\leqq b$，$a\leqq x<b$，$a<x<b$，$a\leqq x$，$a<x$，$x\leqq b$，$x<b$

を区間という。すべての実数も区間として扱う。

☑ 関数の増減

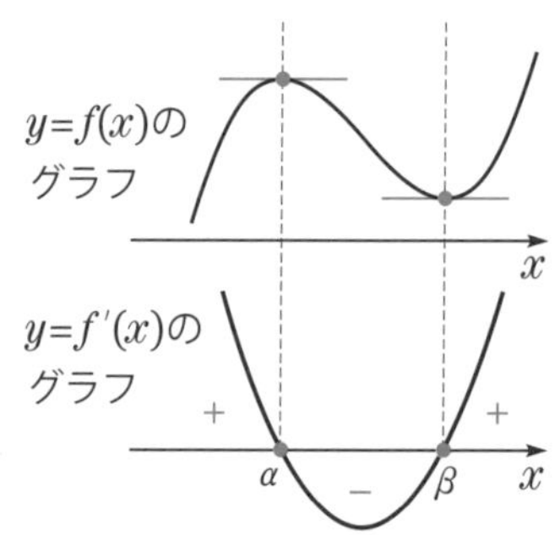

・区間 I 内で，$x_1<x_2 \Longrightarrow f(x_1)<f(x_2)$ のとき，$f(x)$ は区間 I で増加するという。

・区間 I 内で，$x_1<x_2 \Longrightarrow f(x_1)>f(x_2)$ のとき，$f(x)$ は区間 I で減少するという。

☑ 導関数と関数の増減

・区間 I 内で $f'(x)>0 \Longrightarrow f(x)$：増加

・区間 I 内で $f'(x)<0 \Longrightarrow f(x)$：減少

> チェック問題

関数 $f(x)=\dfrac{1}{3}x^3-x^2-3x+1$ の増減を調べる。

$f'(x)=$ [❶] $=$ [❷]　←❷は因数分解

よって，$f(x)$ の増減は次の表(増減表)のようになる。

x	…	❸	…	❹	…
$f'(x)$	❺	0	❻	0	❼
$f(x)$	❽	$f($ ❸ $)$	❾	$f($ ❹ $)$	❿

↑❽，❾，❿には矢印↗，↘を書く。↗は増加，↘は減少を表す。

よって　増加する区間は [⓫]

　　　　減少する区間は [⓬]

答え >

❶ x^2-2x-3

❷ $(x+1)(x-3)$

❸ -1　❹ 3

❺ $+$　❻ $-$　❼ $+$

❽ ↗　❾ ↘　❿ ↗

⓫ $x\leqq -1$，$x\geqq 3$

⓬ $-1\leqq x\leqq 3$

例題　関数 $f(x)=x^3+2ax^2+3ax+1$ について，次の問いに答えよ。

(1) $a=3$ のとき，関数 $f(x)$ が減少する区間を求めよ。

(2) 関数 $f(x)$ がすべての実数の範囲で増加するように，定数 a の値の範囲を定めよ。

解説

(1) $a=3$ のとき，$f(x)=x^3+6x^2+9x+1$ より

$$f'(x)=3x^2+12x+9=3(x^2+4x+3)=3(x+3)(x+1)$$

$y=f'(x)$ のグラフは（-3 と -1 で x 軸と交わり，$x<-3$ で $+$，$-3<x<-1$ で $-$，$x>-1$ で $+$）となるので，

$f(x)$ が減少する区間は　$\boldsymbol{-3 \leqq x \leqq -1}$ …答

(2) すべての実数 x で $f'(x) \geqq 0$ となればよい。$f'(x)=3x^2+4ax+3a$ なので，x の2次方程式 $3x^2+4ax+3a=0$ の判別式 $D \leqq 0$ となればよい。

$$D=(4a)^2-4\cdot3\cdot3a \leqq 0 \qquad a(4a-9) \leqq 0$$

ゆえに　$\boldsymbol{0 \leqq a \leqq \frac{9}{4}}$ …答

類題　関数 $f(x)=-x^3+ax^2-ax+a$ について，次の問いに答えよ。

解答 → 別冊 p.60

(1) $a=-1$ のとき，関数 $f(x)$ が増加する区間を求めよ。

(2) 関数 $f(x)$ がすべての実数の範囲で減少するように，定数 a の値の範囲を定めよ。

49 > 関数の極値

まとめ

☑ 関数の極値　関数 $f(x)$ について

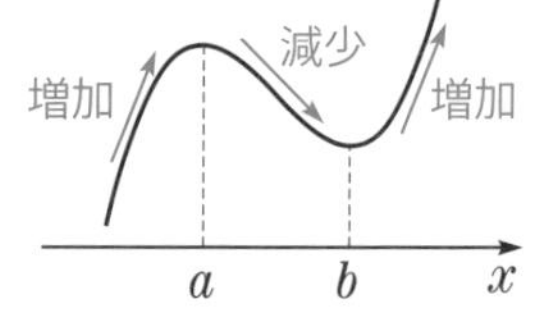

- $x=a$ の前後で増加から減少に変化 $\iff$ $f(x)$ は $x=a$ で**極大**　$f(a)$ が**極大値**
- $x=b$ の前後で減少から増加に変化 $\iff$ $f(x)$ は $x=b$ で**極小**　$f(b)$ が**極小値**

極大値と極小値を合わせて**極値**という。

☑ 極値の判定法　関数 $f(x)$ において，$f'(a)=f'(b)=0$ であり

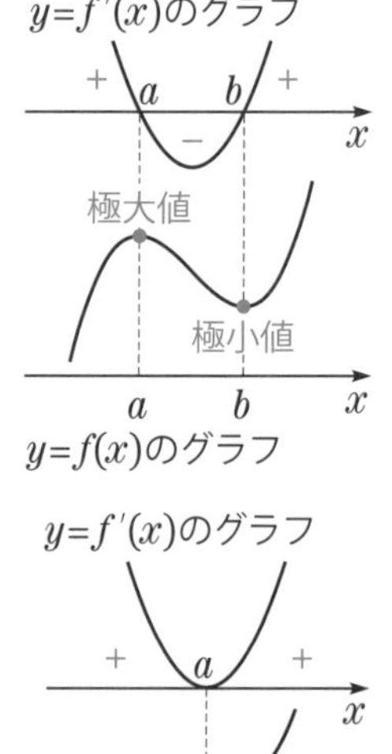

- $x=a$ の前後で $f'(x)$ が正から負に変化 $\iff$ $f(x)$ は $x=a$ で**極大**　$f(a)$ が**極大値**
- $x=b$ の前後で $f'(x)$ が負から正に変化 $\iff$ $f(x)$ は $x=b$ で**極小**　$f(b)$ が**極小値**

注　$f'(x)=0$ の条件だけで極大または極小になる，つまり極値をとると判断してはいけない。
右の例では $f'(a)=0$ となっているが，その前後で $f'(x)$ の符号（正，負）が変化していない。そのとき，$y=f(x)$ のグラフは $x=a$ で傾き 0 の接線に接するだけで，極大にも極小にもならない。

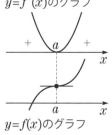

> チェック問題

関数 $f(x)=x^3-6x^2+9x+1$ について

$f'(x)=$ [❶] $=$ [❷]　←❷は因数分解

よって，$f(x)$ の増減表は次のようになる。

x	…	❸	…	❹	…
$f'(x)$	❺	0	❻	0	❼
$f(x)$	❽	A	❾	B	❿

$A=f($ ❸ $)=$ [⓫] ← 極 [⓬] 値

$B=f($ ❹ $)=$ [⓭] ← 極 [⓮] 値

答え >

❶ $3x^2-12x+9$

❷ $3(x-1)(x-3)$

❸ 1　❹ 3

❺ ＋　❻ −　❼ ＋

❽ ↗　❾ ↘　❿ ↗

⓫ 5　⓬ 大

⓭ 1　⓮ 小

例題　関数 $f(x)=x^3+ax^2+bx+c$ は $x=3$ のとき極小値 -19 をとり，$x=-1$ で極大となる。このとき，定数 a，b，c の値と極大値を求めよ。

解説

$f(x)=x^3+ax^2+bx+c$ より，$f'(x)=3x^2+2ax+b$ である。

$f(x)$ は $x=3$ のとき極小値 -19 をとるので

$f'(3)=27+6a+b=0$ ……①

$f(3)=27+9a+3b+c=-19$ ……②

また，$f(x)$ は $x=-1$ で極大となるので

$f'(-1)=3-2a+b=0$ ……③

①，②，③より　$a=-3$，$b=-9$，$c=8$ ← 問題によっては得られた値が題意に適さない場合もあるので増減表をかいて確認すること

このとき，$f(x)=x^3-3x^2-9x+8$ となり

$f'(x)=3x^2-6x-9=3(x+1)(x-3)$

増減表をかくと，右のようになる。

x	…	-1	…	3	…
$f'(x)$	$+$	0	$-$	0	$+$
$f(x)$	↗	極大	↘	極小	↗

$f(-1)=-1-3+9+8$

$=13$

以上より　$\boldsymbol{a=-3}$，$\boldsymbol{b=-9}$，$\boldsymbol{c=8}$，**極大値 13** …答

類題　関数 $f(x)=ax^3+(3-a)x^2+bx$ が $x=-\dfrac{1}{3}$ で極小となり，$x=3$ で極大となるような定数 a，b の値を求めよ。

解答 → 別冊 p.60

50 > 関数のグラフ

まとめ

☑ 3 次関数のグラフの分類

3 次関数 $f(x)=ax^3+bx^2+cx+d$ のグラフは，a の符号と $f'(x)=0$ の解によって，次の 6 つの場合に分類される。

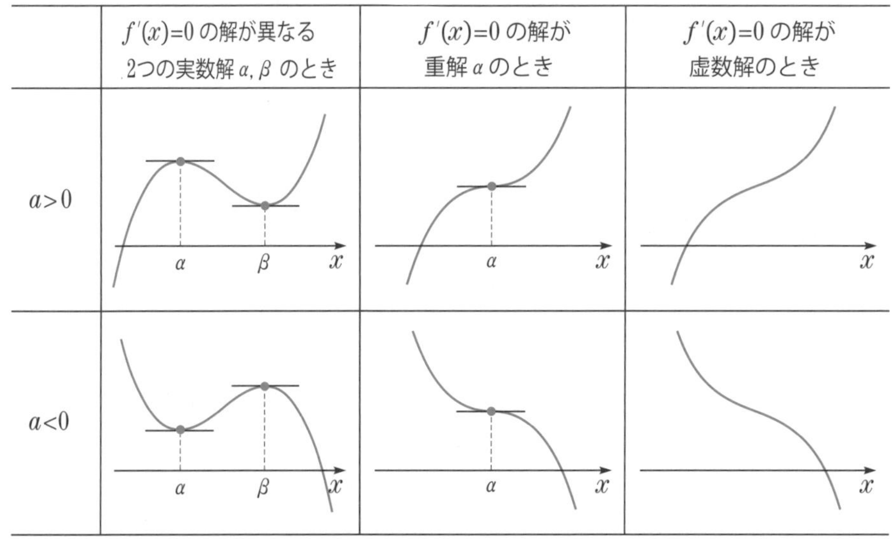

$f'(x)=0$ の解が異なる 2つの実数解 α, β のとき
$f'(x)=0$ の解が 重解 α のとき
$f'(x)=0$ の解が 虚数解のとき
$a>0$
$a<0$
α
β
x

注 4 次関数の例は，次ページで学ぶ。

> チェック問題　　答え >

関数 $y=x^3-3x$ の増減，極値を調べてグラフをかく。

$y'=$ [❶] $=$ [❷]　← ❷は因数分解

よって，$y=x^3-3x$ の増減表は次のようになる。

x	…	❸	…	❹	…
y'	❺	0	❻	0	❼
y	❽	❾	❿	⓫	⓬

$x=$ [❸] のとき極 [⓭]，

$x=$ [❹] のとき極 [⓮]

となる。よって，グラフは右のようになる。

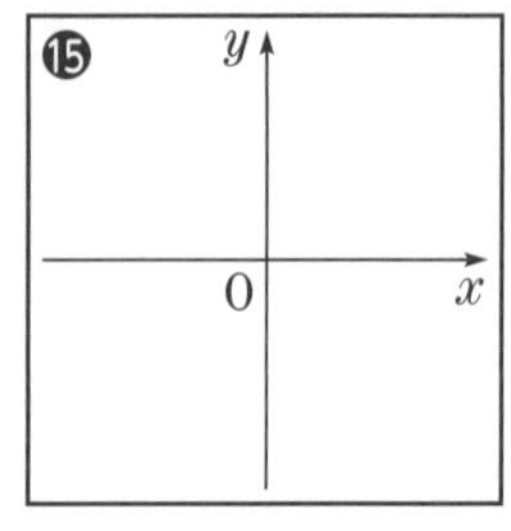

答え

❶ $3x^2-3$

❷ $3(x+1)(x-1)$

❸ -1　❹ 1

❺ $+$　❻ $-$　❼ $+$

❽ ↗　❾ 2　❿ ↘

⓫ -2　⓬ ↗

⓭ 大　⓮ 小

⓯

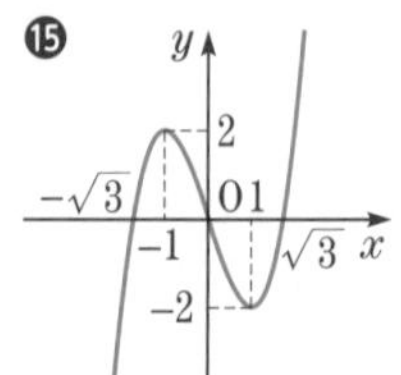

例題 関数 $f(x)=3x^4+4x^3-12x^2+5$ の増減，極値を調べて，そのグラフをかけ。

! 解説

$f(x)=3x^4+4x^3-12x^2+5$ より

$$f'(x)=12x^3+12x^2-24x=12x(x^2+x-2)=12x(x+2)(x-1)$$

$y=f'(x)$ のグラフと $f'(x)$ の符号は であるので，増減表は次のようになる。

x	$\cdots$	-2	$\cdots$	0	$\cdots$	1	$\cdots$
$f'(x)$	$-$	0	$+$	0	$-$	0	$+$
$f(x)$	↘	極小 -27	↗	極大 5	↘	極小 0	↗

$f(-2)=3(-2)^4+4(-2)^3-12(-2)^2+5=-27$,

$f(0)=5$, $f(1)=3+4-12+5=0$

極大値 5 $(x=0)$

極小値 $\begin{cases} -27 & (x=-2) \\ 0 & (x=1) \end{cases}$

答

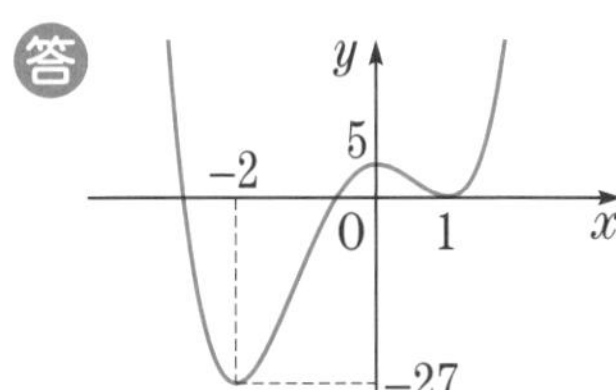

類題 次の関数の増減，極値を調べて，そのグラフをかけ。 解答 → 別冊 p.61

(1) $f(x)=x^4-2x^2$

(2) $f(x)=3x^4+8x^3+6x^2$

48～50 の 確認テスト

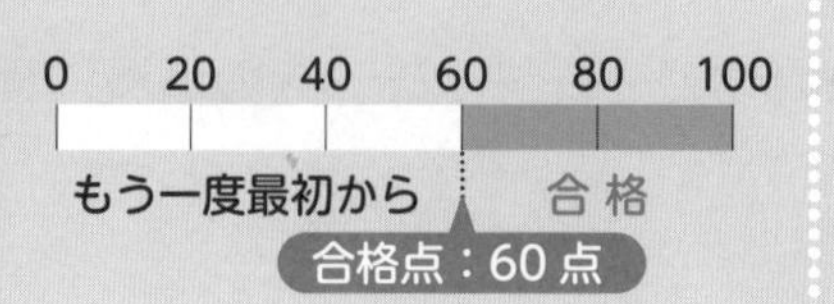

点

解答 → 別冊 p.62～63

わからなければ 48，49 へ

1 次の関数の増減を調べ，極値を求めよ。（各10点　計20点）

(1) $f(x)=x^3-3x+1$　　(2) $f(x)=6x^2-x^3$

わからなければ 50 へ

2 次の関数の増減，極値を調べ，$y=f(x)$ のグラフをかけ。（各10点　計20点）

(1) $f(x)=x^2(x+3)$　　(2) $f(x)=x^3-3x^2+3x$

わからなければ 49 へ

3 関数 $y=\frac{1}{3}x^3-x^2-3x+k$ の極小値が3となるように，定数 k の値を定めよ。

（15点）

わからなければ 48 へ

4 関数 $f(x)=x^3+ax^2+2ax+3$ がすべての実数の範囲で増加するように，定数 a の値の範囲を定めよ。 (10 点)

わからなければ 49 へ

5 3 次関数 $f(x)$ は $x=0$ で極大値 2 をとり，$x=2$ で極小値 -2 をとるという。$f(x)$ を求めよ。 (15 点)

わからなければ 50 へ

6 関数 $y=3x^4+2x^3-3x^2+2$ の増減，極値を調べ，グラフをかけ。 (20 点)

51 ＞ 最大・最小

まとめ

☑ 区間における最大・最小

極大・極小はその付近の中で値の大小を比較していたのに対し，最大・最小は指定された区間内すべての中で値の大小を比較する。

☑ 最大値・最小値の調べ方

区間 $a \leqq x \leqq b$ における関数 $f(x)$ の最大・最小を調べるには，区間内の極値と，区間の端点 $x=a$，$x=b$ における関数値 $f(a)$，$f(b)$ を比較すればよい。

(例 1)

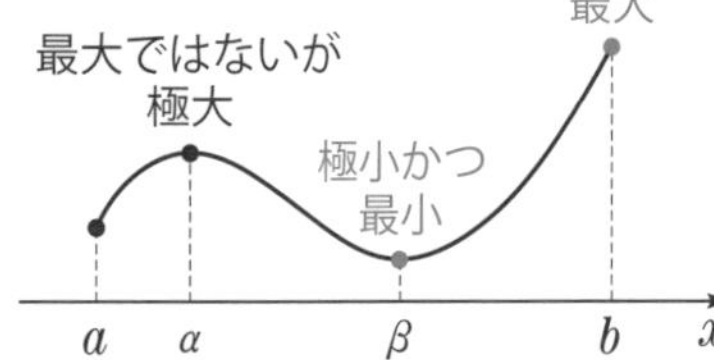

(例 2)

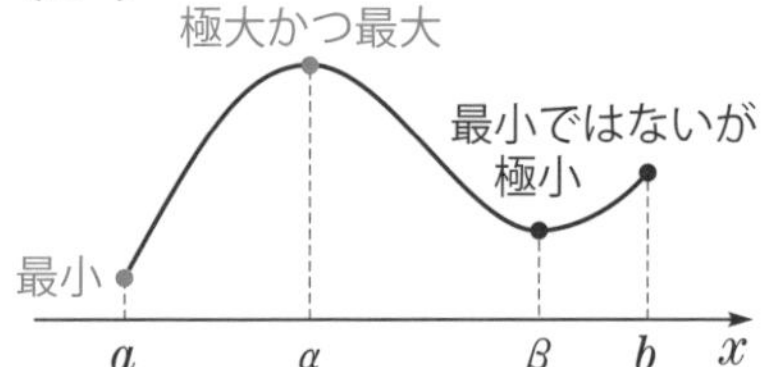

注 両端を含む区間では最大値，最小値は必ず存在する。それ以外の区間のときは，存在するとは限らない。

(例 3)

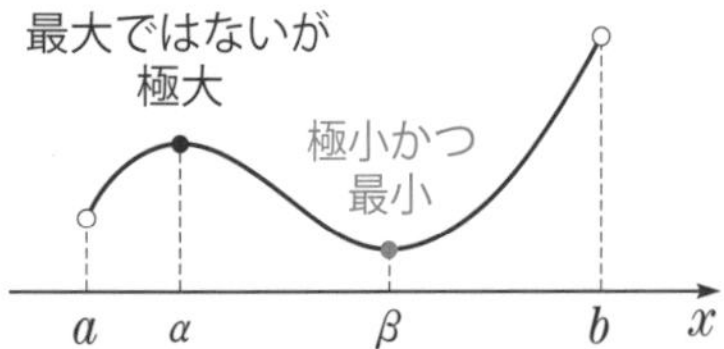

(例 4)

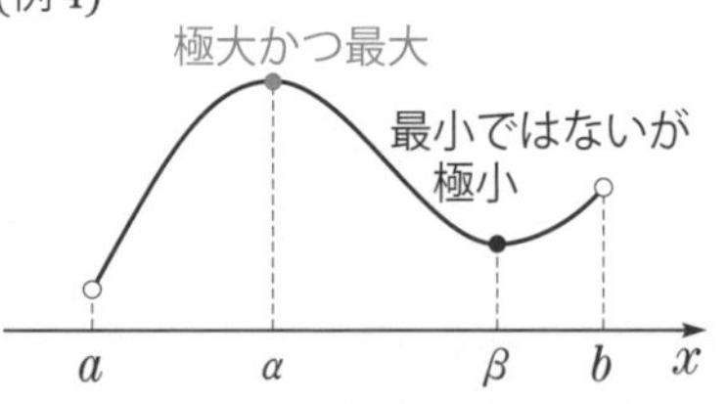

＞ チェック問題

関数 $f(x)=x^3-3x^2+4\ (-2 \leqq x \leqq 2)$ の最大値，最小値について

$f'(x)=$ ❶ $=$ ❷ ← ❷は因数分解

x	❸	…	❹	…	❺
$f'(x)$		❻	0	❼	0
$f(x)$	$f($❸$)$	❽	$f($❹$)$	❾	$f($❺$)$

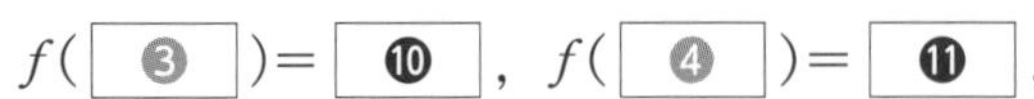

$f($❸$)=$ ❿，$f($❹$)=$ ⓫，

$f($❺$)=$ ⓬

最大値 ⓭ ($x=$ ⓮)，最小値 ⓯ ($x=$ ⓰)

答え ＞

❶ $3x^2-6x$ ❷ $3x(x-2)$

❸ -2 ❹ 0 ❺ 2

❻ $+$ ❼ $-$

❽ ↗ ❾ ↘

❿ -16 ⓫ 4

⓬ 0 ⓭ 4 ⓮ 0

⓯ -16 ⓰ -2

例題 関数 $f(x)=\frac{1}{4}x^4-x^3+x^2$ $(0 \leqq x \leqq 3)$ の最大値，最小値を求めよ。

解説

$f(x)=\frac{1}{4}x^4-x^3+x^2$ より　$f'(x)=x^3-3x^2+2x=x(x-1)(x-2)$

$y=f'(x)$ のグラフと符号は 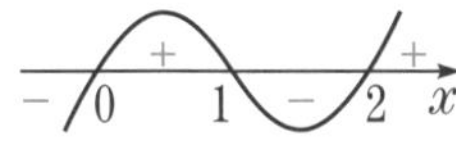

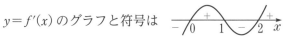

区間 $0 \leqq x \leqq 3$ で増減表をかくと

x	0	…	1	…	2	…	3
$f'(x)$	0	+	0	−	0	+	
$f(x)$	0	↗	極大	↘	極小	↗	$\frac{9}{4}$

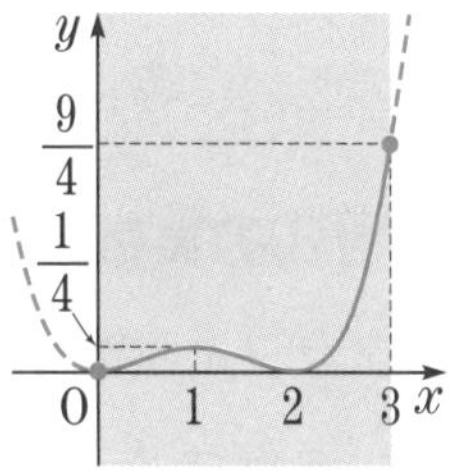

$f(0)=0$，$f(1)=\frac{1}{4}$，$f(2)=0$，$f(3)=\frac{9}{4}$

最大値　$\frac{9}{4}$ $(x=3)$，最小値　0 $(x=0,\ 2)$ …答

類題 次の関数の最大値，最小値を求めよ。 解答 → 別冊 p.64

(1) $f(x)=-x^3+6x^2+15x$ $(-2 \leqq x \leqq 2)$

(2) $f(x)=3x^4-2x^3-3x^2$ $(-1<x<2)$

52 方程式への応用

まとめ

☑ 方程式の実数解の個数(1)

方程式 $f(x)=0$ の実数解の個数は，関数 $y=f(x)$ のグラフと x 軸との共有点の個数に等しい。

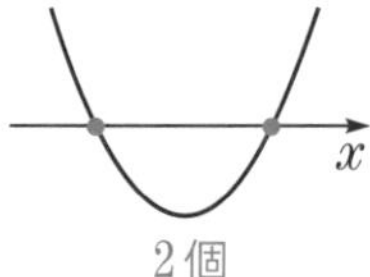

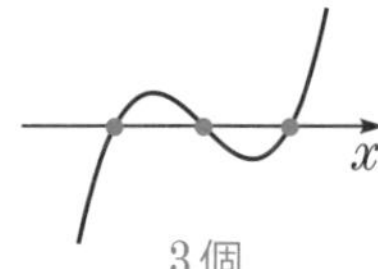

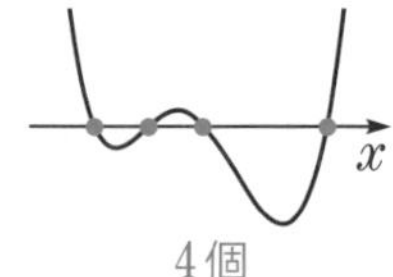

☑ 方程式の実数解の個数(2)

方程式 $f(x)=a$ の実数解の個数は，関数 $y=f(x)$ のグラフと直線 $y=a$ との共有点の個数に等しい。

例 方程式 $2x^3-3x^2-12x=a$ の実数解の個数は，関数 $y=f(x)=2x^3-3x^2-12x$ のグラフと直線 $y=a$ との共有点の個数を調べることにより，次のようになることがわかる。

$$\begin{cases} a<-20,\ 7<a \text{ のとき} & 1\text{個} \\ a=-20,\ a=7 \text{ のとき} & 2\text{個} \\ -20<a<7 \text{ のとき} & 3\text{個} \end{cases}$$

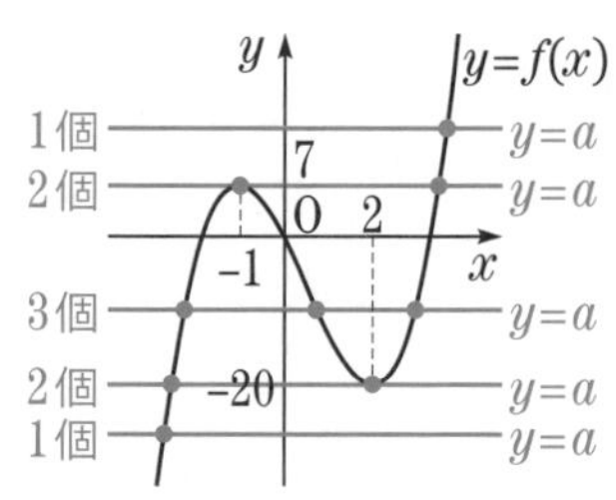

チェック問題

方程式 $x^3-6x^2+9x-2=0$ の実数解の個数を調べる。

$f(x)=x^3-6x^2+9x-2$ とおくと

$f'(x)=$ [❶] $=$ [❷]　← ❷は因数分解

x	$\cdots$	❸	$\cdots$	❹	$\cdots$
$f'(x)$	❺	0	❻	0	❼
$f(x)$	❽	$f($❸$)$	❾	$f($❹$)$	❿

$f($❸$)=$ [⓫]，

$f($❹$)=$ [⓬]

グラフをかくと右の図のようになるので，実数解の個数は

[⓮] 個

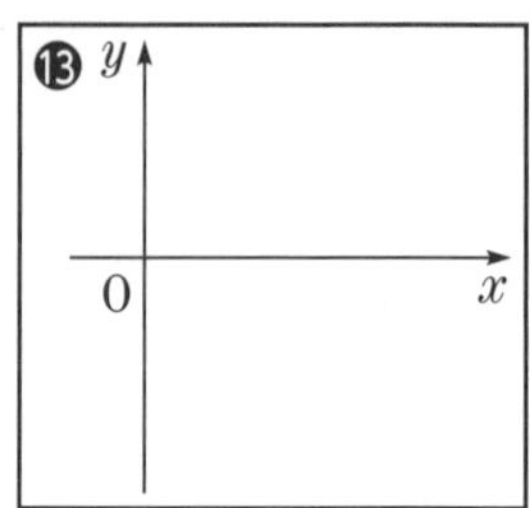

答え

❶ $3x^2-12x+9$

❷ $3(x-1)(x-3)$

❸ 1　❹ 3

❺ ＋　❻ －　❼ ＋

❽ ↗　❾ ↘　❿ ↗

⓫ 2　⓬ -2

⓭

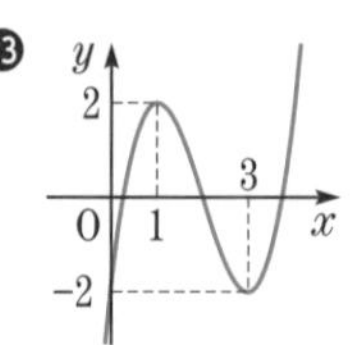

⓮ 3

例題 3次方程式 $2x^3-12x^2+18x-3a=0$ の解が次の条件を満たすように，実数 a の値の範囲を定めよ。

(1) 異なる3つの実数解をもつ

(2) $0 \leqq x \leqq 2$ の範囲にある解はただ1つ

! 解説

(1) 与えられた方程式は $\dfrac{2}{3}x^3-4x^2+6x=a$ となるので，実数解の個数は曲線

$y=\dfrac{2}{3}x^3-4x^2+6x$ ……①と直線 $y=a$ ……②の共有点の個数に等しい。

$f(x)=\dfrac{2}{3}x^3-4x^2+6x$ とおくと　$f'(x)=2x^2-8x+6=2(x-1)(x-3)$

$y=f'(x)$ のグラフと符号は  なので

x	$\cdots$	1	$\cdots$	3	$\cdots$
$f'(x)$	$+$	0	$-$	0	$+$
$f(x)$	↗	$\dfrac{8}{3}$	↘	0	↗

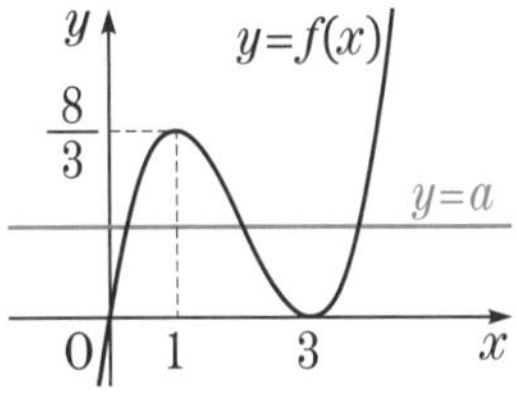

よって　$\boldsymbol{0<a<\dfrac{8}{3}}$ …答

(2) $f(2)=\dfrac{2}{3}\cdot 2^3-4\cdot 2^2+6\cdot 2=\dfrac{4}{3}$

曲線①と直線②が $0 \leqq x \leqq 2$ の範囲で共有点を1つだけもつ範囲を考えて　$\boldsymbol{0 \leqq a<\dfrac{4}{3},\ a=\dfrac{8}{3}}$ …答

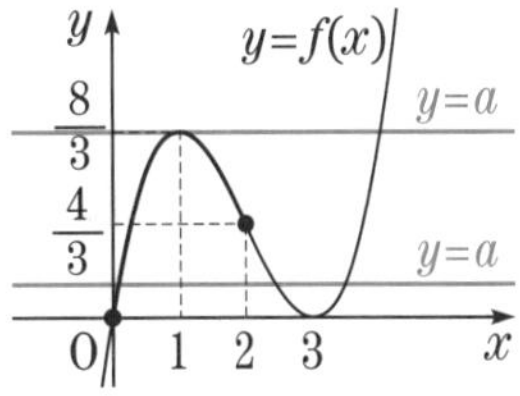

類題 3次方程式 $x^3-3x+a=0$ が1つの負の解と2つの正の解をもつように，実数 a の値の範囲を定めよ。

解答 → 別冊 p.65

53 不等式への応用

まとめ

☑ 不等式とグラフ(1)

不等式 $f(x)>0$ の証明に，グラフを用いることができる。
$y=f(x)$ のグラフをかいて，すべての実数の範囲で $y>0$ の範囲にあることを確認すればよい。

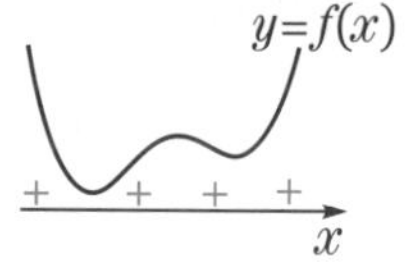

☑ 不等式とグラフ(2)

不等式 $f(x)>g(x)$ を証明するには，次のようにすればよい。
$F(x)=f(x)-g(x)$ とおいて，$y=F(x)$ のグラフについて，上の「不等式とグラフ(1)」を適用すればよい。
つまり，$y=F(x)$ のグラフが $y>0$ の範囲にあることを確認する。

注 (1)で $f(x)\geqq 0$，(2)で $f(x)\geqq g(x)$ のときは，それぞれのグラフが $y\geqq 0$ の範囲にあることを確認すればよい。

チェック問題

$x\geqq 1$ のとき，$x^3\geqq 6x^2-9x$ を証明する。
$f(x)=x^3-6x^2+9x$ とおくと

$f'(x)=$ [❶] $=$ [❷] ←❷は因数分解

$x\geqq 1$ の範囲で増減表をかくと

x	❸	…	❹	…
$f'(x)$	0	❺	0	❻
$f(x)$	$f($ ❸ $)$	❼	$f($ ❹ $)$	❽

$f($ ❸ $)=$ [❾]，$f($ ❹ $)=$ [❿]

となるので，$x\geqq 1$ のときの最小値は [❿] である。
よって，$x\geqq 1$ のとき，$x^3\geqq 6x^2-9x$ である。

答え

❶ $3x^2-12x+9$
❷ $3(x-1)(x-3)$
❸ 1 ❹ 3
❺ − ❻ ＋
❼ ↘ ❽ ↗
❾ 4 ❿ 0

例題　$x \geqq 0$ のとき，不等式 $x^3-3a^2x+2a \geqq 0$ が常に成り立つように，正の実数 a の値の範囲を定めよ。

解説

$f(x)=x^3-3a^2x+2a$ とおくと

$f'(x)=3x^2-3a^2=3(x+a)(x-a)$

$a>0$ より，$x \geqq 0$ における増減表は次のようになる。

x	0	$\cdots$	a	$\cdots$
$f'(x)$		$-$	0	$+$
$f(x)$	$2a$	↘	最小	↗

$f(a)=a^3-3a^2 \cdot a+2a=-2a^3+2a$（最小値）

よって，最小値 $-2a^3+2a \geqq 0$ となればよい。

つまり　$a(a+1)(a-1) \leqq 0$

a は正の数なので $a(a+1)>0$ となり

$a-1 \leqq 0$　　よって　$a \leqq 1$

したがって　$\mathbf{0<a \leqq 1}$　…答

類題　$x \geqq -1$ のとき，不等式 $x^3-6x^2+9x+a \geqq 0$ が常に成り立つように，実数 a の値の範囲を定めよ。

解答 → 別冊 p.65

51 ～ 53 の 確認テスト

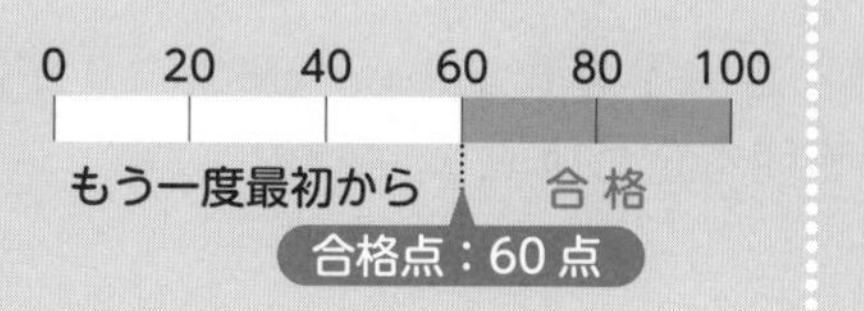

点

解答 → 別冊 p.66～67

わからなければ 51 へ

1 次の関数の最大値，最小値を求めよ。 （10 点）

$f(x)=x^3-3x^2-9x\ (-2 \leqq x \leqq 5)$

わからなければ 51 へ

2 関数 $f(x)=2ax^3-3ax^2+b\ (a>0)$ の $0 \leqq x \leqq 2$ における最大値が 5，最小値が 0 となるように，定数 a，b の値を定めよ。 （15 点）

わからなければ 52 へ

3 x の 3 次方程式 $2x^3+3x^2-12x+4=0$ の実数解の個数を求めよ。 （15 点）

わからなければ 52 へ

4 x の3次方程式 $x^3+3x^2+2-a=0$ が異なる2つの負の解と，1つの正の解をもつように，定数 a の値の範囲を定めよ。 (20点)

わからなければ 53 へ

5 $x \geqq 0$ のとき，$x^3-3ax^2+a^2 \geqq 0$ が常に成り立つように，定数 a の値の範囲を定めよ。 (20点)

わからなければ 53 へ

6 $x \geqq 0$ のとき，不等式 $4x^3+5 \geqq 3x^2+6x$ が成り立つことを証明せよ。 (20点)

54 > 不定積分

まとめ

☑ 不定積分

微分すると $f(x)$ となる関数を，$f(x)$ の**不定積分**という。すなわち，
$F'(x)=f(x)$ のとき，$F(x)$ を $f(x)$ の不定積分という。
また，$F(x)$ を $f(x)$ の**原始関数**とも呼ぶ。
$F(x)$ が $f(x)$ の不定積分であるとき，$F(x)+C$（C は定数）も不定積分となる。

☑ 不定積分の記号

$f(x)$ の不定積分を $\int f(x)\,dx$ で表す。

$$F'(x)=f(x) \iff \int f(x)\,dx=F(x)+C \quad (C \text{ は定数})$$

x：積分変数，$f(x)$：被積分関数，C：積分定数

この章では，とくに断りがなければ，C は積分定数を表すものとする。

☑ 不定積分の公式

① $\int x^n\,dx=\dfrac{1}{n+1}x^{n+1}+C$ （$n=0$，1，2，…）

② $\int kf(x)\,dx=k\int f(x)\,dx$ （k は定数）

③ $\int \{f(x)\pm g(x)\}\,dx=\int f(x)\,dx\pm\int g(x)\,dx$ （複号同順）

> チェック問題

次の不定積分を求めよ。

(1) $\int (3x^2+4x+5)\,dx=$ [❶] $+C$

(2) $\int (x^2+ax+b)\,dx=$ [❷] $+C$

(3) $\int (x+y)\,dx=$ [❸] $+C$

(4) $\int (a+t)^2\,dt=\int ($ [❹] $)\,dt$

$=$ [❺] $+C$

答え >

❶ x^3+2x^2+5x

❷ $\dfrac{1}{3}x^3+\dfrac{1}{2}ax^2+bx$

❸ $\dfrac{1}{2}x^2+yx$

❹ $t^2+2at+a^2$

❺ $\dfrac{1}{3}t^3+at^2+a^2t$

例題　次の問いに答えよ。

(1) $f'(x)=4x+3$, $f(1)=6$ を満たす関数 $f(x)$ を求めよ。

(2) 点 $(2,\ 1)$ を通り，点 $(x,\ y)$ における接線の傾きが $3x^2-2x+3$ で表される曲線 $y=f(x)$ の方程式を求めよ。

解説

(1) $f'(x)=4x+3$ より　$f(x)=\int f'(x)\,dx=\int (4x+3)\,dx=2x^2+3x+C$

$f(1)=6$ であるから　$2\cdot1^2+3\cdot1+C=6$　　これを解いて　$C=1$

よって　$\boldsymbol{f(x)=2x^2+3x+1}$ …答

(2) 点 $(x,\ y)$ における接線の傾きが $3x^2-2x+3$ であるから

$f'(x)=3x^2-2x+3$　← $f'(x)$ は接線の傾きに等しい

ゆえに　$f(x)=\int (3x^2-2x+3)\,dx=x^3-x^2+3x+C$

点 $(2,\ 1)$ を通るから　$2^3-2^2+3\cdot2+C=1$　　これを解いて　$C=-9$

よって　$\boldsymbol{f(x)=x^3-x^2+3x-9}$ …答

類題　次の問いに答えよ。　解答 → 別冊 p.68

(1) $f'(x)=4x^2-x+4$, $f(-1)=2$ を満たす関数 $f(x)$ を求めよ。

(2) 点 $(0,\ 3)$ を通り，点 $(x,\ y)$ における接線の傾きが x^2+5x+2 で表される曲線 $y=f(x)$ の方程式を求めよ。

55 > $(ax+b)^n$ の不定積分

まとめ

☑ $(ax+b)^n$ の不定積分

p.118 の $(ax+b)^n$ の導関数の公式を思いだそう。

$$\{(ax+b)^n\}'=an(ax+b)^{n-1}$$

n を $n+1$ におき換えて

$$\{(ax+b)^{n+1}\}'=a(n+1)(ax+b)^n$$

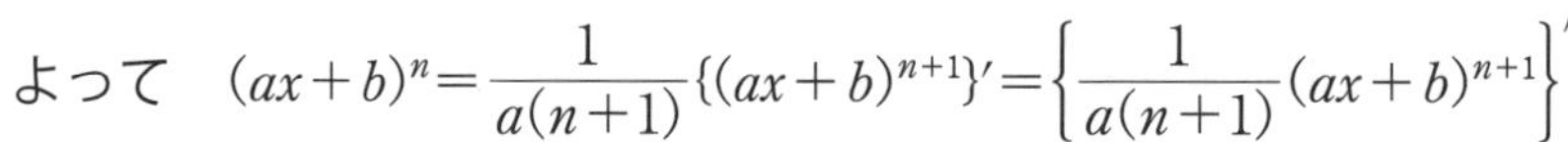

よって　$(ax+b)^n=\dfrac{1}{a(n+1)}\{(ax+b)^{n+1}\}'=\left\{\dfrac{1}{a(n+1)}(ax+b)^{n+1}\right\}'$

このことから，次の関係式が得られる。

$$\int(ax+b)^n\,dx=\frac{1}{a(n+1)}(ax+b)^{n+1}+C$$ ← 覚えておくと便利！

> チェック問題

次の不定積分を求めよ。

(1) $\displaystyle\int(3x+2)^2\,dx=\frac{1}{\boxed{❶}}(3x+2)^{\boxed{❷}}+C$

(2) $\displaystyle\int(-2x+1)^5\,dx=\frac{1}{\boxed{❸}}(-2x+1)^{\boxed{❹}}+C$

(3) $x(x-2)^4=(x-2+\boxed{❺})(x-2)^4$

$\quad=(x-2)^5+\boxed{❺}(x-2)^4$

これより

$\displaystyle\int x(x-2)^4\,dx$

$\displaystyle=\int(x-2)^5\,dx+\boxed{❺}\int(x-2)^4\,dx$

$\displaystyle=\frac{1}{\boxed{❻}}(x-2)^{\boxed{❼}}+\frac{\boxed{❺}}{\boxed{❽}}(x-2)^{\boxed{❾}}+C$

答え >

❶ 9　❷ 3

❸ −12　❹ 6

❺ 2

❻ 6　❼ 6

❽ 5　❾ 5

例題 $\int(2x+3)^3\,dx$ を，次の 2 つの考え方に従って求めよ。

(1) $(2x+3)^3$ を展開してから不定積分を求めよ。

(2) $f(x)=(2x+3)^4$ を微分し，その関数と $(2x+3)^3$ との関係を調べることにより，不定積分を求めよ。

解説

(1) $\int(2x+3)^3\,dx=\int(8x^3+36x^2+54x+27)\,dx$

$$=\mathbf{2x^4+12x^3+27x^2+27x+C_1}\ (C_1 \text{ は積分定数})$$ …答

(2) $f(x)=(2x+3)^4$ より　$f'(x)=4\cdot2(2x+3)^3=8(2x+3)^3$

したがって，$(2x+3)^3=\dfrac{1}{8}f'(x)$ となる。

よって　$\int(2x+3)^3\,dx=\dfrac{1}{8}\int f'(x)\,dx=\dfrac{1}{8}f(x)+C_2$

$$=\mathbf{\frac{1}{8}(2x+3)^4+C_2}\ (C_2 \text{ は積分定数})$$ …答

[注意]　(2)は　$\dfrac{1}{8}(2x+3)^4+C_2=\dfrac{1}{8}(16x^4+96x^3+216x^2+216x+81)+C_2$

$$=2x^4+12x^3+27x^2+27x+\frac{81}{8}+C_2$$

つまり(1)の C_1 と(2)の C_2 は $\dfrac{81}{8}$ だけ差のある値である。積分定数はすべての実数を表しているので，$\dfrac{81}{8}+C_2$ を新たに C などとおいてもよい。

類題 次の不定積分を求めよ。　解答 → 別冊 p.68

(1) $\int(3x-2)^4\,dx$

(2) $\int x(x+1)^3\,dx$　← $x(x+1)^3=(x+1)^4-(x+1)^3$

第5章 微分と積分

56 > 定積分

まとめ

☑ 定積分

関数 $f(x)$ の不定積分(の１つ)を $F(x)$ とするとき,

$$\int_a^b f(x)\,dx=\Big[F(x)\Big]_a^b=F(b)-F(a)$$

を関数 $f(x)$ の a から b までの定積分という。

このとき, a を下端, b を上端という。

☑ 定積分の性質

① $\displaystyle\int_a^b f(x)\,dx=\int_a^b f(t)\,dt$ (定積分において, どのような積分変数でも結果は同じである)

② $\displaystyle\int_a^b kf(x)\,dx=k\int_a^b f(x)\,dx$ (k は, x に対して定数)

③ $\displaystyle\int_a^b \{f(x)\pm g(x)\}\,dx=\int_a^b f(x)\,dx\pm\int_a^b g(x)\,dx$ (複号同順)

④ $\displaystyle\int_a^a f(x)\,dx=0$ ⑤ $\displaystyle\int_a^b f(x)\,dx=-\int_b^a f(x)\,dx$

⑥ $\displaystyle\int_a^c f(x)\,dx+\int_c^b f(x)\,dx=\int_a^b f(x)\,dx$

⑦ $\displaystyle\int_{-a}^a x^n\,dx=\begin{cases}0 & (n=1,\ 3,\ 5,\ \cdots)\ (\text{奇数}) \\ 2\displaystyle\int_0^a x^n\,dx & (n=0,\ 2,\ 4,\ \cdots)\ (\text{偶数})\end{cases}$

← 奇関数の定積分
← 偶関数の定積分

> チェック問題

次の定積分を求めよ。

(1) $\displaystyle\int_{-2}^1 (6x^2+2x-3)\,dx=\Big[\ ❶\ \Big]_{-2}^1=\ ❷$

(2) $\displaystyle\int_{-3}^3 (x^3+3x^2+5x)\,dx=2\int_0^3\ ❸\ dx=2\Big[\ ❹\ \Big]_0^3$

$=\ ❺$

(3) $\displaystyle\int_0^2 (x+1)x\,dx=\int_0^2 (\ ❻\ )\,dx=\Big[\ ❼\ \Big]_0^2$

$=\ ❽$

答え >

❶ $2x^3+x^2-3x$ ❷ 6

❸ $3x^2$ ❹ x^3

❺ 54

❻ x^2+x

❼ $\dfrac{1}{3}x^3+\dfrac{1}{2}x^2$

❽ $\dfrac{14}{3}$

例題 次の定積分を求めよ。

(1) $\int_{-1}^{2}(2x^3+3x^2-x-1)\,dx$　　(2) $\int_{2}^{3}(y+1)(y-1)\,dy$

(3) $\int_{0}^{2}(x^2-2tx+t^2)\,dt$

! 解説

(1) $\int_{-1}^{2}(2x^3+3x^2-x-1)\,dx=\left[\frac{1}{2}x^4+x^3-\frac{1}{2}x^2-x\right]_{-1}^{2}$

$=\frac{1}{2}\{2^4-(-1)^4\}+\{2^3-(-1)^3\}-\frac{1}{2}\{2^2-(-1)^2\}-\{2-(-1)\}$ ← 各項ごとに，上端と下端を代入すると係数が分数のときはとくに計算がしやすい

$=\frac{15}{2}+9-\frac{3}{2}-3$

$=\mathbf{12}$ …答

(2) $\int_{2}^{3}(y+1)(y-1)\,dy=\int_{2}^{3}(y^2-1)\,dy=\left[\frac{1}{3}y^3-y\right]_{2}^{3}$ ← 積分変数が y であっても計算方法は同じである

$=\frac{1}{3}(3^3-2^3)-(3-2)=\frac{19}{3}-1=\boldsymbol{\frac{16}{3}}$ …答

(3) $\int_{0}^{2}(x^2-2tx+t^2)\,dt=\left[x^2t-xt^2+\frac{1}{3}t^3\right]_{0}^{2}$ ← (3)では，変数 t で積分するので，x は定数として考える

$=x^2(2-0)-x(2^2-0^2)+\frac{1}{3}(2^3-0^3)=\boldsymbol{2x^2-4x+\frac{8}{3}}$ …答

類題 次の定積分を求めよ。　解答 → 別冊 p.69

(1) $\int_{1}^{2}(x+1)^2\,dx-\int_{1}^{2}(t-1)^2\,dt$　　(2) $\int_{-1}^{2}(xy^2+x^2y+x^3)\,dy$

57 > 定積分の応用

まとめ

☑ 定積分の等式

$$\int_\alpha^\beta (x-\alpha)(x-\beta)\,dx = -\frac{1}{6}(\beta-\alpha)^3$$

☑ 微分と積分の関係

$$\frac{d}{dx}\int_a^x f(t)\,dt = f(x)$$ （ただし，a は定数）

［説明］　$F(x)$ を $f(x)$ の不定積分の１つとする。

すると　$\int_a^x f(t)\,dt = \Big[F(t)\Big]_a^x = F(x)-F(a)$

よって　$\frac{d}{dx}\int_a^x f(t)\,dt = \frac{d}{dx}\{F(x)-F(a)\}$

$= \frac{d}{dx}F(x) - \frac{d}{dx}F(a)$　← $\frac{d}{dx}F(a)=0$（$F(a)$ が定数なので）

$= F'(x) = f(x)$

> チェック問題　　答え >

(1) 次の定積分を求めよ。

$\int_{-1}^{2}(x+1)(x-2)\,dx = -\frac{1}{6}\times$ ［❶］^{3} = ［❷］

$\int_{1-\sqrt{2}}^{1+\sqrt{2}}(x^2-2x-1)\,dx = -\frac{1}{6}\times($［❸］$)^3$ = ［❹］

(2) 次の計算をせよ。

$\frac{d}{dx}\int_0^x (6t-5)\,dt$ = ［❺］

$\frac{d}{dx}\int_2^x (2t^2+3t+4)\,dt$ = ［❻］

答え

❶ 3　❷ $-\frac{9}{2}$

❸ $2\sqrt{2}$　❹ $-\frac{8\sqrt{2}}{3}$

❺ $6x-5$

❻ $2x^2+3x+4$

例題 次の等式を満たす関数 $f(x)$ を求めよ。また，(1)では定数 a の値も求めよ。

(1) $\int_1^x f(t)\,dt=x^2-2x+a$　　(2) $f(x)=x-\int_0^1 f(t)\,dt$

解説

(1) $\int_1^x f(t)\,dt=x^2-2x+a$ ……① の両辺を x で微分すると

$\boldsymbol{f(x)=2x-2}$ …答

①に $x=1$ を代入して，$0=1-2+a$ より　$\boldsymbol{a=1}$ …答

(2) $\int_0^1 f(t)\,dt=k$ とおく。 ← $\int_0^1 f(t)\,dt$ は定数

$f(x)=x-k$ であるから

$$k=\int_0^1 f(t)\,dt=\int_0^1 (t-k)\,dt=\left[\frac{t^2}{2}-kt\right]_0^1=\frac{1}{2}-k$$

よって，$k=\frac{1}{2}-k$ より　$k=\frac{1}{4}$　　したがって　$\boldsymbol{f(x)=x-\frac{1}{4}}$ …答

類題 次の等式を満たす関数 $f(x)$ を求めよ。また，(1)では定数 a の値も求めよ。

解答 → 別冊 p.69

(1) $\int_a^x f(t)\,dt=x^2-3x-a$　　(2) $f(x)=3x^2-2x+\int_{-1}^1 f(t)\,dt$

54～57の確認テスト

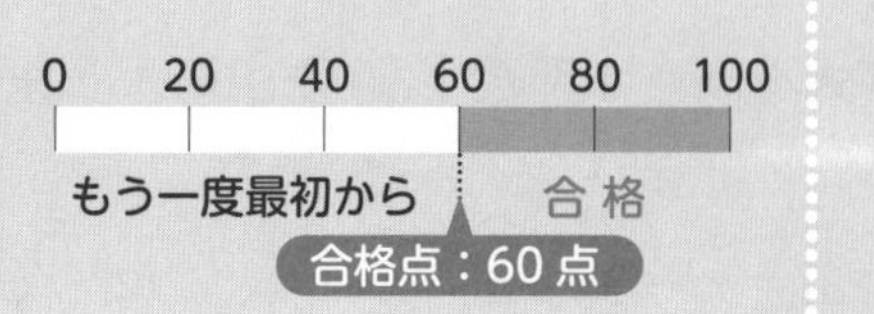

点

解答 → 別冊 p.70～71

わからなければ 54 へ

1 次の不定積分を求めよ。（各7点　計28点）

(1) $\int(6x^2+3x-2)\,dx$

(2) $\int(x+1)(x^2-x+1)\,dx$

(3) $\int(x-a)^2\,dx$

(4) $\int(t+x)(t-x)\,dt$

わからなければ 54 へ

2 曲線 $y=f(x)$ は y 軸と点 $(0,\ 3)$ で交わり，点 $(x,\ y)$ における接線の傾きが $2x+1$ であるという。関数 $f(x)$ を求めよ。（10点）

わからなければ 56 へ

3 次の定積分を求めよ。（各8点　計16点）

(1) $\int_{-1}^{2}(2x^3+3x^2-x+1)\,dx$

(2) $\int_{-1}^{2}4(y+1)(y-2)\,dy$

わからなければ 55，56 へ

4 次の定積分を求めよ。 (各 8 点　計 16 点)

(1) $\int_{-3}^{1}(3-2x-x^2)\,dx$　　(2) $\int_{0}^{2}(x-1)^3\,dx$

わからなければ 57 へ

5 関数 $f(x)=\int_{1}^{x}(t^2-1)\,dt$ の極大値，極小値を求めよ。 (10 点)

わからなければ 57 へ

6 関数 $f(x)$ が $\int_{2}^{x}f(t)\,dt=x^3+2x^2+4a$ を満たすという。$f(x)$ と定数 a の値を求めよ。
(各 5 点　計 10 点)

わからなければ 57 へ

7 関数 $f(x)$ が $f(x)=x^2-2x+\int_{0}^{3}f(t)\,dt$ を満たすという。$f(x)$ を求めよ。 (10 点)

58 > 定積分と面積

まとめ

☑ 定積分と面積

区間 $a \leqq x \leqq b$ において $f(x) \geqq 0$ であるとき，右の図の色の部分の面積 S は

$$S=\int_a^b \boldsymbol{f(x)\,dx}$$

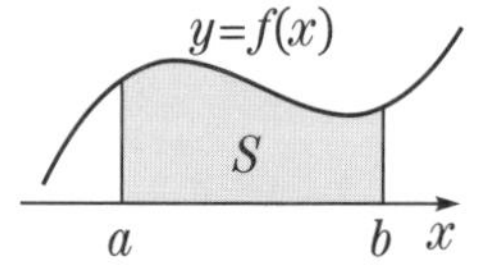

☑ 2 曲線の間の面積

区間 $a \leqq x \leqq b$ において $f(x) \geqq g(x)$ であるとき，2 曲線 $y=f(x)$，$y=g(x)$ と 2 直線 $x=a$，$x=b$ で囲まれた部分の面積 S は

$$S=\int_a^b \{\boldsymbol{f(x)-g(x)}\}\,\boldsymbol{dx}$$ ← $S=\int_{左}^{右}(上-下)\,dx$ となっている。

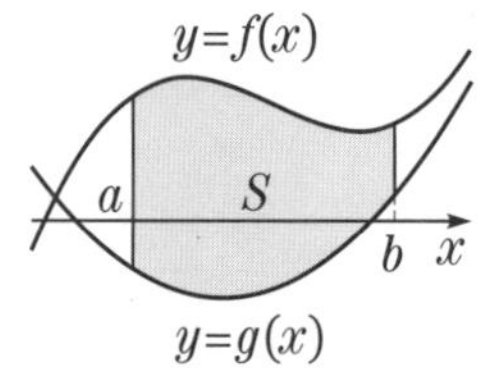

注 図形が 2 つ以上の部分に分かれたときは，それぞれの部分の面積を計算してから加えればよい。
例えば，右の図のようなときは

$$S=\int_a^b \{\boldsymbol{f(x)-g(x)}\}\,\boldsymbol{dx}+\int_b^c \{\boldsymbol{g(x)-f(x)}\}\,\boldsymbol{dx}$$

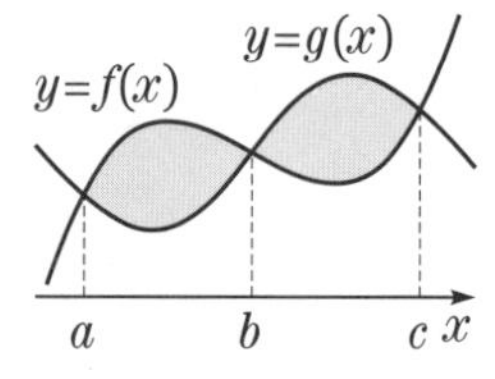

> チェック問題　　答え >

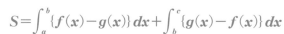

(1) 放物線 $y=x^2+1$ と x 軸，および 2 直線 $x=1$，$x=2$ で囲まれた部分の面積 S は

$$S=\int_{❶}^{❷}(\boxed{❸})\,dx$$
$$=\Big[\boxed{❹}\Big]_{❶}^{❷}=\boxed{❺}$$

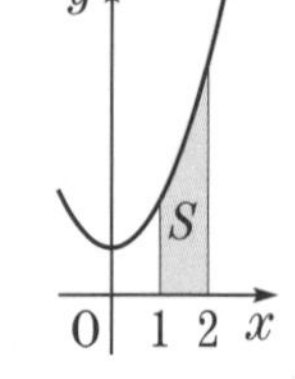

答え：❶ 1　❷ 2　❸ x^2+1　❹ $\frac{1}{3}x^3+x$　❺ $\frac{10}{3}$

(2) 放物線 $y=-x^2+1$ と x 軸で囲まれた部分の面積 S は

$$S=\int_{❻}^{❼}(\boxed{❽})\,dx$$
$$=\Big[\boxed{❾}\Big]_{❻}^{❼}=\boxed{❿}$$

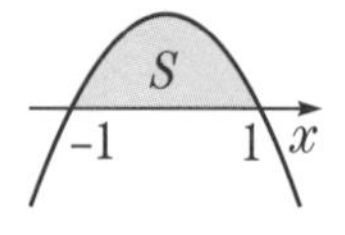

答え：❻ -1　❼ 1　❽ $-x^2+1$　❾ $-\frac{1}{3}x^3+x$　❿ $\frac{4}{3}$

例題 次の問いに答えよ。

(1) 放物線 $y=x^2-1$ と x 軸および直線 $x=3$ で囲まれた，2 つの部分の面積の和を求めよ。

(2) 曲線 $y=x(x-1)^2$ と x 軸で囲まれた部分の面積を求めよ。

！解説

(1) 求める面積 S は，右の図の色の部分の面積で

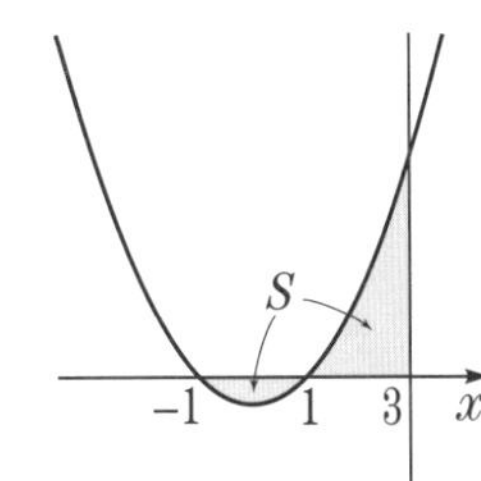

$$S=\int_{-1}^{1}\{0-(x^2-1)\}\,dx+\int_{1}^{3}(x^2-1)\,dx$$

$$=-\left[\frac{1}{3}x^3-x\right]_{-1}^{1}+\left[\frac{1}{3}x^3-x\right]_{1}^{3}$$

$$=-\left(\frac{2}{3}-2\right)+\left(\frac{26}{3}-2\right)=\mathbf{8}$$ ……答

(2) $y=x(x-1)^2$ のグラフは x 軸と $x=1$ で接し，$x=0$ で交わっている。したがって，求める面積 S は，右の図の色の部分の面積で

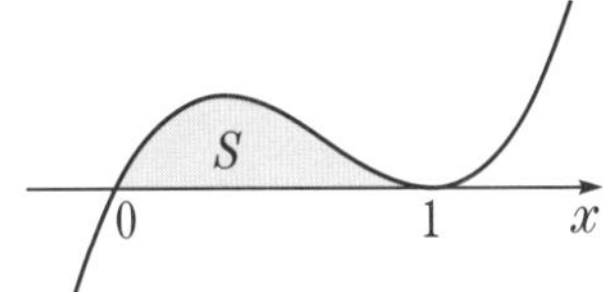

$$S=\int_{0}^{1}x(x-1)^2\,dx=\int_{0}^{1}(x^3-2x^2+x)\,dx$$

$$=\left[\frac{1}{4}x^4-\frac{2}{3}x^3+\frac{1}{2}x^2\right]_{0}^{1}=\frac{1}{4}-\frac{2}{3}+\frac{1}{2}=\frac{3-8+6}{12}=\mathbf{\frac{1}{12}}$$ ……答

類題 2 つの放物線 $y=x^2-1$ と $y=-x^2+2x+3$ について，次の問いに答えよ。

解答 → 別冊 p.72

(1) 2 つの放物線の交点の座標を求めよ。

(2) 2 つの放物線で囲まれた部分の面積を求めよ。

第5章 微分と積分

59 > 面積の応用

まとめ

☑ 絶対値を含む関数の定積分

$$|x^2-1|=\begin{cases} x^2-1 & (x\leqq -1,\ 1\leqq x) \\ -x^2+1 & (-1<x<1) \end{cases}$$

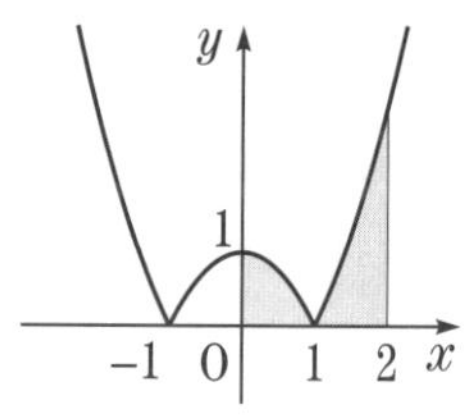

であるから，関数 $y=|x^2-1|$ のグラフを考えれば，定積分 $\int_0^2 |x^2-1|\,dx$ は右の図の色の部分の面積を表すことがわかる。よって，次のように計算できる。

$$\int_0^2 |x^2-1|\,dx=\int_0^1(-x^2+1)\,dx+\int_1^2(x^2-1)\,dx$$

$$=\left[-\frac{x^3}{3}+x\right]_0^1+\left[\frac{x^3}{3}-x\right]_1^2$$

$$=-\frac{1}{3}+1+\frac{7}{3}-1=2$$

☑ 放物線と直線で囲まれた図形の面積

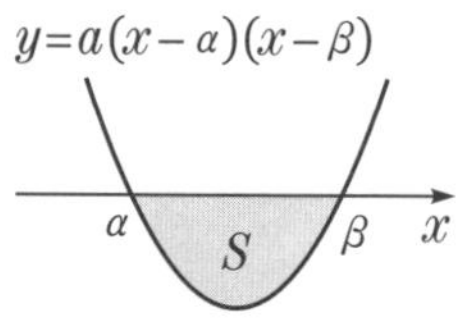

右の図の面積 S は $\int_\alpha^\beta \{-a(x-\alpha)(x-\beta)\}\,dx$ で表されるので，p.148 の公式

$$\int_\alpha^\beta (\boldsymbol{x}-\alpha)(\boldsymbol{x}-\beta)\,\boldsymbol{dx}=-\frac{1}{6}(\beta-\alpha)^3$$

を使って計算することができる。

> チェック問題

(1) $|x-2|=\begin{cases} x-2 & (x\geqq \boxed{❶}) \\ -x+2 & (x<\boxed{❶}) \end{cases}$ であるから

$$\int_0^4 |x-2|\,dx=\int_0^{❶}(\boxed{❷})\,dx+\int_{❶}^4(\boxed{❸})\,dx$$

$$=\Big[\boxed{❹}\Big]_0^{❶}+\Big[\boxed{❺}\Big]_{❶}^4$$

$$=\boxed{❻}$$

(2) 放物線 $y=x^2-4$ と x 軸で囲まれた図形の面積は

$$\int_{-2}^2 \{-(x-2)(x+2)\}\,dx=-\left(-\frac{1}{6}\right)\times\boxed{❼}^3=\boxed{❽}$$

答え >

❶ 2

❷ $-x+2$ ❸ $x-2$

❹ $-\frac{x^2}{2}+2x$

❺ $\frac{x^2}{2}-2x$ ❻ 4

❼ 4 ❽ $\frac{32}{3}$

例題 次の放物線と直線で囲まれた図形の面積を求めよ。

(1) 放物線 $y=x^2-2x+1$，直線 $y=x-1$

(2) 放物線 $y=3x^2-4x+1$，直線 $y=-2x+5$

❗ 解説

(1) 放物線と直線の交点の x 座標は，$x^2-2x+1=x-1$

より，$x^2-3x+2=0$ を解いて　$x=1,\ 2$

求める面積 S は $\int_1^2\{(x-1)-(x^2-2x+1)\}\,dx$ なので

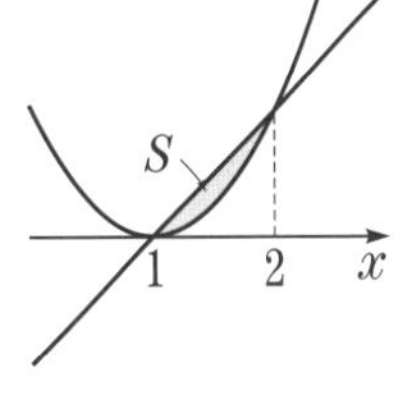

$$S=-\int_1^2(x-1)(x-2)\,dx=\frac{1}{6}(2-1)^3=\boldsymbol{\frac{1}{6}}$$ …答

↑もちろん $\int_1^2(-x^2+3x-2)\,dx$ を普通に計算してもよい。

(2) 放物線と直線の交点の x 座標は，

$3x^2-4x+1=-2x+5$ より，$3x^2-2x-4=0$ を解いて

$$x=\frac{1\pm\sqrt{1-3\cdot(-4)}}{3}=\frac{1\pm\sqrt{13}}{3}$$

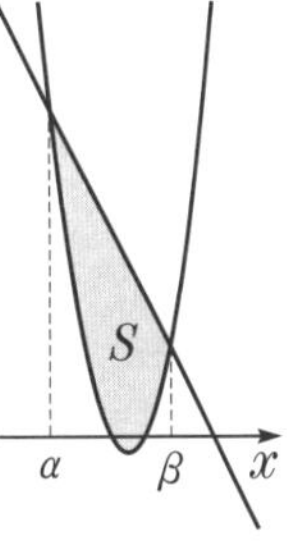

$\alpha=\dfrac{1-\sqrt{13}}{3}$，$\beta=\dfrac{1+\sqrt{13}}{3}$ とおくと，求める面積 S は

$$S=\int_\alpha^\beta\{(-2x+5)-(3x^2-4x+1)\}\,dx$$

$$=-3\int_\alpha^\beta(x-\alpha)(x-\beta)\,dx=\frac{3}{6}(\beta-\alpha)^3$$

$$=\frac{1}{2}\left(\frac{1+\sqrt{13}}{3}-\frac{1-\sqrt{13}}{3}\right)^3=\frac{1}{2}\left(\frac{2\sqrt{13}}{3}\right)^3=\frac{1}{2}\cdot\frac{8\cdot13\sqrt{13}}{27}=\boldsymbol{\frac{52\sqrt{13}}{27}}$$ 

類題 放物線 $y=2x^2-3x-6$ と直線 $y=x+2$ で囲まれた図形の面積を求めよ。

解答 → 別冊 p.72

58 ~ 59 の 確認テスト

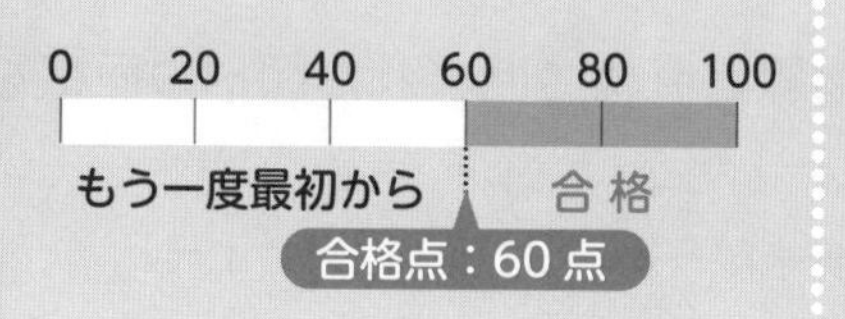

点

解答 → 別冊 p.74〜75

わからなければ 58 へ

1 次の図形の面積を求めよ。 (各 10 点　計 20 点)

(1) 放物線 $y=-x^2+2x+3$ と x 軸で囲まれた部分

(2) (1)の部分のうち，$x \geqq 0$ である部分

わからなければ 58 へ

2 曲線 $y=x^3-x$ と x 軸で囲まれた部分の面積を求めよ。 (15 点)

わからなければ 58 へ

3 曲線 $y=x^3-ax^2$ と x 軸で囲まれた部分の面積を求めよ。ただし，$a>0$ とする。

(15 点)

4 わからなければ 58 へ

放物線 $C_1: y=x^2$，$C_2: y=x^2-4x+4$ と x 軸で囲まれた部分の面積を求めよ。

（15 点）

5 わからなければ 58 へ

円 $x^2+y^2=2$ の内部で，放物線 $y=x^2$ の上側である部分の面積 S を求めよ。（15 点）

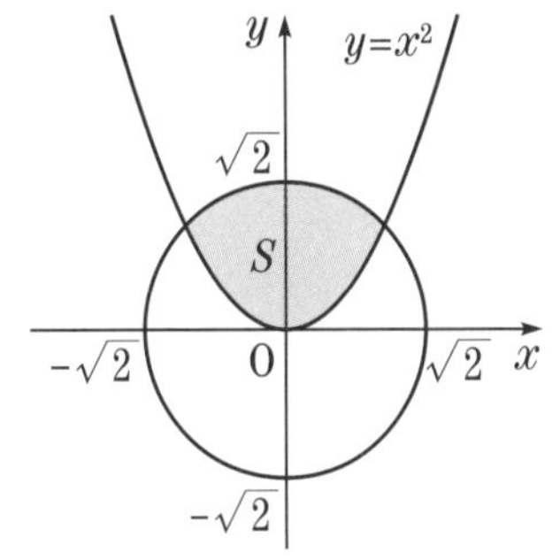

6 わからなければ 59 へ

定積分 $\displaystyle\int_0^3 |x^2-2x|\,dx$ を求めよ。（20 点）

第5章 微分と積分

さくいん

あ

か

さ

た

な

は

ま

や

ら

わ

著者紹介

堀部和経　HORIBE Kazunori

1955年, 岐阜県生まれ。愛知教育大学卒業, 同大学院修士課程修了(数学教育専攻, 専修領域, 数学)。教育学修士。現在, 大同大学非常勤講師, 堀部数学模型研究所代表。趣味は工作一般(数学的模型作り［下の写真参照］, 紙工作, 木工, 庭いじり)。「モノ」を作っているときが幸せ。

著書

『高校やさしくわかりやすい数学』シリーズ(文英堂)

以下は, いずれも共著

『パソコンらくらく高校数学 微分・積分』(講談社, ブルーバックス)

『パソコンらくらく高校数学 図形と方程式』(講談社, ブルーバックス)

『世界の基礎数学　図形と方程式』(数学検定協会)

『数学の課題研究 第１集』(デザインエッグ社)

『数学の課題研究 第２集』(デザインエッグ社)

『数学の課題学習ノート 第１集』(デザインエッグ社)

『数学の課題学習ノート 第２集』(デザインエッグ社)

これは趣味のビーズで作った立体模型の一部です。興味のある方は
　著者のサイト https://horibe.jp/
の本館２F「球体」のページをご覧下さい。(作品の写真があります。)

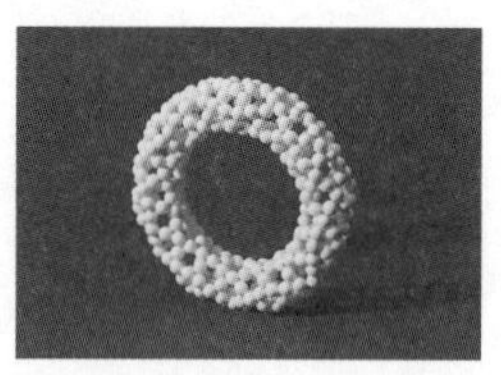

□ 編集協力　山腰政喜　田井千尋　髙濱良匡　渡辺拓馬

□ 本文デザイン　土屋裕子（㈱ウエイド）

□ 図版作成　㈲デザインスタジオエキス.

□ イラスト　よしのぶもとこ

シグマベスト

高校やさしくわかりやすい
数学Ⅱ

著　者　堀部和経

発行者　益井英郎

印刷所　中村印刷株式会社

発行所　株式会社文英堂

〒601-8121　京都市南区上鳥羽大物町28
〒162-0832　東京都新宿区岩戸町17
(代表)03-3269-4231

●落丁・乱丁はおとりかえします。

ΣBEST シグマベスト

高校 やさしくわかりやすい

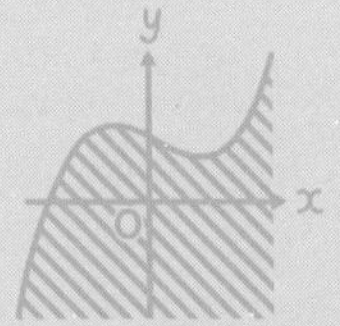

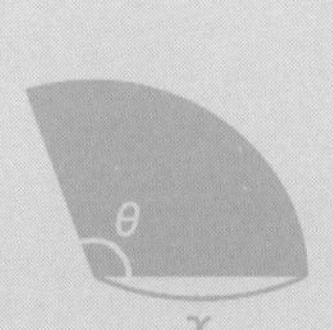

解答集

文英堂

第1章 式と証明・複素数と方程式

類題の解答

1 多項式の乗法

本冊 p.5

次の式を展開せよ。

(1) $(x^2+2)^3$

(2) $(2x+1)(4x^2-2x+1)$

考え方

3次の乗法公式をあてはめて，展開する。あてはめる公式を思い出せないときもあわてることなく，順を追って一段階ずつ展開する方法もある。

解き方

(1) $(x^2+2)^3$

$=(x^2)^3+3(x^2)^2\cdot2+3\cdot x^2\cdot2^2+2^3$

$=\underline{x^6+6x^4+12x^2+8}$ …答

(2) $(2x+1)(4x^2-2x+1)$

$=(2x+1)\{(2x)^2-2x\cdot1+1^2\}$

$=(2x)^3+1^3$

$=\underline{8x^3+1}$ …答

[補足]

3次の乗法公式を使わず，次のように順を追って展開してもよい。

(1) $(x^2+2)^3$

$=(x^2+2)^2(x^2+2)$

$=\{(x^2)^2+2\cdot x^2\cdot2+2^2\}(x^2+2)$

$=(x^4+4x^2+4)(x^2+2)$

$=x^6+2x^4+4x^4+8x^2+4x^2+8$

$=\underline{x^6+6x^4+12x^2+8}$ …答

(2) $(2x+1)(4x^2-2x+1)$

$=8x^3-4x^2+2x+4x^2-2x+1$

$=\underline{8x^3+1}$ …

2 多項式の因数分解

本冊 p.7

次の式を因数分解せよ。

(1) $8x^3+27y^3$

(2) $24a^3-3b^3$

(3) $a^3-6a^2b+12ab^2-8b^3$

(4) $8x^3-6x^2+3x-1$

考え方

3次式の因数分解の公式にあてはめられるような式の形を見つける。

式全体で公式をあてはめられないときは，部分に分けて，うまくいく方法を考え出すようにする。

解き方

(1) $8x^3+27y^3$

$=(2x)^3+(3y)^3$ ←$2x$ と $3y$ に着目

$=(2x+3y)\{(2x)^2-2x\cdot3y+(3y)^2\}$

$=\underline{(2x+3y)(4x^2-6xy+9y^2)}$ …

(2) $24a^3-3b^3$

$=3(8a^3-b^3)$

$=3\{(2a)^3-b^3\}$ ←$2a$ と b に着目

$=3(2a-b)\{(2a)^2+2a\cdot b+b^2\}$

$=\underline{3(2a-b)(4a^2+2ab+b^2)}$ …

(3) $a^3-6a^2b+12ab^2-8b^3$

$=a^3-3a^2\cdot2b+3a(2b)^2-(2b)^3$

$=\underline{(a-2b)^3}$ …答 ↑a と $2b$ に着目

(4) $8x^3-6x^2+3x-1$

$=\{(2x)^3-1\}-3x(2x-1)$

$=(2x-1)\{(2x)^2+2x+1\}-3x(2x-1)$

$=(2x-1)(4x^2+2x+1)-3x(2x-1)$

$=(2x-1)(4x^2+2x+1-3x)$

$=\underline{(2x-1)(4x^2-x+1)}$ …

[補足]

第1項と第4項，第2項と第3項をそれぞれひとまとまりにして，それぞれの部分で因数 $2x-1$ を見つけた。

類題の解答

3　二項定理

本冊 p.9

次の式の展開式において，(1)は[　]内の項の係数を，(2)は定数項を求めよ。

(1) $(x-3y)^6$　$[x^4y^2]$

(2) $\left(2x-\dfrac{1}{x}\right)^8$

考え方

$(a+b)^n$ の展開式の一般項は

$${}_nC_ra^{n-r}b^r$$

であったので，考える項に合うような r を見つければよい。

(2)の定数項とは，x^0 の項の係数のことである。

解き方

(1) $(x-3y)^6$ の展開式の一般項は

$${}_6C_rx^{6-r}(-3y)^r=\underline{{}_6C_r(-3)^r}x^{6-r}y^r$$

↑係数

x^4y^2 の係数を求めるので，$r=2$ である。

したがって，求める係数は

$${}_6C_2(-3)^2=\frac{6\cdot5}{2\cdot1}\cdot9=\underline{135}$$ …答

(2) $\left(2x-\dfrac{1}{x}\right)^8$ の展開式の一般項は

$${}_8C_r(2x)^{8-r}\left(-\frac{1}{x}\right)^r$$

$$=\underline{{}_8C_r\cdot2^{8-r}(-1)^r}\frac{x^{8-r}}{x^r}$$

↑係数

$\dfrac{x^{8-r}}{x^r}=x^{(8-r)-r}=x^{8-2r}$ であり，定数項とは x^0 の係数のことであるので

$8-2r=0$　　つまり　$r=4$

したがって，求める係数は

$${}_8C_4\cdot2^4(-1)^4=\frac{8\cdot7\cdot6\cdot5}{4\cdot3\cdot2\cdot1}\cdot16$$

$$=\underline{1120}$$ …答

4　多項式の除法

本冊 p.11

$(3x^3-2x^2+5x-1)\div(x^2+x+1)$ の商と余りを求めよ。

考え方

3次式を2次式で割るので商は必ず1次式であり，余りは1次以下の式になるので，求めた答えがそれに合っているか確かめるとよい。

計算は，縦に書く書き方でまちがえないよう，ていねいに書いていくこと。

解き方

$$\begin{array}{r|l}
 & 3x-5 \\
x^2+x+1 & 3x^3-2x^2+5x-1 \\
 & 3x^3+3x^2+3x \\ \hline
 & \quad -5x^2+2x-1 \\
 & \quad -5x^2-5x-5 \\ \hline
 & \qquad\quad 7x+4
\end{array}$$

したがって，

商は $3x-5$，余りは $7x+4$ …

[参考]

縦に書く計算では，多項式の係数と定数項のみ書いてもよい。上の方法と同じように，x の次数で位置をそろえることに注意すれば，こちらの方が簡単になることが多い。

例えば，本問では次のようになる。

$$\begin{array}{r|rrrr}
 & 3 & -5 & & \\
1\ 1\ 1 & 3 & -2 & 5 & -1 \\
 & 3 & 3 & 3 & \\ \hline
 & & -5 & 2 & -1 \\
 & & -5 & -5 & -5 \\ \hline
 & & & 7 & 4
\end{array}$$

したがって

商は $3x-5$，余りは $7x+4$

課題学習

複数の文字を含む文字式の割り算

整数の問題で，13 を 4 で割ると商は 3 で余りが 1 となる。
このことは

$$13=4\times3+1$$

と表せる。

$$\begin{array}{r} 3 \\ 4\,\big)\,\overline{13} \\ 12 \\ \hline 1 \end{array}$$

同様に，$2x^2+x+1$ を $x+1$ で割ると，商は $2x-1$，余りは 2 であるので

$$2x^2+x+1=(x+1)(2x-1)+2$$

と表せる。

$$\begin{array}{r} 2x\ -\ 1 \\ x+1\,\big)\,\overline{2x^2+\ x+1} \\ 2x^2+2x \\ \hline -\ x+1 \\ -\ x-1 \\ \hline 2 \end{array}$$

本冊 p.11 の例題(2)では $A=x^2+2ax+a$，$B=x+a$ を x の多項式とみて，$A\div B$ を計算している。商 $x+a$，余り $-a^2+a$ なので

$$A=(x+a)(x+a)-a^2+a(=(x+a)^2-a^2+a) \quad \cdots\cdots①$$

と表せる。

次に，A，B を x ではなく，a の多項式とみて計算してみよう。

商は $2x+1$，余りは $-x^2-x$ となるので

$$A=(a+x)(2x+1)-x^2-x \quad \cdots\cdots②$$

と表せる。

$$\begin{array}{r} 2x+1\qquad\qquad \\ a+x\,\big)\,\overline{(2x+1)a+\qquad\quad x^2} \\ (2x+1)a+x(2x+1) \\ \hline -x^2-x \end{array}$$

①と②は同じ多項式 A を表しているが，着目した文字が異なるので，それぞれ違う商，余りになり，別の表現となった。2 つ以上の文字を含んだ文字式を割るときは，どの文字に着目するかということが本質的に大切である。

1～4の確認テストの解答

0　20　40　60　80　100
もう一度最初から　合格
合格点：60点

点

問題 → 本冊 p.12～13

1
わからなければ 1 へ

次の式を展開せよ。（各7点　計28点）

(1) $(x+3)^3$

$=x^3+3x^2\cdot 3+3x\cdot 3^2+3^3$

$=\boldsymbol{x^3+9x^2+27x+27}$ …答

(2) $(3a-2b)^3$

$=(3a)^3-3(3a)^2\cdot 2b+3\cdot 3a(2b)^2-(2b)^3$

$=\boldsymbol{27a^3-54a^2b+36ab^2-8b^3}$ …答

(3) $(2x+y)(4x^2-2xy+y^2)$

$=(2x)^3+y^3$

$=\boldsymbol{8x^3+y^3}$ …答

(4) $(x+1)(x-2)(x+3)$

$=(x^2-x-2)(x+3)$

$=x^3+3x^2-x^2-3x-2x-6$

$=\boldsymbol{x^3+2x^2-5x-6}$ …答

2
わからなければ 1 へ

次の式を展開せよ。（各8点　計16点）

(1) $(x-1)(x+1)(x^2+1)(x^4+1)$

$=(x^2-1)(x^2+1)(x^4+1)$

$=(x^4-1)(x^4+1)$

$=\boldsymbol{x^8-1}$ …答

(2) $(a+b+c)^3$

$=\{a+(b+c)\}^3$

$=a^3+3a^2(b+c)+3a(b+c)^2+(b+c)^3$

$=a^3+3a^2b+3a^2c+3ab^2+6abc$

$\quad+3ac^2+b^3+3b^2c+3bc^2+c^3$

$=\boldsymbol{a^3+b^3+c^3+3a^2b+3ab^2+3b^2c}$

$\quad\boldsymbol{+3bc^2+3c^2a+3ca^2+6abc}$ …答

3
わからなければ 2 へ

次の式を因数分解せよ。（各8点　計16点）

(1) $8x^3+125y^3$

$=(2x)^3+(5y)^3$

$=(2x+5y)\{(2x)^2-2x\cdot 5y+(5y)^2\}$

$=\boldsymbol{(2x+5y)(4x^2-10xy+25y^2)}$ …答

(2) a^6-b^6

$=(a^3+b^3)(a^3-b^3)$

$=\boldsymbol{(a+b)(a^2-ab+b^2)}$

$\quad\boldsymbol{\times(a-b)(a^2+ab+b^2)}$ …答

わからなければ 2 へ

4 $a^3+b^3+c^3-3abc=(a+b+c)(a^2+b^2+c^2-ab-bc-ca)$ であることを用いて，次の式を因数分解せよ。 （10 点）

$$x^3+y^3-3xy+1=x^3+y^3+1^3-3xy\cdot1$$
$$=(x+y+1)(x^2+y^2+1^2-xy-y\cdot1-1\cdot x)$$
$$=(\boldsymbol{x+y+1})(\boldsymbol{x^2+y^2-xy-x-y+1})$$ …答

わからなければ 3 へ

5 $(3x-2y)^4$ の展開式における x^3y と x^2y^2 の項の係数を求めよ。 （各 5 点　計 10 点）

展開式の一般項は　${}_4\mathrm{C}_r(3x)^{4-r}(-2y)^r={}_4\mathrm{C}_r\cdot3^{4-r}(-2)^rx^{4-r}y^r$

x^3y の項は $r=1$ なので　**(x^3y の係数)**$={}_4\mathrm{C}_1\cdot3^3(-2)^1=\boldsymbol{-216}$ …答

x^2y^2 の項は $r=2$ なので　**(x^2y^2 の係数)**$={}_4\mathrm{C}_2\cdot3^2(-2)^2=\boldsymbol{216}$ …答

わからなければ 3 へ

6 $\left(2x^2+\dfrac{1}{x}\right)^6$ の展開式における x^3 の項の係数を求めよ。 （10 点）

展開式の一般項は　${}_6\mathrm{C}_r(2x^2)^{6-r}\left(\dfrac{1}{x}\right)^r={}_6\mathrm{C}_r\cdot2^{6-r}\dfrac{x^{12-2r}}{x^r}={}_6\mathrm{C}_r\cdot2^{6-r}x^{12-2r-r}$

x^3 の項は $12-2r-r=3$ となる条件を考えればよい。

$12-2r-r=3$ を解いて　$r=3$

(x^3 の係数)$={}_6\mathrm{C}_3\cdot2^3=\boldsymbol{160}$ …答

わからなければ 4 へ

7 多項式 $2x^3+x^2+x-7$ を多項式 P で割ると，商が $2x-3$，余りが $x+2$ になるという。多項式 P を求めよ。 （10 点）

$$2x^3+x^2+x-7=P(2x-3)+x+2$$
$$P(2x-3)=2x^3+x^2-9$$

よって　$P=(2x^3+x^2-9)\div(2x-3)$

$=\boldsymbol{x^2+2x+3}$ …答

$$\begin{array}{r|l} & x^2+2x+3 \\ \hline 2x-3 & 2x^3+x^2-9 \\ & 2x^3-3x^2 \\ \hline & 4x^2 \\ & 4x^2-6x \\ \hline & 6x-9 \\ & 6x-9 \\ \hline & 0 \end{array}$$

類題の解答

5　分数式の計算

本冊 p.15

次の計算をせよ。

(1) $\left(x-\dfrac{2xy}{x+y}\right)\div\left(\dfrac{2xy}{x+y}-y\right)$

(2) $\dfrac{a-\dfrac{1}{a}}{1-\dfrac{1}{a}}$

考え方

分数式の和や差を計算するときは，通分して分母をそろえる。分数式の分母や分子が，また分数式のときは，分母，分子を別々に計算してから，全体の計算を考えるとよい。

(2)は，分母，分子にある多項式を掛けることによって，分母，分子の分数を消す方法もある。

解き方

(1) $\left(x-\dfrac{2xy}{x+y}\right)\div\left(\dfrac{2xy}{x+y}-y\right)$

$=\dfrac{x(x+y)-2xy}{x+y}\div\dfrac{2xy-y(x+y)}{x+y}$

$=\dfrac{x^2-xy}{x+y}\div\dfrac{xy-y^2}{x+y}$

$=\dfrac{x(x-y)}{x+y}\times\dfrac{x+y}{(x-y)y}=\dfrac{x}{y}$ …答

(2) (分子) $=\dfrac{a^2-1}{a}=\dfrac{(a+1)(a-1)}{a}$

(分母) $=\dfrac{a-1}{a}$

$\dfrac{a-\dfrac{1}{a}}{1-\dfrac{1}{a}}=\dfrac{(a+1)(a-1)}{a}\times\dfrac{a}{a-1}=a+1$ …答

[別解]

分母・分子に a を掛ける

$\dfrac{a-\dfrac{1}{a}}{1-\dfrac{1}{a}}=\dfrac{\left(a-\dfrac{1}{a}\right)\times a}{\left(1-\dfrac{1}{a}\right)\times a}=\dfrac{a^2-1}{a-1}$

$=\dfrac{(a+1)(a-1)}{a-1}=a+1$ …答

6　恒等式

本冊 p.17

次の等式が x の恒等式となるように，定数 a，b，c の値を定めよ。

(1) $x^2+x+1=a(x+1)^2+b(x+1)+c$

(2) $\dfrac{x+1}{x(x-1)}=\dfrac{a}{x}+\dfrac{b}{x-1}$

考え方

恒等式は，x にどのような値を代入しても成立するので，特定のいくつかの値を代入しても成立することを利用する。ただし，逆が成り立つことを確認する必要がある。

また，多項式を等号で結んだ恒等式では，係数がそれぞれ等しいという性質が利用できる。

解き方

(1) $x^2+x+1=a(x+1)^2+b(x+1)+c$ の両辺に $x=-1$，0，1 をそれぞれ代入すると

$$\begin{cases}1=c\\1=a+b+c\\3=4a+2b+c\end{cases}$$

この連立方程式を解いて

$a=1$，$b=-1$，$c=1$

逆に，これらの値を右辺に代入して整理すると左辺と一致するので，恒等式となる。

よって　$a=1$，$b=-1$，$c=1$ …答

(2) 等式の両辺に $x(x-1)$ を掛けて得られる等式が恒等式となればよい。

よって

$x+1=a(x-1)+bx$

$x+1=(a+b)x-a$

両辺の係数を比較して

$1=a+b$，$1=-a$

この連立方程式を解いて

$a=-1$，$b=2$ …答

7 等式の証明

本冊 p.19

次の問いに答えよ。

(1) 等式 $a^3-b^3=(a-b)^3+3ab(a-b)$ を証明せよ。

(2) $a+b+c=0$ のとき，$a^3+b^3+c^3=3abc$ を証明せよ。

? 考え方

等式の両辺が「簡単な形」と「複雑な形」となっているときには，「複雑な形」を変形していくとよい場合が多い。ある条件の下で証明するとき，本冊 p.18 の④～⑥のどのアイデアを用いればよいかを見極める力を高めるには，問題を多く解くという経験が大切。

! 解き方

(1) ［証明］

(右辺)

$=(a-b)^3+3ab(a-b)$

$=(a^3-3a^2b+3ab^2-b^3)+(3a^2b-3ab^2)$

$=a^3-\cancel{3a^2b}+\cancel{3ab^2}-b^3+\cancel{3a^2b}-\cancel{3ab^2}$

$=a^3-b^3$

$=$(左辺)　　［証明終わり］

(2) ［証明］

$c=-a-b$ を用いて計算する。

(左辺)$-$(右辺)

$=a^3+b^3+c^3-3abc$

$=a^3+b^3+(-a-b)^3-3ab(-a-b)$

$=a^3+b^3-a^3-3a^2b-3ab^2-b^3+3a^2b+3ab^2$

$=0$　　［証明終わり］

［別証明］

(左辺)$-$(右辺)

$=a^3+b^3+c^3-3abc$

$=(a+b+c)(a^2+b^2+c^2-ab-bc-ca)$

$=0$　　↑本冊 p.6 の因数分解の公式

［証明終わり］

8 不等式の証明

本冊 p.21

$a>0$，$b>0$，$c>0$ のとき，次の不等式を証明せよ。また，等号が成立する条件を求めよ。

$(a+b)(b+c)(c+a)\geqq 8abc$

? 考え方

$a>0$，$b>0$ のとき，相加平均と相乗平均の大小関係により

$$\frac{a+b}{2}\geqq\sqrt{ab}$$

（等号が成立するのは $a=b$ のとき）

であるが，これを

$$a+b\geqq 2\sqrt{ab}$$

として利用すると便利なことが多い。

例えば $x>0$ とすると，$\frac{1}{x}>0$ であるので

$$x+\frac{1}{x}\geqq 2\sqrt{x\cdot\frac{1}{x}}=2\sqrt{1}=2$$

のように，x と $\frac{1}{x}$ の和が 2 以上であることが 1 つの式変形で簡単に示すことができる。

! 解き方

［証明］

$a>0$，$b>0$，$c>0$ であるので，相加平均，相乗平均の大小関係により

$a+b\geqq 2\sqrt{ab}$ (>0)

$b+c\geqq 2\sqrt{bc}$ (>0)

$c+a\geqq 2\sqrt{ca}$ (>0)

これらすべて辺々掛けると

$$(a+b)(b+c)(c+a)\geqq 2\sqrt{ab}\cdot 2\sqrt{bc}\cdot 2\sqrt{ca}$$
$$=8\sqrt{a^2b^2c^2}$$
$$=8abc$$

等号成立条件は

$a=b$，$b=c$，$c=a$

であるので，$a=b=c$ となる。　［証明終わり］

5～8の確認テストの解答

0　20　40　60　80　100

もう一度最初から　合格

合格点：60点

点

問題 → 本冊 p.22～23

わからなければ5へ

1 次の式を計算せよ。（各10点　計30点）

(1) $\dfrac{a^2-a-6}{a^2-1}\div\dfrac{a+2}{a-1}$

$=\dfrac{(a-3)(a+2)}{(a+1)(a-1)}\times\dfrac{a-1}{a+2}$

$=\boldsymbol{\dfrac{a-3}{a+1}}$ …答

(2) $\dfrac{2a}{a-b}+\dfrac{a^2}{ab-a^2}$

$=\dfrac{2a}{a-b}+\dfrac{a^2}{a(b-a)}$

$=\dfrac{2a}{a-b}-\dfrac{a}{a-b}=\boldsymbol{\dfrac{a}{a-b}}$ …答

(3) $\dfrac{1}{1-\dfrac{1}{1-x}}$ ←分母，分子に $1-x$ を掛ける

$=\dfrac{1-x}{(1-x)-1}=\boldsymbol{\dfrac{x-1}{x}}$ …答

わからなければ6へ

2 次の等式のうち，x についての恒等式はどれか。（10点）

① $x^2-1=(x+1)(x-1)$　② $x(x+1)-x=2x$

③ $\dfrac{1}{x}+\dfrac{1}{x-1}=\dfrac{2}{2x-1}$　④ $\dfrac{1}{x}-\dfrac{1}{x+1}=\dfrac{1}{x^2+x}$

答 ①と④

［解説］ ②の左辺 $=x^2+x-x=x^2$，　②の右辺 $=2x$

③の左辺 $=\dfrac{1}{x}+\dfrac{1}{x-1}=\dfrac{x-1+x}{x(x-1)}=\dfrac{2x-1}{x(x-1)}$，　③の右辺 $=\dfrac{2}{2x-1}$

わからなければ6へ

3 次の等式が x についての恒等式となるように，定数 a，b の値を定めよ。

$$\frac{5(x+1)}{x^2+x-6}=\frac{a}{x+3}+\frac{b}{x-2}$$

（12点）

等式の両辺に $(x+3)(x-2)$ を掛けて得られる等式が恒等式となればよい。

$5(x+1)=a(x-2)+b(x+3)$

$5x+5=(a+b)x+(-2a+3b)$ （恒等式）

よって　$5=a+b$，$5=-2a+3b$

これを解いて　$\boldsymbol{a=2}$，$\boldsymbol{b=3}$ …答

わからなければ 6 へ

4 次の等式が x についての恒等式となるように，定数 a，b，c の値を定めよ。

$$x^2+2x+3=ax(x-1)+b(x-1)(x+1)+cx(x+1)$$ （12 点）

両辺に $x=-1$，0，1 を代入すると

$2=a(-1)(-2)$，$3=b(-1)\cdot1$，$6=c\cdot1\cdot2$

$a=1$，$b=-3$，$c=3$

逆に，これらの値を右辺に代入して整理すると左辺と一致するので，恒等式となる。

よって　$\boldsymbol{a=1}$，$\boldsymbol{b=-3}$，$\boldsymbol{c=3}$　…答

わからなければ 7 へ

5 等式 $\{x^2+(x+y)^2\}\{x^2+(x-y)^2\}=4x^4+y^4$ を証明せよ。 （12 点）

［証明］　(左辺)$=(x^2+x^2+2xy+y^2)(x^2+x^2-2xy+y^2)$

$=\{(2x^2+y^2)+2xy\}\{(2x^2+y^2)-2xy\}$

$=(2x^2+y^2)^2-(2xy)^2$

$=4x^4+4x^2y^2+y^4-4x^2y^2=4x^4+y^4$

$=$(右辺)　［証明終わり］

わからなければ 7 へ

6 $\dfrac{a}{b}=\dfrac{c}{d}$ のとき，$(a^2+c^2)(b^2+d^2)=(ab+cd)^2$ を証明せよ。 （12 点）

［証明］　$\dfrac{a}{b}=\dfrac{c}{d}=k$ とおくと　$a=bk$，$c=dk$

(左辺)$=(b^2k^2+d^2k^2)(b^2+d^2)=k^2(b^2+d^2)^2$

(右辺)$=(bk\cdot b+dk\cdot d)^2=k^2(b^2+d^2)^2$

よって　(左辺)$=$(右辺)　［証明終わり］

わからなければ 8 へ

7 不等式 $(a^2+b^2)(x^2+y^2)\geqq(ax+by)^2$ を証明せよ。また，等号が成立する条件を求めよ。 （12 点）

［証明］　(左辺)$-$(右辺)$=(a^2+b^2)(x^2+y^2)-(ax+by)^2$

$=a^2x^2+a^2y^2+b^2x^2+b^2y^2-a^2x^2-2abxy-b^2y^2$

$=a^2y^2-2abxy+b^2x^2$

$=(ay-bx)^2$

$\geqq0$

等号は $ay=bx$ のとき成立する。［証明終わり］

類題の解答

9 複素数

本冊 p.25

次の計算をせよ。

(1) $\dfrac{1+\sqrt{3}i}{\sqrt{3}+i}+\dfrac{1-\sqrt{3}i}{\sqrt{3}-i}$

(2) $\alpha=1+i$ のとき　$\alpha^2+(\overline{\alpha})^2$

? 考え方

$\alpha=a+bi$ に対し，共役な複素数は，$\overline{\alpha}=a-bi$ であり，

$$\alpha\cdot\overline{\alpha}=(a+bi)(a-bi)$$
$$=a^2+b^2(\text{実数})$$

であるので，分母を実数化するときは，分母の共役な複素数を，分母と分子に掛ける。

! 解き方

(1) $\dfrac{1+\sqrt{3}i}{\sqrt{3}+i}+\dfrac{1-\sqrt{3}i}{\sqrt{3}-i}$

$=\dfrac{(1+\sqrt{3}i)(\sqrt{3}-i)}{(\sqrt{3}+i)(\sqrt{3}-i)}+\dfrac{(1-\sqrt{3}i)(\sqrt{3}+i)}{(\sqrt{3}-i)(\sqrt{3}+i)}$

$=\dfrac{\sqrt{3}+2i-\sqrt{3}i^2}{3+1}+\dfrac{\sqrt{3}-2i-\sqrt{3}i^2}{3+1}$

$=\dfrac{2\sqrt{3}+2i}{4}+\dfrac{2\sqrt{3}-2i}{4}$

$=\sqrt{3}$ …答

(2) $\alpha=1+i$ なので　$\overline{\alpha}=1-i$

$\alpha^2+(\overline{\alpha})^2=(1+i)^2+(1-i)^2$

$=1+2i+i^2+1-2i+i^2$

$=1+2i-1+1-2i-1$

$=0$ …答

[注意]　(2)の α を一般の複素数 $\alpha=a+bi$ とすると，$\overline{\alpha}=a-bi$ なので，

$\alpha^2+(\overline{\alpha})^2=(a+bi)^2+(a-bi)^2$

$=a^2+2abi+b^2i^2+a^2-2abi+b^2i^2$

$=2a^2-2b^2$

となる。

(2)は $a=b$ なので $\alpha^2+(\overline{\alpha})^2=0$ となる。

10 2次方程式

本冊 p.27

次の問いに答えよ。

(1) 2次方程式 $2x^2-kx+k=0$ の解を判別せよ。

(2) 2次方程式 $x^2+ax+b=0$ の解の1つが $1+\sqrt{2}i$ であるとき，実数 a，b の値と他の解を求めよ。

? 考え方

(1) 解の判別式 $D=b^2-4ac$ の符号（正，負，0）を調べることで判別する。

(2) アイデアは2つある。1つ目は，共役な複素数も解であるという性質を使う方法。

2つ目は，複素数が0であるとき，その実部も虚部も0である。つまり

$$p+qi=0 \iff p=q=0$$

（p，q：実数とする）

を使う方法。

! 解き方

(1) この2次方程式の判別式を D とすると

$$D=(-k)^2-4\cdot2\cdot k=k(k-8)$$

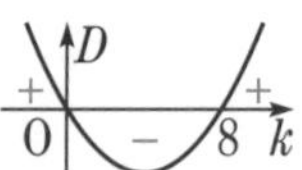

答

$k<0$，$8<k$ のとき異なる2つの実数解

$k=0$，8　のとき重解

$0<k<8$　のとき異なる2つの虚数解

(2) (考え方の2つ目のアイデアで解く)

$1+\sqrt{2}i$ が解なので

$(1+\sqrt{2}i)^2+a(1+\sqrt{2}i)+b=0$

$(-1+a+b)+(2\sqrt{2}+\sqrt{2}a)i=0$

$-1+a+b$，$2\sqrt{2}+\sqrt{2}a$ は実数なので

$-1+a+b=0$，$2\sqrt{2}+\sqrt{2}a=0$

よって　$a=-2$，$b=3$ …答

もとの方程式は　$x^2-2x+3=0$

$x=1\pm\sqrt{2}i$

よって，他の解は　$1-\sqrt{2}i$ …答

11 解と係数の関係

本冊 p.29

次の問いに答えよ。

(1) 2 次方程式 $x^2+5x+3=0$ の 2 つの解を α, β とするとき，次の式の値を求めよ。

① $\alpha^2+\beta^2$　　② $(\alpha-\beta)^2$

(2) x の 2 次方程式 $x^2+5kx+2k+4=0$ の 2 つの解の比が 2：3 であるという。このとき，定数 k の値と 2 つの解を求めよ。

考え方

(1) 解と係数の関係により $\alpha+\beta$ と $\alpha\beta$ の値がわかるので，与えられた式を，$\alpha+\beta$ と $\alpha\beta$ を用いて表すことを考える。

(2) 条件より，2 つの解は 2α，3α と表すことができる。このことを用いて，解と係数の関係にもち込んで，α と k の連立方程式を作る。

解き方

(1) 解と係数の関係により

$$\alpha+\beta=-5,\ \alpha\beta=3$$

① $\alpha^2+\beta^2=(\alpha+\beta)^2-2\alpha\beta$
$=(-5)^2-2\cdot3=\underline{19}$ …答

② $(\alpha-\beta)^2=\alpha^2+\beta^2-2\alpha\beta$
$=19-2\cdot3=\underline{13}$ …答

(2) 2 つの解の比が 2：3 であることより，2 つの解は 2α，3α とおける。
解と係数の関係により

$2\alpha+3\alpha=-5k$ ……①

$2\alpha\times3\alpha=2k+4$ ……②

①より，$\alpha=-k$ となり，これを②に代入すると

$6k^2=2k+4$　　$3k^2-k-2=0$

$(3k+2)(k-1)=0$　　$k=-\frac{2}{3}$，1

$$\begin{cases} k=-\frac{2}{3} \text{ のとき} & \alpha=\frac{2}{3} \\ k=1 \text{ のとき} & \alpha=-1 \end{cases}$$

したがって

$\underline{k=-\frac{2}{3}}$ のとき，2 つの解は

$\underline{\frac{4}{3}}$，$\underline{2}$ …答

$\underline{k=1}$ のとき，2 つの解は

$\underline{-2}$，$\underline{-3}$ …答

堀部先生のなるほど数学講座
虚数の大小
理彩
英斗

今習った i って
不思議ね。
だいたい 2 乗して
負になるって変
だよね。
失礼だな

それに，だいたい
i って正の数なの？
負の数なの？ 先生
正の数なんじゃ
ないの?
………

私は負の数っぽいって
感じ。先生，来週の授業で
「$1>0$, $i<0$」ってやるよね。
………

ずっと黙ってて怪しいよ。
なんか隠してるでしょ。
…先生。
英斗は i って正の数
だと言ってたね。
つまり $i>0$ だね。
じゃ，この両辺に i を
掛けてみようか。
$\times i$
$i > 0$
$\times i$
右上へ
つづく

i は正の数だから
不等号の向きは変わらないので
$i \times i > 0 \times i$
でしょ。
$i^2 = -1$ だから
$-1 > 0$
だわ…あれっ
変よ，この式。
ホントだ！
ほらっ
負の数
ぽいって
言った
でしょ。

じゃ $i < 0$ にも両辺に
i を掛けてみてごらん。
不等号の向きに気をつける
んだよ。
$i \times i < 0 \times i$
今度は向きが
変わるから…
$i \times i > 0 \times i$ って。
あっ僕と同じだよ。
つまり $-1 > 0$ だ。
…こっちも変だ。

もともと $i \neq 0$
なのはいいよね。
そーだ!!
だって
$i^2 = -1, 0^2 = 0$
だから
i と 0 が等しい
わけないわ。

そう！ i は $i > 0, i = 0, i < 0$ のどれでもない。
i と 0 に大小関係はない。
つまり，虚数の大小関係は議論できないのさ。
ホントに？

ホントだよ。
はい

9～11の確認テストの解答

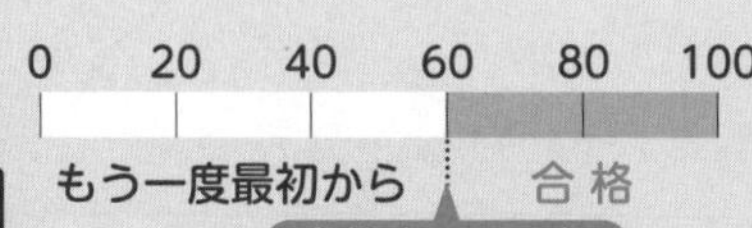

点

問題 → 本冊 p.30～31

1

わからなければ 9 へ

次の計算をせよ。　　(各6点　計18点)

(1) $i+\dfrac{1}{i}$

$=i+\dfrac{1\times i}{i\times i}$

$=i+\dfrac{i}{i^2}$

$=i-i=\mathbf{0}$ …答

(2) $\left(\dfrac{-1+\sqrt{3}i}{2}\right)^2$

$=\dfrac{1-2\sqrt{3}i+3i^2}{4}$

$=\dfrac{\mathbf{-1-\sqrt{3}i}}{\mathbf{2}}$ …答

(3) $1+i+i^2+i^3$

$=1+i+(-1)+i^2\cdot i$

$=i+(-1)i$

$=i-i$

$=\mathbf{0}$ …答

2

わからなければ 10 へ

次の2次方程式を解け。　　(各7点　計28点)

(1) $(x-2)^2=-4$

$x-2=\pm\sqrt{-4}$

$x-2=\pm 2i$

$\boldsymbol{x=2\pm 2i}$ …答

(2) $2x^2-3x-4=0$

$x=\dfrac{-(-3)\pm\sqrt{(-3)^2-4\cdot 2\cdot(-4)}}{2\cdot 2}$

$\boldsymbol{x=\dfrac{3\pm\sqrt{41}}{4}}$ …答

(3) $x^2+2x+3=0$

$x=\dfrac{-2\pm\sqrt{-8}}{2}=\dfrac{-2\pm 2\sqrt{2}i}{2}$

$\boldsymbol{x=-1\pm\sqrt{2}i}$ …答

(4) $2x^2-\sqrt{5}x+1=0$

$x=\dfrac{-(-\sqrt{5})\pm\sqrt{(-\sqrt{5})^2-4\cdot 2\cdot 1}}{2\cdot 2}$

$\boldsymbol{x=\dfrac{\sqrt{5}\pm\sqrt{3}i}{4}}$ …答

3

わからなければ 10 へ

x の2次方程式 $2x^2-mx+m=0$（m は実数）の解を判別せよ。　　(8点)

判別式 $D=(-m)^2-4\cdot 2\cdot m$

$=m^2-8m$

$=m(m-8)$

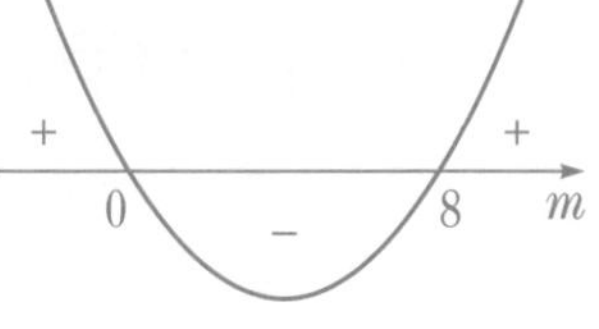

$D>0$ のとき　$m<0,\ 8<m$

$D=0$ のとき　$m=0,\ 8$

$D<0$ のとき　$0<m<8$

よって

答
$$\begin{cases} m<0,\ 8<m \text{ のとき，異なる2つの実数解} \\ m=0,\ 8 \text{ のとき，重解} \\ 0<m<8 \text{ のとき，異なる2つの虚数解} \end{cases}$$

わからなければ 11 へ

4 2 次方程式 $2x^2-5x+4=0$ の 2 つの解を α，β とするとき，次の式の値を求めよ。

（各 9 点　計 27 点）

(1) $\alpha^2+\beta^2$

解と係数の関係により

$\alpha+\beta=\frac{5}{2}$，$\alpha\beta=\frac{4}{2}=2$

$\alpha^2+\beta^2=(\alpha+\beta)^2-2\alpha\beta$

$=\left(\frac{5}{2}\right)^2-2\cdot2$

$=\mathbf{\frac{9}{4}}$ …答

(2) $\frac{\beta}{\alpha}+\frac{\alpha}{\beta}$

$\frac{\beta}{\alpha}+\frac{\alpha}{\beta}$

$=\frac{\beta^2+\alpha^2}{\alpha\beta}$

$=\frac{9}{4}\times\frac{1}{2}$

$=\mathbf{\frac{9}{8}}$ …答

(3) $\alpha^3+\beta^3$

$\alpha^3+\beta^3$

$=(\alpha+\beta)^3-3\alpha\beta(\alpha+\beta)$

$=\left(\frac{5}{2}\right)^3-3\cdot2\cdot\frac{5}{2}$

$=\frac{125}{8}-15$

$=\mathbf{\frac{5}{8}}$ …答

わからなければ 11 へ

5 2 次方程式 $x^2+2x+4=0$ の 2 つの解を α，β とするとき，2 数 $\alpha+2$，$\beta+2$ を解にもつ 2 次方程式を 1 つ作れ。（9 点）

解と係数の関係により　$\alpha+\beta=-2$，$\alpha\beta=4$

2 数 $\alpha+2$，$\beta+2$ について

（和）　$(\alpha+2)+(\beta+2)=\alpha+\beta+4=-2+4=2$

（積）　$(\alpha+2)(\beta+2)=\alpha\beta+2(\alpha+\beta)+4=4+2\cdot(-2)+4=4$

よって，求める 2 次方程式の 1 つは　$\mathbf{x^2-2x+4=0}$ …答

わからなければ 10 へ

6 x の 2 次方程式 $x^2-2ax+b+3=0$ の解の 1 つが $2-i$ であるとき，実数の定数 a，b の値を求めよ。また，他の解も求めよ。（10 点）

$2-i$ が解なので，$x=2-i$ を代入すると等式は成り立つから

$(2-i)^2-2a(2-i)+b+3=0$

$(4-4i+i^2)-4a+2ai+b+3=0$

$4-1-4a+b+3-4i+2ai=0$

$(6-4a+b)-2(2-a)i=0$

$6-4a+b$，$-2(2-a)$ は実数であるから　$6-4a+b=0$，$-2(2-a)=0$

これを解いて　$\mathbf{a=2}$，$\mathbf{b=2}$ …答

これより　$x^2-4x+5=0$　　$x=2\pm i$　　他の解は　$\mathbf{2+i}$ …答

類題の解答

12 剰余の定理・因数定理

本冊 p.33

多項式 $P(x)$ を $x+2$ で割ると余りは -3 で，$(x+1)(x-3)$ で割ると余りは $5x+2$ である。$P(x)$ を $(x+2)(x-3)$ で割ったときの余りを求めよ。

? 考え方

多項式 $P(x)$ を $A(x)$ で割ったときの商を $Q(x)$，余りを $R(x)$ とすると

$P(x)=A(x)\cdot Q(x)+R(x)$

($R(x)$ の次数)<($A(x)$ の次数)

または，$R(x)=0$

である。この等式の両辺の x に適当な値を代入し，うまく条件式を作り出す。

! 解き方

$P(x)$ を 2 次式 $(x+2)(x-3)$ で割ったときの余りは 1 次式または定数であるので，その余りを $ax+b$ とおく。

すると条件より，3 つの多項式 $Q_1(x)$，$Q_2(x)$，$Q_3(x)$ を用いて

$P(x)=(x+2)Q_1(x)-3$ ……①

$P(x)=(x+1)(x-3)Q_2(x)+5x+2$ ……②

$P(x)=(x+2)(x-3)Q_3(x)+ax+b$ ……③

①と③で $P(-2)$ を考えて

$-3=-2a+b$ ……④

②と③で $P(3)$ を考えて

$5\cdot3+2=3a+b$ ……⑤

⑤−④を計算し

$20=5a$

$a=4$

④に代入し　$b=5$

したがって，求める余りは　**$4x+5$** …答

13 高次方程式

本冊 p.35

次の問いに答えよ。

(1) 3 次方程式 $x^3-2x^2-6x+4=0$ を解け。

(2) x の 3 次方程式 $x^3-3x^2+ax+b=0$ の解の 1 つが $1+i$ であるとき，実数の定数 a，b の値と他の解を求めよ。

? 考え方

(1) 因数定理を用いて，1 次の因数を見つけて，1 次式と 2 次式の多項式の積の形にする。

(2) 解を代入し，式を(実部)+(虚部)$i=0$ の形に整理し，(実部)$=0$，(虚部)$=0$ の連立方程式から a と b を求める。

! 解き方

(1) $P(x)=x^3-2x^2-6x+4$ とおく。

$P(-2)=(-2)^3-2(-2)^2-6(-2)+4=0$

よって　$P(x)=(x+2)(x^2-4x+2)$

$P(x)=0$ より　$P(x)\div(x+2)$

$x+2=0$ または $x^2-4x+2=0$

したがって　**$x=-2,\ 2\pm\sqrt{2}$** …答

(2) $1+i$ が解なので，$x=1+i$ を代入して

$(1+i)^3-3(1+i)^2+a(1+i)+b=0$

$(1+3i+3i^2+i^3)-3(1+2i+i^2)$
$+a(1+i)+b=0$

$a+b-2+(a-4)i=0$

$a+b-2$，$a-4$ は実数なので

$a+b-2=0$，$a-4=0$

これを解いて　**$a=4,\ b=-2$** …答

よって　$x^3-3x^2+4x-2=0$

$P(x)=x^3-3x^2+4x-2$ とおく。

$P(1)=1^3-3\cdot1^2+4\cdot1-2=0$

よって，$P(x)=(x-1)(x^2-2x+2)$ であるので，解は　$x=1,\ 1\pm i$

他の解は　**$1,\ 1-i$** …答

組立除法

多項式 x^3-x^2-13 を1次式 $x-3$ で割るとき，商と余りを次のように求めることができる。

① 割る式の定数項にマイナスを付けたものを書き，割られる式の係数と定数項を書く。

項がないところは0を書く

3	1	−1	0	−13

② ①で書いた割られる式の最高次の係数1をそのまま下ろし，下に書く。

3	1	−1	0	−13
そのまま	↓			
	1			

③ ②で書いた1と3を掛けた3を −1の下に書く。次に，−1と3の和2を3の下に書く。

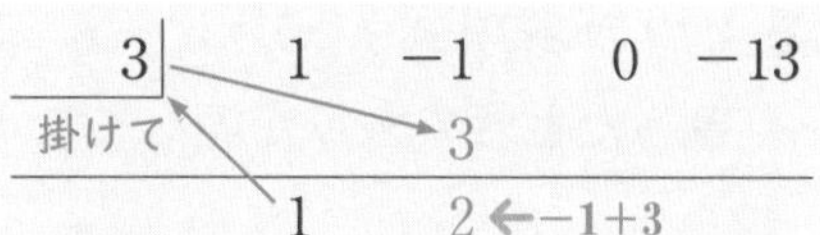

④ 同じように，③で書いた2と3を掛けた6を0の下に書く。次に，0と6の和6を6の下に書く。

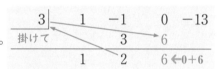

3	1	−1	0	−13
掛けて		3	6	
	1	2	6 ←0+6	

⑤ 同じように，④で書いた6と3を掛けた18を−13の下に書く。次に，−13と18の和5を18の下に書く。

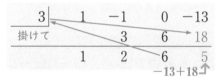

3	1	−1	0	−13
掛けて		3	6	18
	1	2	6	5
				−13+18

⑥ 得られた1，2，6が商の係数と定数項，5が余りになる。

つまり，商は x^2+2x+6，余りが5と求められる。

3	1	−1	0	−13
		3	6	18
	1	2	6	5

このようにして，商と余りを求める方法を**組立除法**という。

12～13の確認テストの解答

0　20　40　60　80　100
もう一度最初から　合格
合格点：60点

点

問題 → 本冊 p.36～37

わからなければ 12 へ

1 x^3-3x^2+kx+2 を $x-2$ で割ったときの余りが 4 である。定数 k の値を求めよ。

（12点）

$f(x)=x^3-3x^2+kx+2$ とおく。$x-2$ で割ったときの余りが 4 なので

$f(2)=4 \qquad 2^3-3\cdot 2^2+k\cdot 2+2=4$

$8-12+2k+2=4 \qquad 2k=6 \qquad \boldsymbol{k=3}$ …答

わからなければ 12 へ

2 2つの多項式 $f(x)=x^3+x^2-3x+2$，$g(x)=x^3-x^2-2x+5$ を，それぞれ $x-a$ で割ったときの余りが等しくなるように，定数 a の値を定めよ。

（12点）

$f(x)$，$g(x)$ を $x-a$ で割ったときの余りは，それぞれ $f(a)$，$g(a)$ である。

これらが等しいので　$f(a)=g(a)$

$\cancel{a^3}+a^2-3a+2=\cancel{a^3}-a^2-2a+5 \qquad 2a^2-a-3=0$

$(2a-3)(a+1)=0 \qquad \boldsymbol{a=\dfrac{3}{2},\ -1}$ …答

わからなければ 12 へ

3 多項式 $P(x)$ を，$(x-1)(x+2)$ で割ったときの余りは $2x-1$ で，$(x+1)(x+3)$ で割ったときの余りは $x-4$ であるという。このとき，$P(x)$ を $(x+1)(x-1)$ で割ったときの余りを求めよ。

（13点）

2次式 $(x+1)(x-1)=x^2-1$ で割ったときの余りは 1 次式または定数である。よって，$ax+b$ とおける。条件より，3つの多項式 $Q_1(x)$，$Q_2(x)$，$Q_3(x)$ を用いて，次のように表すことができる。

$P(x)=(x-1)(x+2)Q_1(x)+2x-1$ ……①

$P(x)=(x+1)(x+3)Q_2(x)+x-4$ ……②

$P(x)=(x+1)(x-1)Q_3(x)+ax+b$ ……③

①と③に $x=1$ を代入して　$1=a+b$

②と③に $x=-1$ を代入して　$-5=-a+b$

これを解いて　$a=3$，$b=-2$　　よって，余りは　$\boldsymbol{3x-2}$ …答

わからなければ 12 へ

4 $x^4-2x^3+2x^2-x-6$ を因数分解せよ。（13 点）

$f(x)=x^4-2x^3+2x^2-x-6$ とおく。

$f(-1)=1+2+2+1-6=0$

よって，$f(x)$ は $x+1$ を因数にもつ。

$f(x)=(x+1)(x^3-3x^2+5x-6)$

$g(x)=x^3-3x^2+5x-6$ とおく。

$g(2)=8-12+10-6=0$

よって，$g(x)$ は $x-2$ を因数にもつ。

$g(x)=(x-2)(x^2-x+3)$

x^2-x+3 は因数分解できないから

$f(x)=\boldsymbol{(x+1)(x-2)(x^2-x+3)}$ …答

わからなければ 13 へ

5 次の方程式を解け。（各 10 点　計 20 点）

(1) $x^3-7x+6=0$

$f(x)=x^3-7x+6$ とおく。

$f(1)=1-7+6=0$

よって

$f(x)=(x-1)(x^2+x-6)$

$=(x-1)(x-2)(x+3)$

したがって，$f(x)=0$ を解くと

$\boldsymbol{x=-3,\ 1,\ 2}$ …答

(2) $12x^3-4x^2-3x+1=0$

$f(x)=12x^3-4x^2-3x+1$ とおく。

$f\left(\frac{1}{2}\right)=\frac{12}{8}-\frac{4}{4}-\frac{3}{2}+1=\frac{3}{2}-1-\frac{3}{2}+1=0$

よって　$f(x)=\left(x-\frac{1}{2}\right)(12x^2+2x-2)$

$=(2x-1)(6x^2+x-1)$

$=(2x-1)(2x+1)(3x-1)$

したがって，$f(x)=0$ を解くと

$\boldsymbol{x=\pm\frac{1}{2},\ \frac{1}{3}}$ …答

わからなければ 13 へ

6 x の方程式 $x^3-ax^2-bx-10=0$ の解の 1 つが $2+i$ であるとき，実数 a，b の値を求めよ。また，他の解を求めよ。（15 点）

$2+i$ が解なので

$(2+i)^3-a(2+i)^2-b(2+i)-10=0$

$8+12i-6-i-a(4+4i-1)-b(2+i)-10=0$

$(-3a-2b-8)+(-4a-b+11)i=0$

$-3a-2b-8$，$-4a-b+11$ は実数であるので

$-3a-2b-8=0$，$-4a-b+11=0$

これを解いて　$\boldsymbol{a=6,\ b=-13}$ …答

よって，もとの方程式は

$x^3-6x^2+13x-10=0$

左辺に $x=2$ を代入すると 0 になるので

$(x-2)(x^2-4x+5)=0$

から解は　$x=2,\ 2\pm i$

他の解は　$\boldsymbol{2,\ 2-i}$ …答

わからなければ 13 へ

7 x の多項式 x^3-2ax^2+7x-6 は $x-a$ で割り切れる。このとき，定数 a の値を求めよ。（15 点）

$x-a$ で割り切れるので　$a^3-2a\cdot a^2+7a-6=0$　　$a^3-7a+6=0$

ここで $f(a)=a^3-7a+6$ とおく。

$f(1)=1^3-7\cdot1+6=0$　　$f(a)=(a-1)(a^2+a-6)=(a-1)(a-2)(a+3)$

$f(a)=0$ なので　$\boldsymbol{a=-3,\ 1,\ 2}$ …答

[注意]　**7** の後半は，**5** (1)と同じ計算になっている。見た目の異なる問題になっているが計算の構造は同じ。このように見た目にまどわされず本質を見つけよう。

第2章　図形と方程式

類題の解答

14 点の座標

本冊 p.39

座標平面上に3点 A$(-3,\ 4)$, B$(3,\ 1)$, C$(-1,\ 0)$ がある。

(1) 線分ABを2：1に内分する点Pの座標を求めよ。

(2) 点Pに関して点Cと対称な点Dの座標を求めよ。

考え方

(1) 内分点の公式を使って点Pの座標を求める。

(2) 点Pに関して，点Cと対称な点がDであるので，線分CDの中点がPとなる。そして，内分公式の特別な場合の公式である中点を求める公式を利用すればよい。

解き方

(1) P$(p,\ q)$ とすると

$$p=\frac{1\times(-3)+2\times3}{2+1}=1$$

$$q=\frac{1\times4+2\times1}{2+1}=2$$

よって　**P(1, 2)** …答

(2) D$(x,\ y)$ とする。線分CDの中点が(1)の点Pであるので

$$\frac{-1+x}{2}=1$$

$$\frac{0+y}{2}=2$$

より　$x=3,\ y=4$

したがって　**D(3, 4)** …答

15 直線

本冊 p.41

次の問いに答えよ。

(1) 3点 A$(1,\ 4)$, B$(3,\ -2)$, C$(a+1,\ 1)$ が一直線上にあるように，定数 a の値を定めよ。

(2) 2直線 $3x-y+1=0$, $2x+y-6=0$ の交点と，点 $(-1,\ 2)$ を通る直線の方程式を求めよ。

考え方

(1) 3点のうちの2点を通る直線の方程式を求め，その方程式に残りの1点の座標を代入し，成立する条件を考えればよい。

(2) 2直線の交点の座標を具体的に求め，その点と，もう1つの点を通る直線の方程式を求めればよい。

解き方

(1) 直線ABの方程式は

$$y-4=\frac{-2-4}{3-1}(x-1)$$

より，$y=-3x+7$ であり，点Cがこの直線上にあるので

$1=-3(a+1)+7$　←$x=a+1$, $y=1$ を代入

より　**$a=1$** …答

(2) $3x-y+1=0$ ……①

$2x+y-6=0$ ……②

①，②の連立方程式を解いて

$x=1,\ y=4$

2点 $(1,\ 4)$, $(-1,\ 2)$ を通る直線の方程式は

$$y-4=\frac{2-4}{-1-1}(x-1)$$

より，求める方程式は

$y=x+3$ …答

16 2直線の平行・垂直

本冊 p.43

点 (2, −1) を通り，点 (5, 3) との距離が 4 である直線の方程式を求めよ。

? 考え方

求める直線が y 軸に平行である場合と，傾きが m となる場合に分けて考える。

点 $\mathrm{P}(x_1,\ y_1)$ と直線 $ax+by+c=0$ の距離 d は

$$d=\frac{|ax_1+by_1+c|}{\sqrt{a^2+b^2}}$$

である。

! 解き方

点 (2, −1) を通り y 軸に平行な直線は $x=2$ であり，この直線と点 (5, 3) との距離は $5-2=3$ であることから条件に合わない。

したがって，求める直線の傾きを m とすると，点 (2, −1) を通ることから

$$y+1=m(x-2)$$

$mx-y-2m-1=0$ ……①とおく。

点 (5, 3) と直線①の距離が 4 であるので

$$\frac{|5m-3-2m-1|}{\sqrt{m^2+1}}=4$$

$$|3m-4|=4\sqrt{m^2+1}$$

両辺を 2 乗すると

$$9m^2-24m+16=16m^2+16$$

$$7m^2+24m=0$$

$$m(7m+24)=0$$

$$m=0,\ -\frac{24}{7}$$

$m=0$ のとき，①より　$\boldsymbol{y=-1}$ …答

$m=-\dfrac{24}{7}$ のとき，①より

$$-\frac{24}{7}x-y+\frac{48}{7}-1=0$$

$\boldsymbol{24x+7y-41=0}$ …答

14～16の確認テストの解答

0 20 40 60 80 100
もう一度最初から　合格
合格点：60点

点

問題 → 本冊 p.44～45

1 わからなければ 14～16 へ

3点 A(2, −1), B(1, 2), C(3, 0) がある。次の問いに答えよ。（各8点　計48点）

(1) 線分ABの中点Mの座標を求めよ。

$M\left(\frac{2+1}{2},\ \frac{-1+2}{2}\right)$ なので

$\mathbf{M\left(\frac{3}{2},\ \frac{1}{2}\right)}$ …答

(2) △ABCの重心Gの座標を求めよ。

$G\left(\frac{2+1+3}{3},\ \frac{-1+2+0}{3}\right)$ なので

$\mathbf{G\left(2,\ \frac{1}{3}\right)}$ …答

(3) 点Aに関して，点Bと対称な点Pの座標を求めよ。

線分BPの中点が点Aである。

P(x, y) とすると

$\frac{1+x}{2}=2,\ \frac{2+y}{2}=-1$

$x=3,\ y=-4$ より　$\mathbf{P(3,\ -4)}$ …答

(4) 直線ABの方程式を求めよ。

$y+1=\frac{2-(-1)}{1-2}(x-2)$

$y+1=-3(x-2)$

$\boldsymbol{y=-3x+5}$ …答

$(\boldsymbol{3x+y-5=0})$

(5) 点Cを通り直線ABに直交する直線の方程式を求めよ。

直線ABの傾きは −3 なので

求める直線の傾きは $\frac{1}{3}$ である。

点Cを通るので　$y-0=\frac{1}{3}(x-3)$

よって　$\boldsymbol{y=\frac{1}{3}x-1}$ …答

$(\boldsymbol{x-3y-3=0})$

(6) 直線ABに関して，点Cと対称な点Qの座標を求めよ。

点Qは(5)で求めた直線上にあるので $Q\left(t,\ \frac{1}{3}t-1\right)$ とおける。またCQの中点が直線AB上にあるので，

$\frac{0+\frac{1}{3}t-1}{2}=-3\times\frac{3+t}{2}+5$ を解いて，$t=\frac{3}{5}$ より　$\mathbf{Q\left(\frac{3}{5},\ -\frac{4}{5}\right)}$ …答

2 わからなければ 15 へ

3点 A(3, 1), B(a, 3), C(4, 2−2a) が一直線上にあるとき，定数 a の値を求めよ。（12点）

直線ABの方程式は　$y-1=\frac{3-1}{a-3}(x-3)$

この直線が点Cを通るので　$2-2a-1=\frac{2}{a-3}(4-3)$　　$(a-3)(1-2a)=2$

$2a^2-7a+5=0$　　$(a-1)(2a-5)=0$　　よって　$\boldsymbol{a=1,\ \frac{5}{2}}$ …答

わからなければ 16 へ

3

3 点 A(2, 1), B(3, 6), C(6, 3) を頂点とする △ABC の面積 S を求めよ。(12 点)

直線 AB の方程式は

$$y-1=\frac{6-1}{3-2}(x-2)$$

よって　$5x-y-9=0$

点 C と直線 AB の距離 d は

$$d=\frac{|5\times6-3-9|}{\sqrt{25+1}}=\frac{18}{\sqrt{26}}$$

また　$\mathrm{AB}=\sqrt{(3-2)^2+(6-1)^2}=\sqrt{26}$

$$S=\frac{1}{2}\mathrm{AB}\cdot d$$

$$=\frac{1}{2}\sqrt{26}\cdot\frac{18}{\sqrt{26}}=\mathbf{9}$$ …答

[別解] 右の図で △OPQ の面積を S とすると

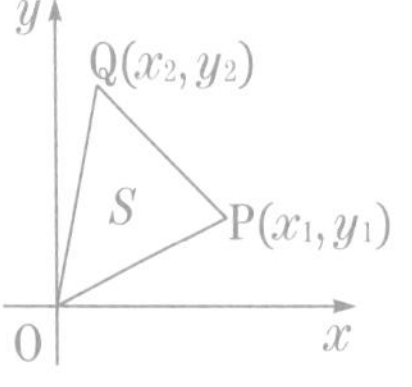

$$S=\frac{1}{2}|x_1y_2-x_2y_1|$$

である。この公式を利用する。

点 A が原点に重なるように △ABC を平行移動すると

A→A′(0, 0), B→B′(1, 5), C→C′(4, 2)

よって　$S=\frac{1}{2}|1\times2-4\times5|=\mathbf{9}$ …答

わからなければ 15 へ

4

2 直線 ℓ : $x+y-3=0$, m : $3x-y-5=0$ の交点と点 (5, 4) を通る直線の方程式を求めよ。(12 点)

$\begin{cases}x+y-3=0\\3x-y-5=0\end{cases}$ を解くと

$(x,\ y)=(2,\ 1)$ となる。

2 点 (2, 1), (5, 4) を通る直線の方程式は　$y-1=\frac{4-1}{5-2}(x-2)$

$\boldsymbol{y=x-1}$ …答

$(\boldsymbol{x-y-1=0})$

[別解] 2 直線 ℓ, m の交点を通る直線の方程式は　$k(x+y-3)+(3x-y-5)=0$

と表せる。(直線 ℓ は表せない)

これが点 (5, 4) を通るとき

$k(5+4-3)+(3\times5-4-5)=0$

$6k+6=0$　　$k=-1$

したがって，求める直線の方程式は

$-(x+y-3)+(3x-y-5)=0$

$\boldsymbol{x-y-1=0}$ …答

わからなければ 15, 16 へ

5

3 直線 $x-y+1=0$, $3x+2y-12=0$, $kx-y-k+1=0$ が三角形を作らないような定数 k の値をすべて求めよ。(16 点)

$x-y+1=0$ ……①, $3x+2y-12=0$ ……②

とおく。$kx-y-k+1=0$ ……③が，

(A) ①と②の交点を通る

(B) ①と平行　(C) ②と平行

の 3 つの場合に，条件を満たす。

(A)のとき　①と②の交点を求めて，点 (2, 3) を得る。③がこの点を通るので

$2k-3-k+1=0$　　$k=2$

(B)のとき　①は傾き 1，③は傾き k であるから　$k=1$

(C)のとき　②は傾き $-\frac{3}{2}$，③は傾き k であるから　$k=-\frac{3}{2}$

まとめて　$\boldsymbol{k=2,\ 1,\ -\frac{3}{2}}$ …答

類題の解答

17 円

本冊 p.47

3 点 A(2, −2), B(6, 0), C(−1, 7) を頂点とする三角形 ABC について，外接円の中心の座標と半径を求めよ。

考え方

一直線上にない 3 点を通る円は 1 つだけである。ゆえに，三角形 ABC の外接円と 3 点 A，B，C を通る円は一致するので，3 点 A，B，C を通る円の中心の座標と半径を求めればよい。

解き方

求める円は 3 点 A，B，C を通る円である。求める円の方程式を

$$x^2+y^2+lx+my+n=0$$

とおく。

3 点 A(2, −2)，B(6, 0)，C(−1, 7) を通るので

$$8+2l-2m+n=0 \quad \cdots\cdots①$$
$$36+6l\qquad+n=0 \quad \cdots\cdots②$$
$$50-l+7m+n=0 \quad \cdots\cdots③$$

②−①より　$28+4l+2m=0$

よって　$14+2l+m=0$　……④

②−③より　$-14+7l-7m=0$

よって　$-2+l-m=0$　……⑤

④+⑤より　$12+3l=0$　　$l=-4$

⑤より　$m=-6$

②より　$n=-12$

ゆえに，求める円の方程式は

$$x^2+y^2-4x-6y-12=0$$

これより　$(x-2)^2+(y-3)^2=25$

よって，外接円の中心の座標は (2, 3) …答

半径は 5 である。…答

［別解］

線分 AB の垂直二等分線と線分 AC の垂直二等分線の交点が外接円の中心となることを用いてもよい。

直線 AB の傾きは $\dfrac{0-(-2)}{6-2}=\dfrac{1}{2}$ なので，線分 AB の垂直二等分線の傾きは -2

線分 AB の中点の座標は (4, −1)

ゆえに，線分 AB の垂直二等分線の方程式は

$$y+1=-2(x-4)$$

すなわち　$y=-2x+7$　……①

直線 AC の傾きは $\dfrac{7-(-2)}{-1-2}=-3$ なので，

線分 AC の垂直二等分線の傾きは $\dfrac{1}{3}$

線分 AC の中点の座標は $\left(\dfrac{1}{2},\ \dfrac{5}{2}\right)$

ゆえに，線分 AC の垂直二等分線の方程式は

$$y-\frac{5}{2}=\frac{1}{3}\left(x-\frac{1}{2}\right)$$

すなわち　$y=\dfrac{1}{3}x+\dfrac{7}{3}$　……②

①，②の交点の座標を求める。

①，②より　$-2x+7=\dfrac{1}{3}x+\dfrac{7}{3}$

よって　$\dfrac{7}{3}x=\dfrac{14}{3}$　　$x=2$

①より　$y=3$

ゆえに，外接円の中心の座標は (2, 3) …答

半径は，中心と点 A の距離なので

$$\sqrt{(2-2)^2+(3+2)^2}=5 \quad \cdots答$$

18 円と直線の位置関係

本冊 p.49

円 $x^2+y^2=2$ に接する傾き 3 の直線の方程式を求めよ。

考え方

直線の方程式を $y=3x+k$ とおき，これと円の方程式から y (または x) を消去して得られる 2 次方程式の判別式 $D=0$ が求める条件である。
また，別の考え方として，円の中心と直線の距離が半径と等しいという条件からも解を求めることができる。

解き方

傾き 3 の直線の方程式を $y=3x+k$ とおき，円の方程式 $x^2+y^2=2$ から y を消去すると

$$x^2+(3x+k)^2=2$$
$$10x^2+6kx+k^2-2=0$$

円と直線が接することから判別式 $D=0$
よって　$D=(6k)^2-4\cdot10\cdot(k^2-2)=0$
整理して　$k^2=20$　　$k=\pm2\sqrt{5}$
よって　$y=3x\pm2\sqrt{5}$ …答

[別解]

求める直線の方程式を $y=3x+k$ とおく。

$$3x-y+k=0 \quad \cdots\cdots①$$

円の中心 (0, 0) と直線①の距離が円の半径 $\sqrt{2}$ となればよいので

$$\frac{|k|}{\sqrt{3^2+(-1)^2}}=\sqrt{2}$$

$|k|=2\sqrt{5}$ より　$k=\pm2\sqrt{5}$
したがって

$$y=3x\pm2\sqrt{5} \quad \cdots答$$

第2章 図形と方程式

17～18の確認テストの解答

0　20　40　60　80　100
もう一度最初から　合格
合格点：60点

点

問題 → 本冊 p.50～51

わからなければ 17 へ

1 2点 $(2,\ -3)$, $(4,\ 1)$ を直径の両端とする円の方程式を求めよ。 （10点）

中心の座標は $\left(\dfrac{2+4}{2},\ \dfrac{-3+1}{2}\right)$ 　つまり $(3,\ -1)$

半径は $\sqrt{(3-2)^2+\{-1-(-3)\}^2}=\sqrt{5}$

よって $\boldsymbol{(x-3)^2+(y+1)^2=5}$ …答

わからなければ 17 へ

2 3点 $\mathrm{O}(0,\ 0)$, $\mathrm{A}(2,\ -2)$, $\mathrm{B}(2,\ 1)$ を通る円の方程式を求めよ。 （13点）

求める円の方程式を $x^2+y^2+lx+my+n=0$ とおく。

3点O，A，Bを通るので

$n=0$ ……①, $2^2+(-2)^2+2l-2m+n=0$ ……②

$2^2+1^2+2l+m+n=0$ ……③

②－③より $3-3m=0$ 　$m=1$

これと①を②に代入して，$l=-3$ なので $\boldsymbol{x^2+y^2-3x+y=0}$ …

わからなければ 17 へ

3 点 $(1,\ 2)$ を通り，x 軸に接する円の方程式を求めよ。ただし，円の中心は直線 $y=x$ 上にある。 （13点）

円の中心を $(a,\ a)$ $(a>0)$ とおく。

x 軸に接するので，半径 a の円の方程式は $(x-a)^2+(y-a)^2=a^2$

これが点 $(1,\ 2)$ を通るので $(1-a)^2+(2-a)^2=a^2$

$a^2-6a+5=0$ 　$(a-1)(a-5)=0$

$a=1,\ 5$ となる。このとき

$\boldsymbol{(x-1)^2+(y-1)^2=1,\ (x-5)^2+(y-5)^2=25}$ …答

わからなければ 18 へ

4 円 $x^2+y^2=5$ と直線 $x-y-1=0$ の交点の座標を求めよ。 （13点）

$x-y-1=0$ より $y=x-1$ を $x^2+y^2=5$ に代入して

$x^2+(x-1)^2=5$ 　$x^2-x-2=0$

$(x+1)(x-2)=0$ 　$x=-1,\ 2$

$x=-1$ のとき $y=-2$，$x=2$ のとき $y=1$

よって，交点の座標は $\boldsymbol{(-1,\ -2),\ (2,\ 1)}$ …答

わからなければ 18 へ

5 直線 $y=x+k$ が円 $x^2+y^2=5$ と共有点をもたないような，定数 k の値の範囲を求めよ。 （13 点）

2 つの方程式から y を消去して

$x^2+(x+k)^2=5 \qquad 2x^2+2kx+k^2-5=0$

判別式を D とすると

$D=(2k)^2-4\cdot2\cdot(k^2-5)=-4k^2+40$

$=-4(k^2-10)=-4(k+\sqrt{10})(k-\sqrt{10})$

直線と円は共有点をもたないので

$D=-4(k+\sqrt{10})(k-\sqrt{10})<0 \qquad (k+\sqrt{10})(k-\sqrt{10})>0$

$\boldsymbol{k<-\sqrt{10},\ \sqrt{10}<k}$ …答

わからなければ 18 へ

6 点 (5, 3) から円 $x^2+y^2=9$ にひいた接線の方程式を求めよ。 （14 点）

$x^2+y^2=9$ ……①とおき，円①上の接点の座標を $(a,\ b)$ とする。

点 $(a,\ b)$ は円①上にあるので　$a^2+b^2=9$ ……②

また，接線の方程式は $ax+by=9$ であり，これが点 (5, 3) を通るので

$5a+3b=9 \qquad b=3-\frac{5}{3}a$ ……③

③を②に代入し整理すると，$17a^2-45a=0$ より　$a=0,\ \frac{45}{17}$

③より，$a=0$ のとき　$b=3$　　$a=\frac{45}{17}$ のとき　$b=-\frac{24}{17}$

よって，接線の方程式は　$\boldsymbol{y=3,\ 15x-8y=51}$ …答

わからなければ 17，18 へ

7 x と y の方程式 $x^2+y^2-4x-2y=k$ が円を表すような実数の定数 k の値の範囲を求めよ。また，円が x 軸と接するような k の値を求めよ。 （各 12 点　計 24 点）

$x^2+y^2-4x-2y=k$ より　$x^2-4x+4+y^2-2y+1=k+4+1$

よって　$(x-2)^2+(y-1)^2=k+5$ ……①

これが円を表すので　$k+5>0$　　つまり　$\boldsymbol{k>-5}$ …答

①より，この円の中心の座標は (2, 1)，半径は $\sqrt{k+5}$ である。

x 軸と接するので　$\sqrt{k+5}=1 \qquad k+5=1 \qquad \boldsymbol{k=-4}$ …答

（これは $k>-5$ に適している）

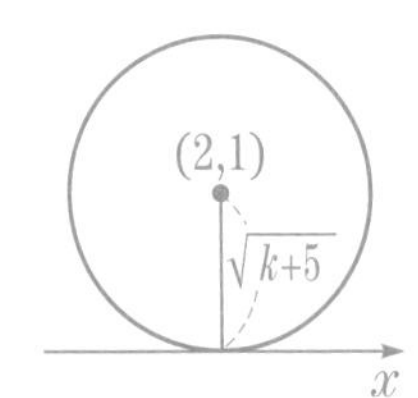

類題の解答

19 軌跡

本冊 p.53

点 A(2, 3) と直線 ℓ：$4x-3y=7$ 上の動点Pに対して，線分 AP の中点 M の軌跡を求めよ。

考え方

求める軌跡上の点の座標を，小文字の x と y で $(x,\ y)$ とおくと，最後に計算した結果がそのまま方程式として書き表されるので，このようにおくとよい。したがって，問題の中の動点は大文字で $(X,\ Y)$ としたり，異なる文字の $(s,\ t)$ などとおき，解の中でハッキリ区別しなくてはいけない。

この問題では，M$(x,\ y)$，P$(X,\ Y)$ として考えてみるとよい。

解き方

直線 ℓ 上の動点を P$(X,\ Y)$ とすると

$$4X-3Y=7 \quad \cdots\cdots①$$

となる。

線分 AP の中点を M$(x,\ y)$ とおけば

$$x=\frac{2+X}{2},\ y=\frac{3+Y}{2}$$

したがって

$$X=2x-2,\ Y=2y-3$$

となり，これらを①に代入すると

$$4(2x-2)-3(2y-3)=7$$

$$8x-8-6y+9=7$$

$$8x-6y=6$$

$$4x-3y=3$$

よって，求める軌跡は

直線 $4x-3y=3$ …答

20 領域

本冊 p.55

次の不等式の表す領域を図示せよ。

(1) $\begin{cases} x-y+1\geqq 0 \\ x+2y-8\leqq 0 \end{cases}$

(2) $\begin{cases} x+y-1<0 \\ x^2-y-1<0 \end{cases}$

考え方

不等式を等式におきかえた条件が境界となっているので，それぞれの不等式の表す領域は，その境界のどちら側かを判定し，領域を決定する。また連立不等式の表す領域は，それぞれの不等式の表す領域の共通部分である。

解き方

(1) $x-y+1\geqq 0$ より　$y\leqq x+1$

直線 $y=x+1$ を含んで，その下側。

次に，$x+2y-8\leqq 0$ より

$$y\leqq -\frac{1}{2}x+4$$

直線 $y=-\frac{1}{2}x+4$ を含んで，その下側。

答

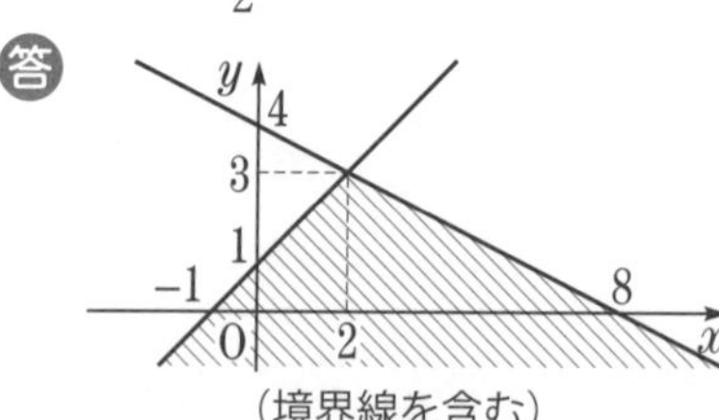

(境界線を含む)

(2) $x+y-1<0$ より　$y<-x+1$

直線 $y=-x+1$ の下側。

次に，$x^2-y-1<0$ より　$y>x^2-1$

放物線 $y=x^2-1$ の上側。

答

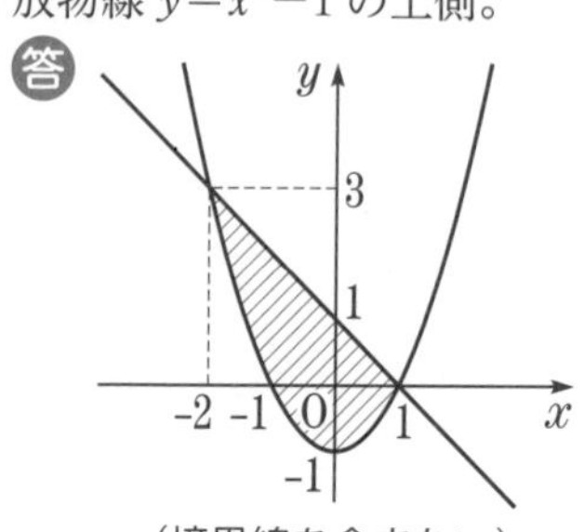

(境界線を含まない)

21 領域のいろいろな問題

本冊 p.57

例題の工場を作り変えて，右の表のような新工場ができた。また，1日に供給できる原料もPが最大10 kg，Qが8 kgとなった。最大利益を求めよ。

	原料P	原料Q	利益
製品A	2 kg	1 kg	15万円
製品B	1 kg	2 kg	15万円

? 考え方

このような具体的な問題では，何を変数(x，y，…)とするかが，解く上で大きなポイントとなる。

この問題では，1日に作る製品A，Bの量を，それぞれx kg，y kgなどとし，条件を不等式で表すことを考えよう。

! 解き方

1日に作る製品A，Bの量を，それぞれx kg，y kgとすると

$x \geqq 0$

$y \geqq 0$

$2x+y \leqq 10$

$x+2y \leqq 8$

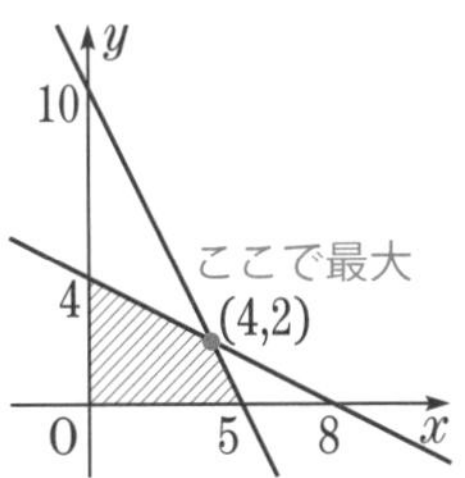

これらの不等式を満たす領域は，右の斜線部分で，境界線を含む。

利益をm万円とすると

$m=15x+15y$

$y=-x+\dfrac{m}{15}$

傾き-1の直線が点$(4,\ 2)$を通るときmが最大となる。

$m=15\times4+15\times2=90$ (万円)

Aを4 kg，Bを2 kg作るとき利益は最大となり，**90万円**である。 …答

第2章 図形と方程式

19～21の確認テストの解答

0 20 40 60 80 100
もう一度最初から　合格
合格点：60点

点

問題 → 本冊 p.58～59

わからなければ 19 へ

1

2点 $A(-2,\ 0)$，$B(4,\ 0)$ からの距離の比が $m:n$ である点Pの軌跡を，次の各々の場合について求めよ。　（各8点　計16点）

(1) $m:n=1:1$

$P(x,\ y)$ とおく。$AP:BP=1:1$

$AP^2=BP^2$

$(x+2)^2+y^2=(x-4)^2+y^2$

整理して　$x=1$

直線 $x=1$ …答

(2) $m:n=2:1$

$P(x,\ y)$ とおく。$AP:BP=2:1$

$4BP^2=AP^2$

$4\{(x-4)^2+y^2\}=(x+2)^2+y^2$

整理して　$(x-6)^2+y^2=16$

点 $(6,\ 0)$ を中心とする半径4の円

わからなければ 19 へ

2

2点 $A(-2,\ 3)$，$B(2,\ -2)$ に対して，$AP^2-BP^2=7$ を満たす点Pの軌跡を求めよ。　（9点）

$P(x,\ y)$ とおく。

$AP^2-BP^2=7$ より　$(x+2)^2+(y-3)^2-\{(x-2)^2+(y+2)^2\}=7$

$8x-10y-2=0$　　$4x-5y-1=0$

直線 $4x-5y-1=0$ …答

わからなければ 19 へ

3

点 $A(4,\ 0)$ があり，点Bが次の各々の図形上の動点であるとき，線分ABの中点Mの軌跡を求めよ。　（各9点　計18点）

(1) 点Bが円 $x^2+y^2=4$ 上の動点

$M(x,\ y)$ とし，$B(X,\ Y)$ とおくと

$X^2+Y^2=4$　……①

また，$\dfrac{4+X}{2}=x$，$\dfrac{0+Y}{2}=y$ より

$X=2x-4$，$Y=2y$　……②

①へ代入して

$(2x-4)^2+(2y)^2=4$

$(x-2)^2+y^2=1$

点 $(2,\ 0)$ を中心とする半径1の円

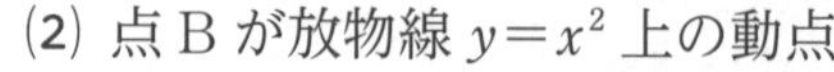

(2) 点Bが放物線 $y=x^2$ 上の動点

$M(x,\ y)$ とし，$B(X,\ Y)$ とおくと

$Y=X^2$

②を代入して

$2y=(2x-4)^2$

$y=2x^2-8x+8$

放物線 $y=2x^2-8x+8$ …答

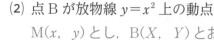

わからなければ 20 へ

4 次の不等式の表す領域を図示せよ。

（各 7 点　計 42 点）

(1) $x^2+y^2+2x<0$　　$(x+1)^2+y^2<1$

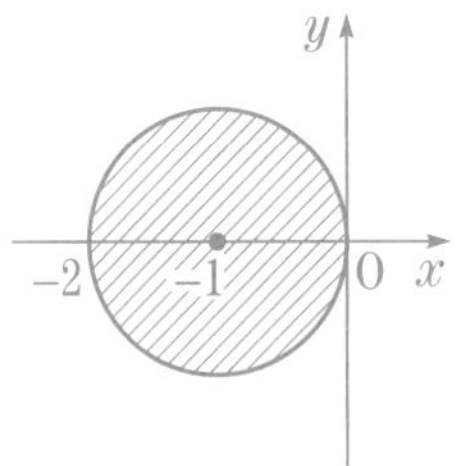

（境界線を含まない）

(2) $xy>0$

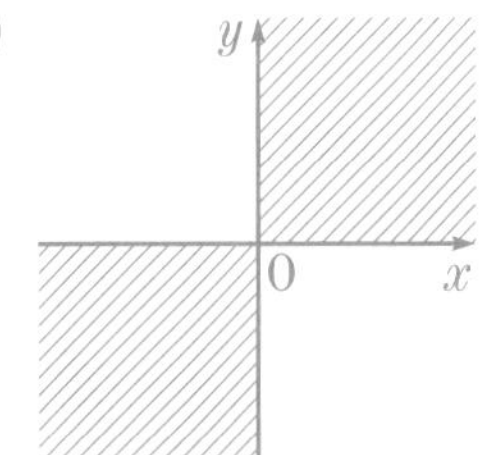

（境界線を含まない）

(3) $y \geqq x^2-1$

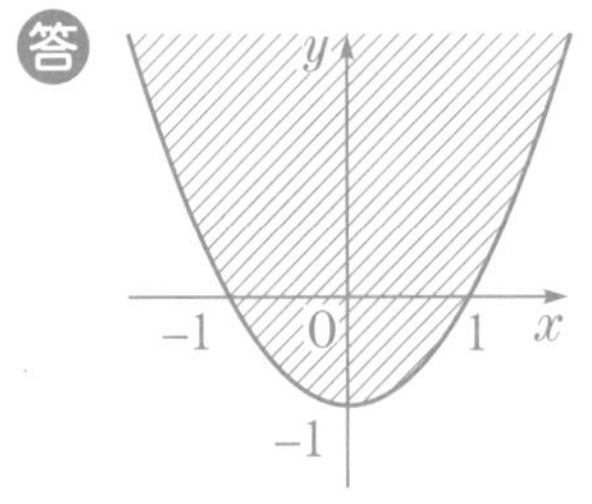

（境界線を含む）

(4) $\begin{cases} x+y<1 \\ x^2+y^2<1 \end{cases}$

答

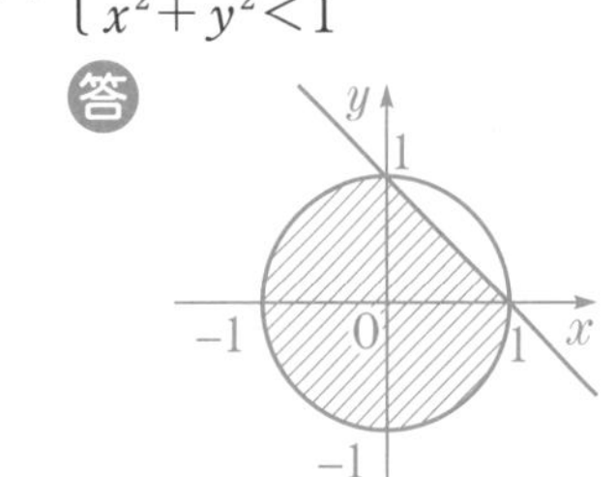

（境界線を含まない）

(5) $\begin{cases} (x+1)^2+y^2 \leqq 2 \\ (x-1)^2+y^2 \leqq 2 \end{cases}$

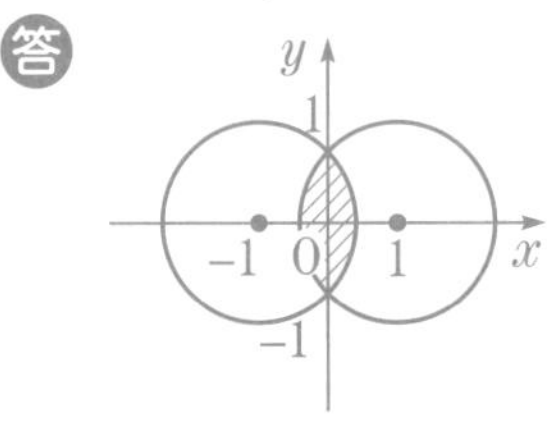

（境界線を含む）

(6) $\begin{cases} 2x+y-1 \leqq 0 \\ x^2-2x+y^2 \leqq 0 \end{cases}$　　$\begin{cases} y \leqq -2x+1 \\ (x-1)^2+y^2 \leqq 1 \end{cases}$

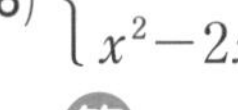

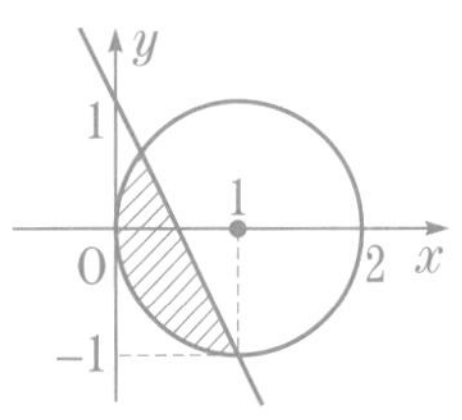

（境界線を含む）

わからなければ 21 へ

5 x，y が連立不等式 $x \geqq 0$，$y \geqq 0$，$3x+2y \leqq 12$，$x+2y \leqq 8$ を満たすとき，$x+y$ の最大値を求めよ。また，そのときの x，y の値を求めよ。

（15 点）

$3x+2y=12$ と $x+2y=8$ の交点の座標は $(2,\ 3)$

また 4 つの不等式を満たす領域を図示すると

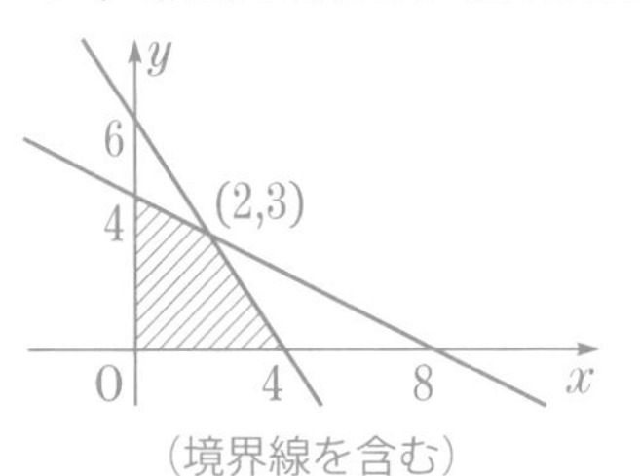

（境界線を含む）

$x+y=m$ とおくと，$y=-x+m$ なので m は傾き -1 の直線の y 切片である。したがって，この直線が点 $(2,\ 3)$ を通るとき，m が最大となる。

よって，$\boldsymbol{x=2}$，$\boldsymbol{y=3}$ **のとき最大値 5** をとる。 …答

第2章 図形と方程式

第3章　三角関数

類題の解答

22 一般角と弧度法

本冊 p.61

次の問いに答えよ。

(1) 半径が6，中心角が $\frac{2}{3}\pi$ の扇形の弧の長さと面積を求めよ。

(2) 中心角が $\frac{\pi}{4}$ で，面積が 2π である扇形の半径と弧の長さを求めよ。

考え方

扇形の半径を r，中心角を θ とし，弧の長さを l，面積を S とおくと

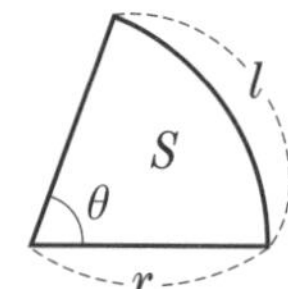

$$\theta=\frac{l}{r}\ (\text{定義}),\ l=r\theta$$

$$S=\frac{\theta}{2\pi}\times\pi r^2=\frac{1}{2}r^2\theta=\frac{1}{2}lr$$

である。

解き方

(1) 弧の長さを l，面積を S とする。

$$l=6\cdot\frac{2}{3}\pi=4\pi \ \cdots\text{答}$$

$$S=\frac{1}{2}\cdot 4\pi\cdot 6=12\pi \ \cdots\text{答}$$

(2) 半径を r，弧の長さを l とする。

$$\begin{cases}\dfrac{\pi}{4}=\dfrac{l}{r} & \cdots\cdots① \\ 2\pi=\dfrac{1}{2}lr & \cdots\cdots②\end{cases}$$

①より，$l=\frac{\pi}{4}r$ を②に代入する。

$$2\pi=\frac{1}{2}\cdot\frac{\pi}{4}r^2$$

$$r^2=16$$

$r>0$ なので　$r=4$ …答

$l=\pi$ …答

23 三角関数

本冊 p.63

次の問いに答えよ。

(1) θ は第3象限の角で，$\sin\theta=-\frac{4}{5}$ のとき，$\cos\theta$ と $\tan\theta$ の値を求めよ。

(2) θ は第1象限の角で，$\tan\theta=\frac{5}{12}$ のとき，$\sin\theta$ と $\cos\theta$ の値を求めよ。

考え方

三角関数の符号の変化を動径の位置で分類すると，次の図のようになる。

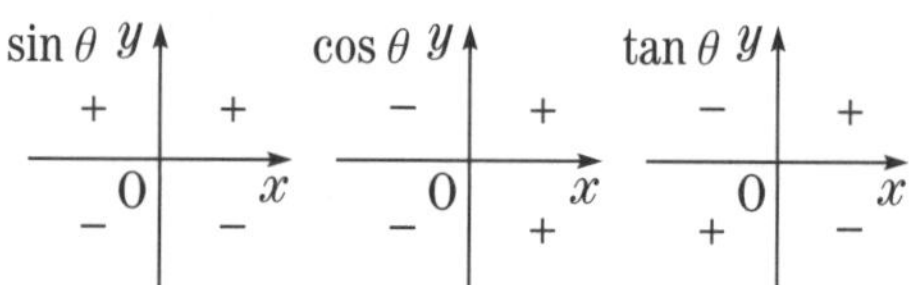

これより，(1)では $\cos\theta<0$，$\tan\theta>0$，(2)では $\sin\theta>0$，$\cos\theta>0$ となることがわかる。

解き方

(1) 右の図より

$\cos\theta=-\frac{3}{5}$ …答

$\tan\theta=\frac{4}{3}$ …答

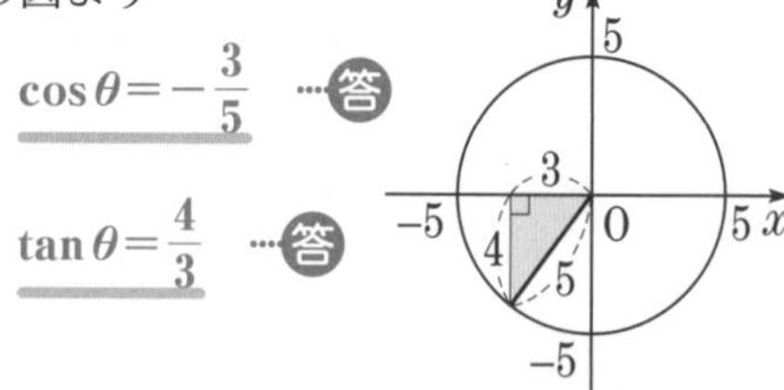

(2) 右の図より

$\sin\theta=\frac{5}{13}$ …答

$\cos\theta=\frac{12}{13}$ …答

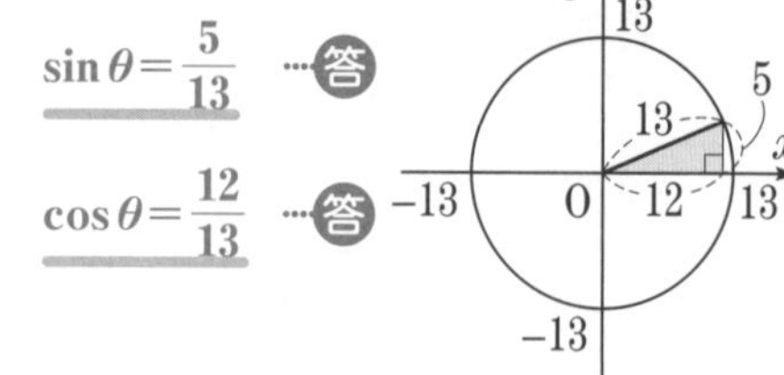

24 三角関数の相互関係

本冊 p.65

次の等式を証明せよ。

(1) $\tan^2\theta-\sin^2\theta=\tan^2\theta\sin^2\theta$

(2) $\dfrac{\cos^2\theta-\sin^2\theta}{1+2\sin\theta\cos\theta}=\dfrac{1-\tan\theta}{1+\tan\theta}$

? 考え方

左辺と右辺のどちらか一方を変形して他方を導くことで証明する。また，この方法が難しいときは，左辺，右辺とも別の第 3 の簡単な式で表し，その式が一致することを示す。

この方法も難しいときは，(左辺)−(右辺) を計算し，その値が 0 となることを示せばよい。

! 解き方

(1) ［証明］

$$(\text{左辺})=\tan^2\theta-\sin^2\theta=\frac{\sin^2\theta}{\cos^2\theta}-\sin^2\theta$$
$$=\frac{\sin^2\theta-\sin^2\theta\cos^2\theta}{\cos^2\theta}$$
$$=\frac{\sin^2\theta}{\cos^2\theta}(1-\cos^2\theta)$$
$$=\tan^2\theta\cdot(1-\cos^2\theta)=\tan^2\theta\sin^2\theta$$

=(右辺)　［証明終わり］

(2) ［証明］

$$(\text{左辺})=\frac{\cos^2\theta-\sin^2\theta}{1+2\sin\theta\cos\theta}$$
$$=\frac{\cos^2\theta-\sin^2\theta}{\sin^2\theta+\cos^2\theta+2\sin\theta\cos\theta}$$
$$=\frac{(\cos\theta+\sin\theta)(\cos\theta-\sin\theta)}{(\sin\theta+\cos\theta)^2}$$
$$=\frac{\cos\theta-\sin\theta}{\cos\theta+\sin\theta}$$

また　$(\text{右辺})=\dfrac{1-\tan\theta}{1+\tan\theta}=\dfrac{1-\dfrac{\sin\theta}{\cos\theta}}{1+\dfrac{\sin\theta}{\cos\theta}}$

$$=\frac{\cos\theta-\sin\theta}{\cos\theta+\sin\theta}$$

よって　(左辺)=(右辺)　［証明終わり］

25 三角関数の性質

本冊 p.67

次の式を簡単にせよ。

(1) $\tan(\pi-\theta)\cos(\pi+\theta)$

(2) $\cos\left(\theta-\dfrac{\pi}{2}\right)\tan\left(\theta+\dfrac{\pi}{2}\right)$

? 考え方

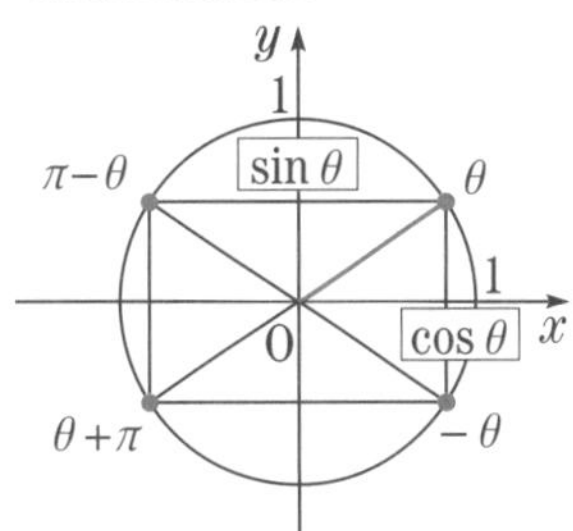

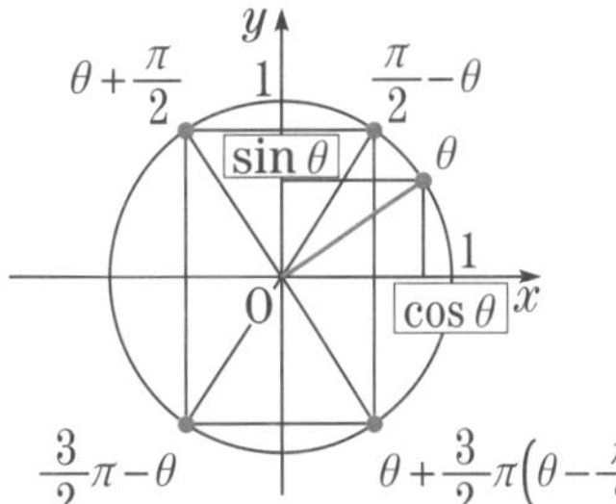

この図を思い出して，$\tan(\pi-\theta)=-\tan\theta$ などと簡単な形に変形し，計算を進める。

! 解き方

(1) $\tan(\pi-\theta)=-\tan\theta=-\dfrac{\sin\theta}{\cos\theta}$

また　$\cos(\pi+\theta)=-\cos\theta$

$\tan(\pi-\theta)\cos(\pi+\theta)$

$=\left(-\dfrac{\sin\theta}{\cos\theta}\right)\times(-\cos\theta)=\mathbf{\sin\theta}$ …答

(2) $\cos\left(\theta-\dfrac{\pi}{2}\right)=\sin\theta$

$\tan\left(\theta+\dfrac{\pi}{2}\right)=-\dfrac{1}{\tan\theta}=-\dfrac{\cos\theta}{\sin\theta}$

$\cos\left(\theta-\dfrac{\pi}{2}\right)\tan\left(\theta+\dfrac{\pi}{2}\right)$

$=\sin\theta\times\left(-\dfrac{\cos\theta}{\sin\theta}\right)=\mathbf{-\cos\theta}$ …答

第3章 三角関数

22～25の確認テストの解答

0　20　40　60　80　100
もう一度最初から　合格
合格点：60点

点

問題 → 本冊 p.68～69

わからなければ 22 へ

1

半径が 15，弧の長さが 10π である扇形の中心角と面積を求めよ。（各 10 点　計 20 点）

中心角を θ とし，面積を S とする。

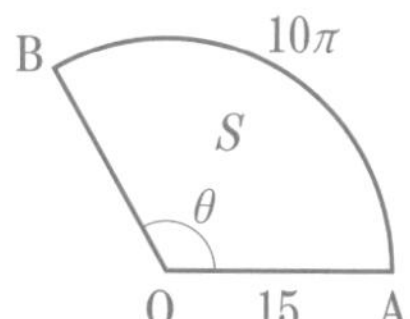

$$10\pi=15\theta,\quad S=\frac{1}{2}\cdot10\pi\cdot15$$

よって　$\theta=\boldsymbol{\frac{2}{3}\pi}$ …答

$S=\boldsymbol{75\pi}$ …答

わからなければ 23 へ

2

$0<\theta<\pi$ で $\tan\theta=-2$ のとき，$\sin\theta$ と $\cos\theta$ の値を求めよ。（各 10 点　計 20 点）

$\tan\theta=-2$ を図示する。

$$\sin\theta=\frac{2}{\sqrt{5}}=\boldsymbol{\frac{2\sqrt{5}}{5}}$$ …答

$$\cos\theta=-\frac{1}{\sqrt{5}}=\boldsymbol{-\frac{\sqrt{5}}{5}}$$ …答

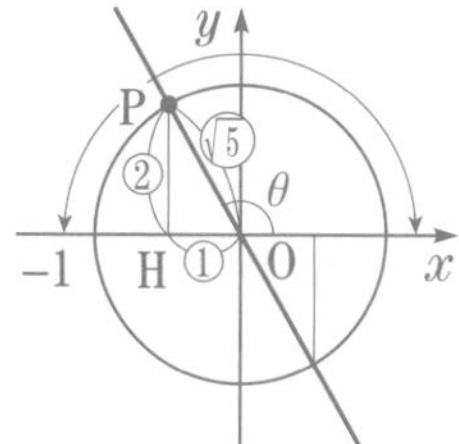

わからなければ 24 へ

3

$\sin\theta+\cos\theta=\frac{1}{2}$ のとき，次の値を求めよ。（各 10 点　計 30 点）

(1) $\sin\theta\cos\theta$

$(\sin\theta+\cos\theta)^2=\frac{1}{4}$ より　$\sin^2\theta+2\sin\theta\cos\theta+\cos^2\theta=\frac{1}{4}$

よって　$\sin\theta\cos\theta=\boldsymbol{-\frac{3}{8}}$ …答

(2) $\sin^3\theta+\cos^3\theta$

$=(\sin\theta+\cos\theta)(\sin^2\theta-\sin\theta\cos\theta+\cos^2\theta)$

$=(\sin\theta+\cos\theta)(1-\sin\theta\cos\theta)=\frac{1}{2}\left\{1-\left(-\frac{3}{8}\right)\right\}=\boldsymbol{\frac{11}{16}}$ …答

(3) $\sin\theta-\cos\theta$

$(\sin\theta-\cos\theta)^2=1-2\sin\theta\cos\theta=\frac{7}{4}$ より　$\sin\theta-\cos\theta=\boldsymbol{\pm\frac{\sqrt{7}}{2}}$ …答

わからなければ 24 へ

4 $\dfrac{\cos\theta}{1-\sin\theta}-\dfrac{1}{\cos\theta}$ を計算せよ。 （10点）

$$\frac{\cos\theta}{1-\sin\theta}-\frac{1}{\cos\theta}=\frac{\cos\theta(1+\sin\theta)}{(1-\sin\theta)(1+\sin\theta)}-\frac{1}{\cos\theta}=\frac{\cos\theta(1+\sin\theta)}{1-\sin^2\theta}-\frac{1}{\cos\theta}$$

$$=\frac{\cos\theta(1+\sin\theta)}{\cos^2\theta}-\frac{1}{\cos\theta}=\frac{1+\sin\theta-1}{\cos\theta}$$

$=\mathbf{\tan\theta}$ …答

わからなければ 24 へ

5 $\sin\theta+\cos\theta=\dfrac{1}{3}$ のとき，$\tan\theta+\dfrac{1}{\tan\theta}$ の値を求めよ。 （10点）

$$\tan\theta+\frac{1}{\tan\theta}=\frac{\sin\theta}{\cos\theta}+\frac{\cos\theta}{\sin\theta}=\frac{\sin^2\theta+\cos^2\theta}{\sin\theta\cos\theta}=\frac{1}{\sin\theta\cos\theta}$$

$\sin\theta+\cos\theta=\dfrac{1}{3}$ より　$(\sin\theta+\cos\theta)^2=\dfrac{1}{9}$

$\sin^2\theta+2\sin\theta\cos\theta+\cos^2\theta=\dfrac{1}{9}$　　$1+2\sin\theta\cos\theta=\dfrac{1}{9}$

$\sin\theta\cos\theta=-\dfrac{4}{9}$

よって　$\tan\theta+\dfrac{1}{\tan\theta}=\dfrac{1}{\sin\theta\cos\theta}=\dfrac{1}{-\frac{4}{9}}=\mathbf{-\dfrac{9}{4}}$ …答

わからなければ 25 へ

6 $\tan\left(\dfrac{\pi}{2}+\theta\right)\sin(\pi-\theta)$ を簡単にせよ。 （10点）

$$\tan\left(\frac{\pi}{2}+\theta\right)\sin(\pi-\theta)=-\frac{1}{\tan\theta}\cdot\sin\theta$$

$$=-\frac{\cos\theta}{\sin\theta}\cdot\sin\theta$$

$=\mathbf{-\cos\theta}$ …答

［参考］　本冊 p.78 で学ぶ加法定理を使うと

$$\tan\left(\frac{\pi}{2}+\theta\right)=\frac{\sin\left(\frac{\pi}{2}+\theta\right)}{\cos\left(\frac{\pi}{2}+\theta\right)}=\frac{\sin\frac{\pi}{2}\cos\theta+\cos\frac{\pi}{2}\sin\theta}{\cos\frac{\pi}{2}\cdot\cos\theta-\sin\frac{\pi}{2}\cdot\sin\theta}$$

$=-\dfrac{\cos\theta}{\sin\theta}$ を得て以下同じ。

このようにある公式を忘れても，他の公式を使えば，同じ式にたどりつくこともある。（覚えておこう）

類題の解答

26 三角関数のグラフ

本冊 p.71

次の関数のグラフをかけ。

(1) $y=\cos 2\theta$

(2) $y=2\sin\left(\theta+\dfrac{\pi}{2}\right)+1$

考え方

$y=\sin\theta$ や $y=\cos\theta$ のグラフをもとにして，どの方向に平行移動したのか，またどの方向に拡大・縮小をしているのかをつかみ，グラフをかく。そのときに y の変域(値域)も把握しておくとよい。

解き方

(1) $y=\cos 2\theta$ は $y=\cos\theta$ のグラフを y 軸をもとにし，θ 軸方向に $\dfrac{1}{2}$ 倍したものである。

答

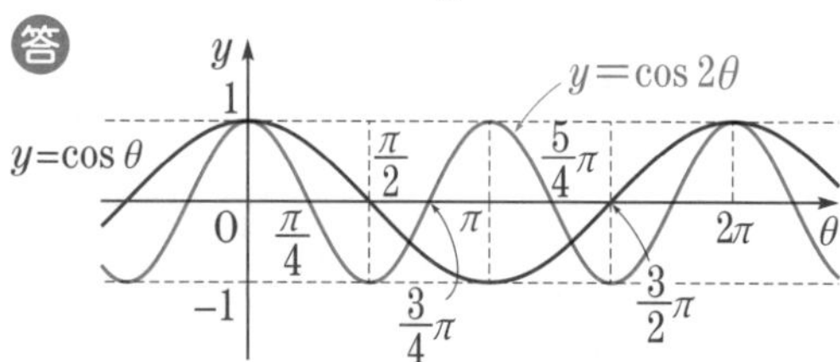

(2) $\sin\left(\theta+\dfrac{\pi}{2}\right)=\cos\theta$ である。

よって　$y=2\sin\left(\theta+\dfrac{\pi}{2}\right)+1$

$=2\cos\theta+1$

したがって，このグラフは $y=\cos\theta$ のグラフを θ 軸をもとに y 軸方向に2倍に拡大したあとに y 軸方向へ1だけ平行移動したものである。

答

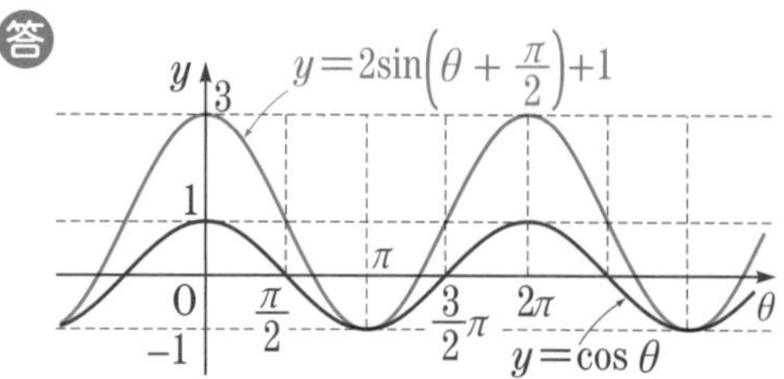

27 三角方程式

本冊 p.73

次の方程式を解け。

(1) $0\leqq\theta<2\pi$ のとき　$4\sin^2\theta-3=0$

(2) $\sin^2\theta-2\cos\theta-1=0$

考え方

$\sin\theta=y$，$\cos\theta=x$ などとし，x または y の方程式として，その方程式を解き，$\sin\theta$ や $\cos\theta$ の値を求める。

そして単位円周上の点の位置を決め，その点と原点を結ぶ動径の角を読みとればよい。

慣れてくれば，$\sin\theta=y$ などとおき換えずに直接 $\sin\theta$ などのままその値を求めればよい。

解き方

(1) $\sin\theta=y$ とおけば，$4y^2-3=0$ より

$y^2=\dfrac{3}{4}$

よって

$y=\pm\dfrac{\sqrt{3}}{2}$

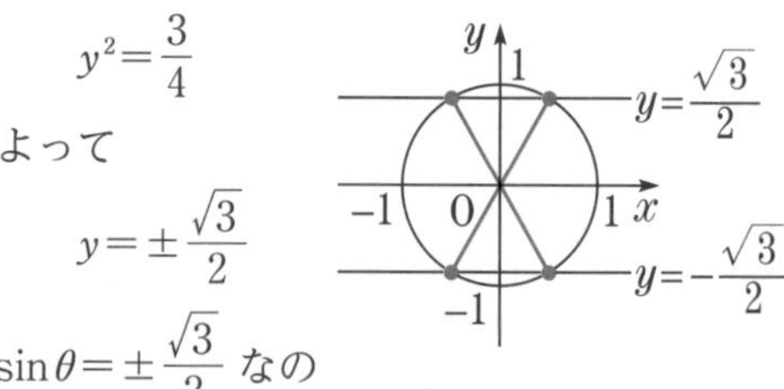

$\sin\theta=\pm\dfrac{\sqrt{3}}{2}$ なので，右上の図より

$\theta=\dfrac{\pi}{3},\ \dfrac{2}{3}\pi,\ \dfrac{4}{3}\pi,\ \dfrac{5}{3}\pi$ …答

(2) $\sin^2\theta=1-\cos^2\theta$ なので

$(1-\cos^2\theta)-2\cos\theta-1=0$

$\cos^2\theta+2\cos\theta=0$ ←$\cos\theta=x$ とおいて因数分解してもよい

$\cos\theta(\cos\theta+2)=0$

$\cos\theta=0,\ -2$

$-1\leqq\cos\theta\leqq1$ なので　$\cos\theta=0$

したがって

$\theta=\dfrac{\pi}{2}+2n\pi,$

$\dfrac{3}{2}\pi+2n\pi$

(n は整数) …答

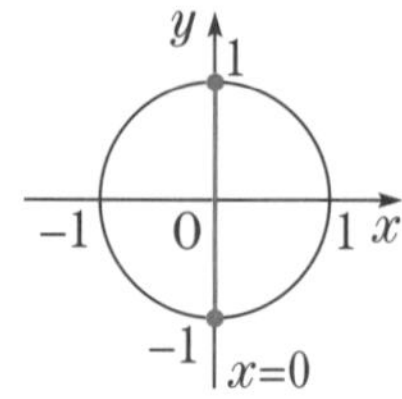

28 三角不等式

本冊 p.75

$0 \leqq \theta < 2\pi$ のとき，次の不等式を解け。

(1) $2\sin^2\theta + \sin\theta - 1 \leqq 0$

(2) $2\sin\left(\theta - \dfrac{\pi}{4}\right) + 1 > 0$

考え方

(1) $\sin\theta = y$ とおき，因数分解をすることで，y の2次不等式を解く。
単位円周上の点 $P(x, y)$ の存在範囲を考えて θ の範囲を読みとる。

(2) $\alpha = \theta - \dfrac{\pi}{4}$ とおき，α の範囲を考えて

$-\dfrac{\pi}{4} \leqq \alpha < \dfrac{7}{4}\pi$ を得る。

$\sin\alpha$ の不等式を考える。

解き方

(1) $\sin\theta = y$ とおくと

$2y^2 + y - 1 \leqq 0$

$(y+1)(2y-1) \leqq 0$

$-1 \leqq y \leqq \dfrac{1}{2}$

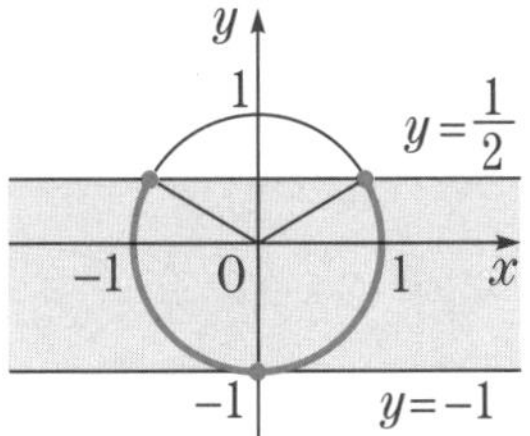

$0 \leqq \theta \leqq \dfrac{\pi}{6}$，$\dfrac{5}{6}\pi \leqq \theta < 2\pi$ …答

(2) $\theta - \dfrac{\pi}{4} = \alpha$ とすると，$0 \leqq \theta < 2\pi$ より

$-\dfrac{\pi}{4} \leqq \alpha < \dfrac{7}{4}\pi$ となる。

このとき　$2\sin\alpha + 1 > 0$

$\sin\alpha > -\dfrac{1}{2}$

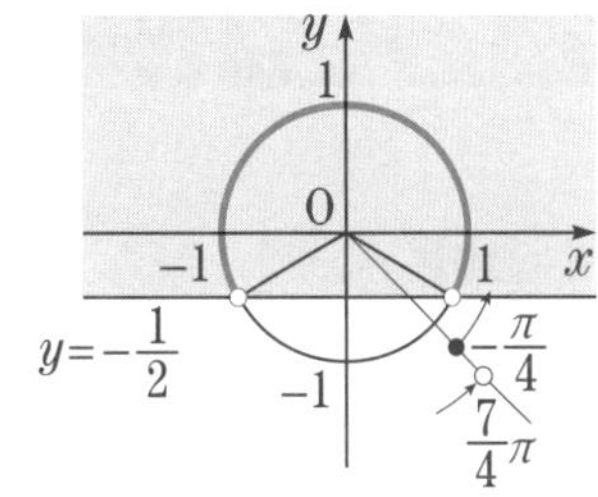

$-\dfrac{\pi}{6} < \alpha < \dfrac{7}{6}\pi$

$-\dfrac{\pi}{6} < \theta - \dfrac{\pi}{4} < \dfrac{7}{6}\pi$

$\dfrac{\pi}{12} < \theta < \dfrac{17}{12}\pi$ …答

26～28の確認テストの解答

0	20	40	60	80	100

もう一度最初から　合格

合格点：60点

点

問題 → 本冊 p.76～77

わからなければ 26 へ

1 次の関数のグラフは，関数 $y=\sin\theta$ のグラフをどのように平行移動したものか。

（各8点　計16点）

(1) $y=\sin\left(\theta-\dfrac{\pi}{3}\right)$

答 θ 軸方向に $\dfrac{\pi}{3}$ だけ平行移動したもの

(2) $y=\sin\left(\theta+\dfrac{\pi}{4}\right)-3$

答 θ 軸方向に $-\dfrac{\pi}{4}$，y 軸方向に -3 だけ平行移動したもの

わからなければ 26 へ

2 次の関数のグラフの方程式を求めよ。

（各8点　計16点）

(1) 関数 $y=\cos\theta$ のグラフを，y 軸方向に2倍に拡大し，θ 軸方向に $\dfrac{\pi}{6}$ だけ平行移動したもの

答 $y=2\cos\left(\theta-\dfrac{\pi}{6}\right)$

(2) 関数 $y=\tan\theta$ のグラフを，θ 軸方向に2倍に拡大し，θ 軸方向に $\dfrac{\pi}{4}$，y 軸方向に -2 だけ平行移動したもの

答 $y=\tan\dfrac{1}{2}\left(\theta-\dfrac{\pi}{4}\right)-2$

わからなければ 27 へ

3 $0 \leqq \theta < 2\pi$ のとき，次の三角方程式を解け。　(各 10 点　計 20 点)

(1) $\sin\theta = -\dfrac{1}{2}$

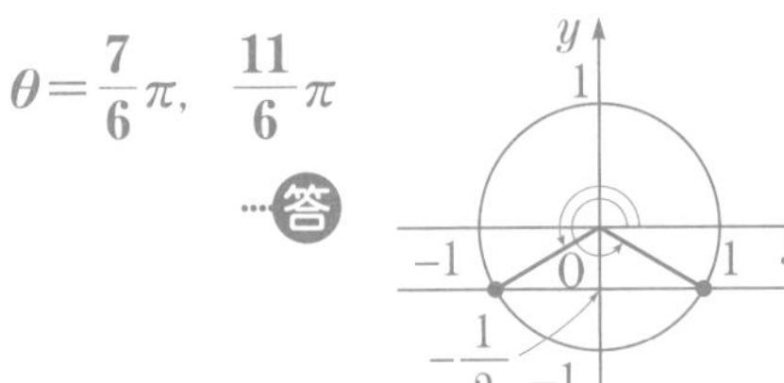

(2) $\tan\theta = \dfrac{\sqrt{3}}{3}$

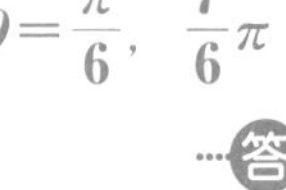

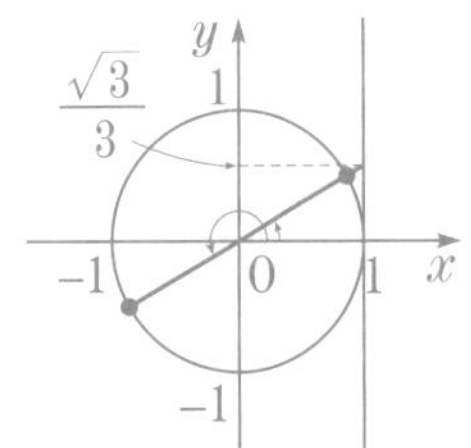

わからなければ 28 へ

4 $0 \leqq \theta < 2\pi$ のとき，次の三角不等式を解け。　(各 10 点　計 20 点)

(1) $\cos\theta < \dfrac{\sqrt{2}}{2}$

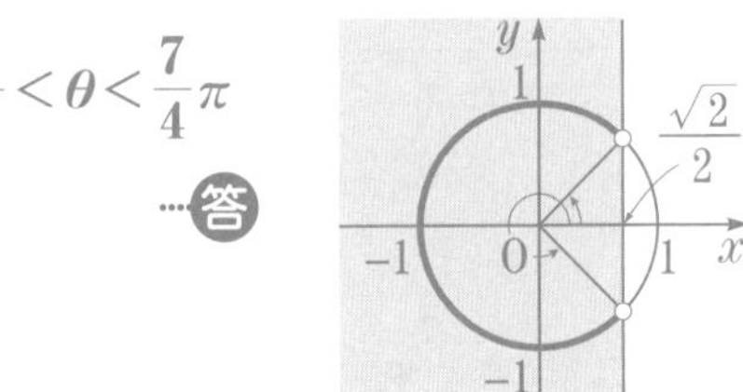

(2) $\sin\theta \geqq \dfrac{\sqrt{3}}{2}$

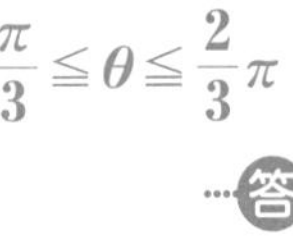

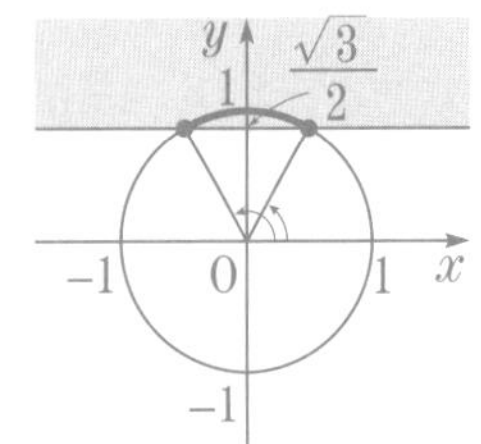

わからなければ 27，28 へ

5 $0 \leqq \theta < 2\pi$ のとき，次の三角方程式，三角不等式を解け。　(各 14 点　計 28 点)

(1) $\tan^2\theta - 1 = 0$

$\tan\theta = \pm 1$

$\theta = \dfrac{\pi}{4},\ \dfrac{3}{4}\pi,$

$\dfrac{5}{4}\pi,\ \dfrac{7}{4}\pi$

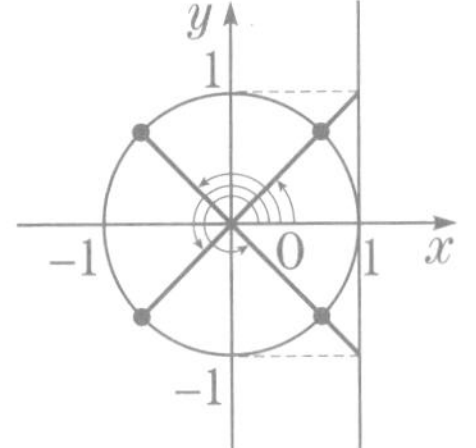

(2) $2\cos^2\theta + \cos\theta \leqq 0$

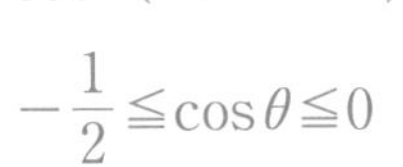

$-\dfrac{1}{2} \leqq \cos\theta \leqq 0$

よって

$\dfrac{4}{3}\pi \leqq \theta \leqq \dfrac{3}{2}\pi$ …答

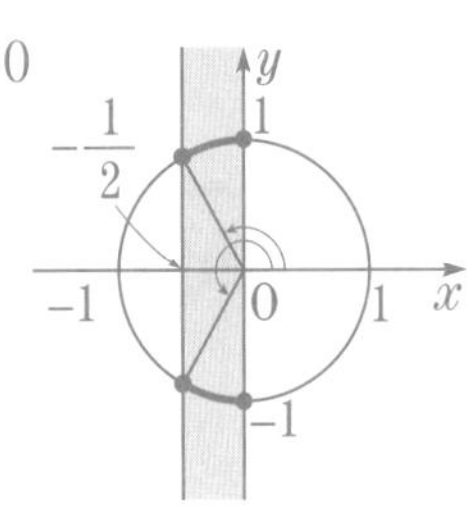

類題の解答

29 加法定理

本冊 p.79

例題の α, β に対して，次の値を求めよ。

(1) $\cos(\beta-\alpha)$　　(2) $\sin\dfrac{\alpha}{2}$

? 考え方

加法定理や，半角の公式を適用し，値を求める。

! 解き方

$\cos^2\alpha=1-\sin^2\alpha=1-\left(\dfrac{2\sqrt{2}}{3}\right)^2=\dfrac{1}{9}$

$0<\alpha<\dfrac{\pi}{2}$ より，$\cos\alpha>0$ となり　$\cos\alpha=\dfrac{1}{3}$

次に　$\sin^2\beta=1-\cos^2\beta=1-\left(-\dfrac{1}{2}\right)^2=\dfrac{3}{4}$

$0<\beta<\pi$ より，$\sin\beta>0$ となり　$\sin\beta=\dfrac{\sqrt{3}}{2}$

(1) $\cos(\beta-\alpha)=\cos\beta\cos\alpha+\sin\beta\sin\alpha$

$=\left(-\dfrac{1}{2}\right)\cdot\dfrac{1}{3}+\dfrac{\sqrt{3}}{2}\cdot\dfrac{2\sqrt{2}}{3}$

$=\dfrac{-1+2\sqrt{6}}{6}$ …答

(2) $\sin^2\dfrac{\alpha}{2}=\dfrac{1-\cos\alpha}{2}=\dfrac{1-\dfrac{1}{3}}{2}=\dfrac{2}{6}=\dfrac{1}{3}$

$0<\alpha<\dfrac{\pi}{2}$ より，$0<\dfrac{\alpha}{2}<\dfrac{\pi}{4}$ なので，

$\sin\dfrac{\alpha}{2}>0$ となり

$\sin\dfrac{\alpha}{2}=\sqrt{\dfrac{1}{3}}=\dfrac{\sqrt{3}}{3}$ …答

30 三角関数の合成

本冊 p.81

$0\leqq\theta<2\pi$ のとき，次の方程式，不等式を解け。

(1) $\sqrt{3}\sin2\theta-\cos2\theta=\sqrt{3}$

(2) $\sin\theta+\cos\theta\geqq\dfrac{1}{\sqrt{2}}$

? 考え方

三角関数の合成公式を用いて，式を1つの三角関数で表し，満たす条件を求める。$0\leqq\theta<2\pi$ の範囲から得られる角の条件にも注意する。

! 解き方

(1) $\sqrt{3}\sin2\theta-\cos2\theta=\sqrt{3}$

$2\sin\left(2\theta-\dfrac{\pi}{6}\right)=\sqrt{3}$

$\sin\left(2\theta-\dfrac{\pi}{6}\right)=\dfrac{\sqrt{3}}{2}$　……①

$0\leqq\theta<2\pi$ より，$0\leqq2\theta<4\pi$ となり，

$-\dfrac{\pi}{6}\leqq2\theta-\dfrac{\pi}{6}<\dfrac{23}{6}\pi$ で①を満たすのは

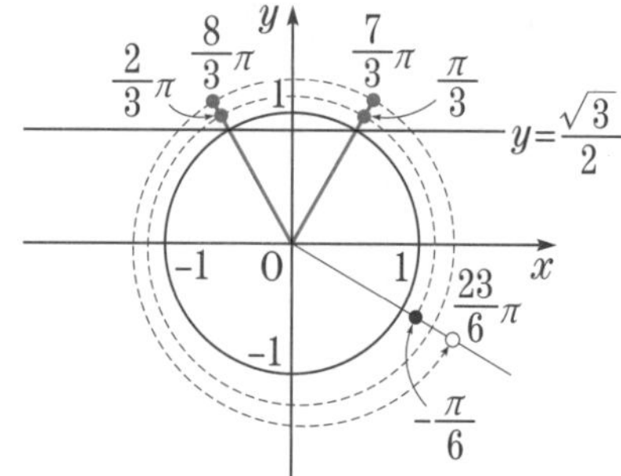

$2\theta-\dfrac{\pi}{6}=\dfrac{\pi}{3}$, $\dfrac{2}{3}\pi$, $\dfrac{7}{3}\pi$, $\dfrac{8}{3}\pi$ より

$\theta=\dfrac{\pi}{4}$, $\dfrac{5}{12}\pi$, $\dfrac{5}{4}\pi$, $\dfrac{17}{12}\pi$ …答

(2) $\sqrt{2}\sin\left(\theta+\dfrac{\pi}{4}\right)\geqq\dfrac{1}{\sqrt{2}}$

$\sin\left(\theta+\dfrac{\pi}{4}\right)\geqq\dfrac{1}{2}$　……②

$0\leqq\theta<2\pi$ より　$\dfrac{\pi}{4}\leqq\theta+\dfrac{\pi}{4}<\dfrac{9}{4}\pi$

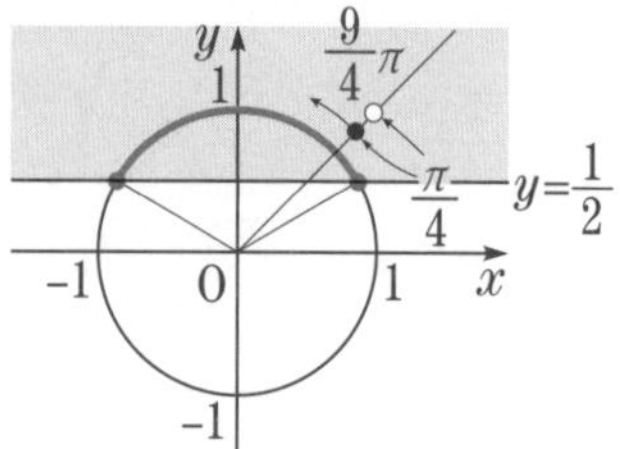

②を満たす範囲は，

$\dfrac{\pi}{4}\leqq\theta+\dfrac{\pi}{4}\leqq\dfrac{5}{6}\pi$, $\dfrac{13}{6}\pi\leqq\theta+\dfrac{\pi}{4}<\dfrac{9}{4}\pi$ より

$0\leqq\theta\leqq\dfrac{7}{12}\pi$, $\dfrac{23}{12}\pi\leqq\theta<2\pi$ …答

31 三角関数の応用①

本冊 p.83

次の問いに答えよ。
(1) $\sin\theta+\cos\theta=t$ とするとき，$\sin\theta\cos\theta$ を t で表せ。
(2) 関数 $y=\sin\theta+\cos\theta+\sin\theta\cos\theta$ の最大値，最小値とそのときの θ の値を求めよ。ただし，$0\leqq\theta<2\pi$ とする。

? 考え方

合成公式を利用して $t=\sin\theta+\cos\theta$ を変形し，t の値の範囲を決定する。その範囲で y のグラフをかき，最大値，最小値を求める。

! 解き方

(1) $(\sin\theta+\cos\theta)^2=t^2$

$$\sin^2\theta+2\sin\theta\cos\theta+\cos^2\theta=t^2$$

$$\sin\theta\cos\theta=\frac{1}{2}(t^2-1)$$ …答

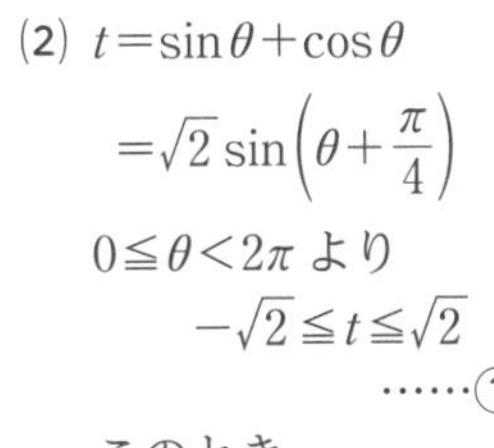

(2) $t=\sin\theta+\cos\theta$

$$=\sqrt{2}\sin\left(\theta+\frac{\pi}{4}\right)$$

$0\leqq\theta<2\pi$ より

$$-\sqrt{2}\leqq t\leqq\sqrt{2}$$ ……①

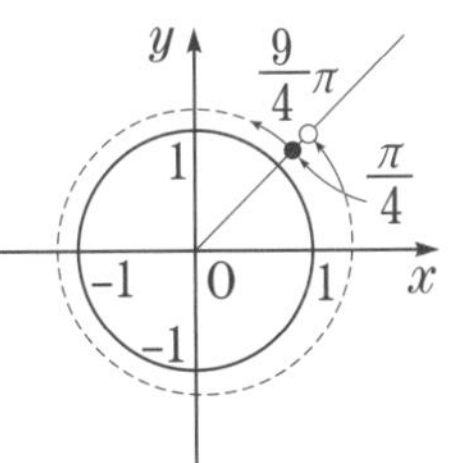

このとき

$$y=\sin\theta+\cos\theta+\sin\theta\cos\theta$$

$$=t+\frac{1}{2}(t^2-1)=\frac{1}{2}t^2+t-\frac{1}{2}$$

$$=\frac{1}{2}(t+1)^2-1$$

①の範囲でこのグラフをかくと

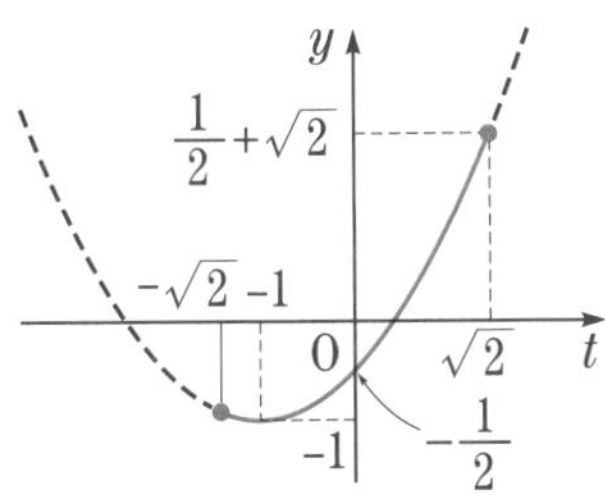

$t=\sqrt{2}$ のとき，$t=\sqrt{2}\sin\left(\theta+\frac{\pi}{4}\right)$ より

$$\sin\left(\theta+\frac{\pi}{4}\right)=1 \qquad \theta+\frac{\pi}{4}=\frac{\pi}{2}$$

$\theta=\frac{\pi}{4}$ のとき最大値 $\frac{1}{2}+\sqrt{2}$ …答

$t=-1$ のとき，$t=\sqrt{2}\sin\left(\theta+\frac{\pi}{4}\right)$ より

$$\sin\left(\theta+\frac{\pi}{4}\right)=-\frac{1}{\sqrt{2}}$$

$$\theta+\frac{\pi}{4}=\frac{5}{4}\pi,\ \frac{7}{4}\pi$$

$\theta=\pi,\ \frac{3}{2}\pi$ のとき最小値 -1 …答

32 三角関数の応用②

本冊 p.85

三角方程式 $\cos3\theta+\cos\theta=0$ を解け。
ただし，$0\leqq\theta\leqq\pi$ とする。

? 考え方

三角関数の和の形で出題されているので，和積公式を用いて積の形に変形して方程式を解く。

! 解き方

$\cos3\theta+\cos\theta=0$ より，

$$2\cos\frac{3\theta+\theta}{2}\cos\frac{3\theta-\theta}{2}=0$$

すなわち　$\cos2\theta\cos\theta=0$

よって　$\cos2\theta=0$　または　$\cos\theta=0$

$0\leqq2\theta\leqq2\pi$ と $\cos2\theta=0$ より

$$2\theta=\frac{\pi}{2},\ \frac{3}{2}\pi$$

よって　$\theta=\frac{\pi}{4},\ \frac{3}{4}\pi$

$0\leqq\theta\leqq\pi$ と $\cos\theta=0$ より　$\theta=\frac{\pi}{2}$

まとめると　$\theta=\frac{\pi}{4},\ \frac{\pi}{2},\ \frac{3}{4}\pi$ …答

29～32の確認テストの解答

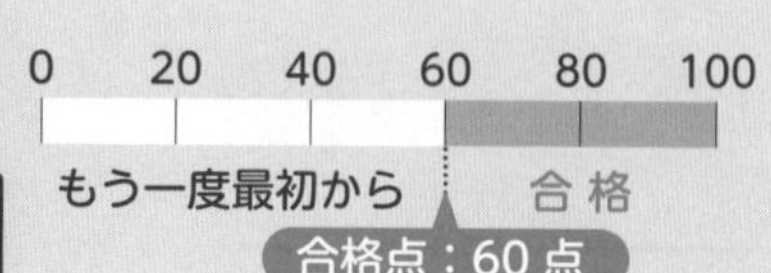

点

問題 → 本冊 p.86～87

わからなければ 29 へ

1

次の値を求めよ。 (各7点　計14点)

(1) $\sin 165^\circ$

$=\sin(120^\circ+45^\circ)$

$=\sin 120^\circ\cos 45^\circ+\cos 120^\circ\sin 45^\circ$

$=\dfrac{\sqrt{3}}{2}\cdot\dfrac{\sqrt{2}}{2}+\left(-\dfrac{1}{2}\right)\cdot\dfrac{\sqrt{2}}{2}$

$=\boldsymbol{\dfrac{\sqrt{6}-\sqrt{2}}{4}}$ …答

(2) $\tan 105^\circ$

$=\tan(60^\circ+45^\circ)$

$=\dfrac{\tan 60^\circ+\tan 45^\circ}{1-\tan 60^\circ\tan 45^\circ}=\dfrac{\sqrt{3}+1}{1-\sqrt{3}\cdot 1}$

$=-\dfrac{(\sqrt{3}+1)^2}{(\sqrt{3}-1)(\sqrt{3}+1)}=-\dfrac{3+2\sqrt{3}+1}{3-1}$

$=\boldsymbol{-2-\sqrt{3}}$ …答

わからなければ 29 へ

2

$\sin\alpha=a$ $(a>0)$ のとき，次の値を a で表せ。ただし，$0<\alpha<\dfrac{\pi}{2}$ とする。

(各7点　計14点)

(1) $\sin 2\alpha$

$0<\alpha<\dfrac{\pi}{2}$ より $\cos\alpha>0$ なので

$\cos\alpha=\sqrt{1-\sin^2\alpha}=\sqrt{1-a^2}$

$\sin 2\alpha=2\sin\alpha\cos\alpha$

$=\boldsymbol{2a\sqrt{1-a^2}}$ …答

(2) $\cos 2\alpha$

$=1-2\sin^2\alpha$

$=\boldsymbol{1-2a^2}$ …答

わからなければ 29 へ

3

2直線 ℓ：$y=2x$，m：$y=-3x$ について，次の問いに答えよ。

((1)各4点，(2)8点　計16点)

(1) x 軸の正の向きと2直線 ℓ，m のなす角をそれぞれ α，$\beta\left(0<\alpha<\dfrac{\pi}{2},\ \dfrac{\pi}{2}<\beta<\pi\right)$ とする。このとき

$\tan\alpha=$ ① **2** ，$\tan\beta=$ ② **−3**

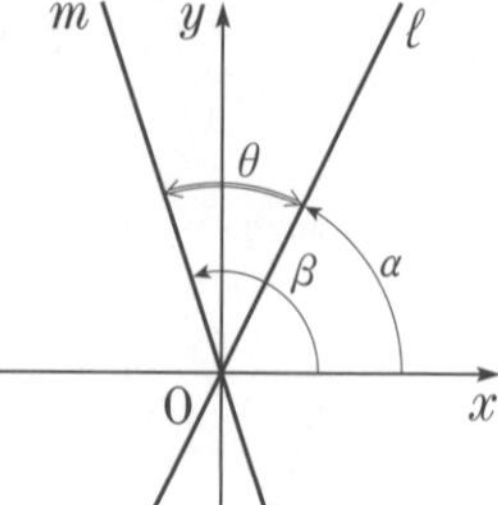

(2) 2直線 ℓ，m のなす角 $\theta\left(0\leqq\theta\leqq\dfrac{\pi}{2}\right)$ を求めよ。

$\theta=\beta-\alpha$ であるので

$\tan\theta=\tan(\beta-\alpha)=\dfrac{\tan\beta-\tan\alpha}{1+\tan\beta\tan\alpha}=\dfrac{(-3)-2}{1+(-3)\cdot 2}=1$

$0\leqq\theta\leqq\dfrac{\pi}{2}$ より　$\boldsymbol{\theta=\dfrac{\pi}{4}}$ …答

わからなければ 29，30 へ

4 $0 \leqq \theta < 2\pi$ のとき，次の方程式，不等式を解け。 （各 8 点　計 32 点）

(1) $\sqrt{3}\sin\theta - \cos\theta = \sqrt{2}$

$2\sin\left(\theta - \dfrac{\pi}{6}\right) = \sqrt{2}$

$\sin\left(\theta - \dfrac{\pi}{6}\right) = \dfrac{1}{\sqrt{2}}$

$\theta - \dfrac{\pi}{6} = \dfrac{\pi}{4},\ \dfrac{3}{4}\pi$

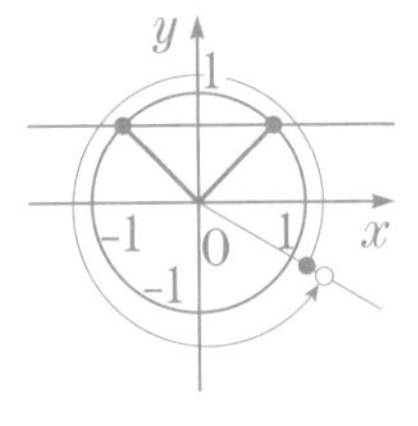

答　$\boldsymbol{\theta = \dfrac{5}{12}\pi,\ \dfrac{11}{12}\pi}$

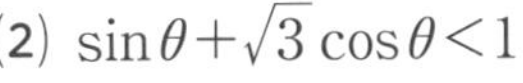

(2) $\sin\theta + \sqrt{3}\cos\theta < 1$

$2\sin\left(\theta + \dfrac{\pi}{3}\right) < 1$

$\sin\left(\theta + \dfrac{\pi}{3}\right) < \dfrac{1}{2}$

$\dfrac{5}{6}\pi < \theta + \dfrac{\pi}{3} < \dfrac{13}{6}\pi$

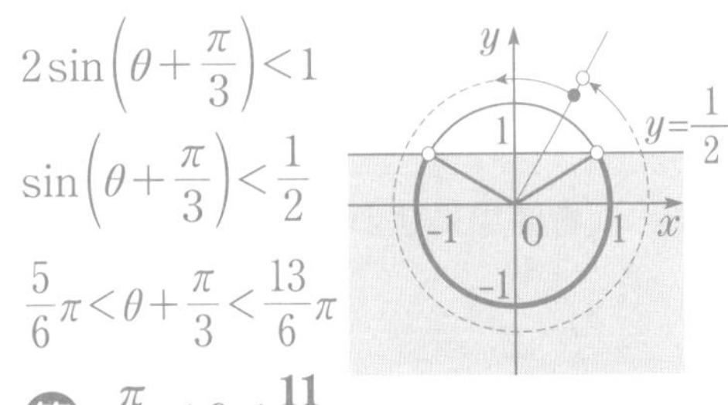

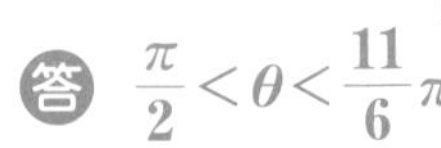

答　$\boldsymbol{\dfrac{\pi}{2} < \theta < \dfrac{11}{6}\pi}$

(3) $\sin 2\theta = \sin\theta$

$2\sin\theta\cos\theta - \sin\theta = 0$

$\sin\theta(2\cos\theta - 1) = 0$

$\sin\theta = 0$ または

$\cos\theta = \dfrac{1}{2}$

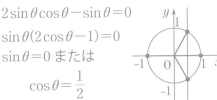

答　$\boldsymbol{\theta = 0,\ \dfrac{\pi}{3},\ \pi,\ \dfrac{5}{3}\pi}$

(4) $\cos 2\theta > \sin\theta + 1$

$1 - 2\sin^2\theta > \sin\theta + 1$

$\sin\theta(2\sin\theta + 1) < 0$

$-\dfrac{1}{2} < \sin\theta < 0$

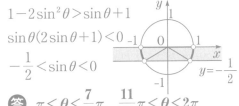

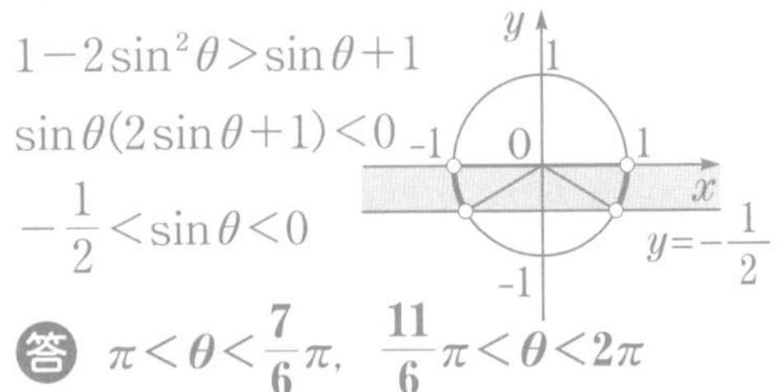

答　$\boldsymbol{\pi < \theta < \dfrac{7}{6}\pi,\ \dfrac{11}{6}\pi < \theta < 2\pi}$

わからなければ 30 へ

5 関数 $y = \sin\theta - \sqrt{3}\cos\theta\ (0 \leqq \theta < 2\pi)$ の最大値，最小値と，そのときの θ の値を求めよ。 （各 8 点　計 16 点）

$y = 2\sin\left(\theta - \dfrac{\pi}{3}\right)$，$-\dfrac{\pi}{3} \leqq \theta - \dfrac{\pi}{3} < \dfrac{5}{3}\pi$ より，

$\theta - \dfrac{\pi}{3} = \dfrac{\pi}{2}$，つまり $\boldsymbol{\theta = \dfrac{5}{6}\pi}$ **のとき最大値 2** …答

$\theta - \dfrac{\pi}{3} = \dfrac{3}{2}\pi$，つまり $\boldsymbol{\theta = \dfrac{11}{6}\pi}$ **のとき最小値 −2** …答

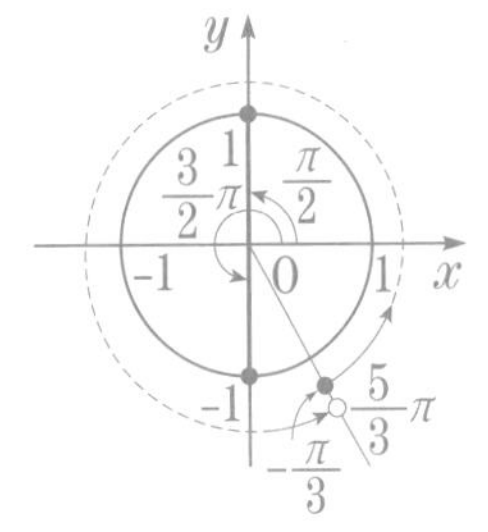

わからなければ 31 へ

6 $0 \leqq \theta < 2\pi$ のとき，関数 $y = -2\cos^2\theta - 2\sin\theta + 4$ の最大値とそのときの θ の値を求めよ。 （8 点）

$y = -2(1 - \sin^2\theta) - 2\sin\theta + 4$

$\quad = 2\sin^2\theta - 2\sin\theta + 2$

$\sin\theta = t$ とおくと $-1 \leqq t \leqq 1$ であり

$y = 2t^2 - 2t + 2$

$\quad = 2\left(t^2 - t + \dfrac{1}{4} - \dfrac{1}{4}\right) + 2$

$\quad = 2\left(t - \dfrac{1}{2}\right)^2 + \dfrac{3}{2}$

$t = -1$ のとき

$\sin\theta = -1$

$\boldsymbol{\theta = \dfrac{3}{2}\pi}$ **のとき**

最大値 6 をとる。 …答

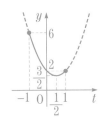

第4章　指数関数・対数関数

類題の解答

33 累乗根

本冊 p.89

次の式を簡単にせよ。

(1) $(\sqrt[4]{3})^8$　　(2) $\dfrac{\sqrt[3]{384}}{\sqrt[3]{6}}$

(3) $\sqrt{\sqrt[3]{125^2}}$

考え方

累乗根の中の数値を素因数分解し，整理するとよい。また累乗根がいくつか重なっているときは，その意味を考え，全体として何乗根になっているかをミスなく計算することが大切である。

解き方

(1) $(\sqrt[4]{3})^8=\{(\sqrt[4]{3})^4\}^2$

$=3^2$

$=\underline{9}$ …答

(2) $\dfrac{\sqrt[3]{384}}{\sqrt[3]{6}}=\dfrac{\sqrt[3]{2^7\cdot 3}}{\sqrt[3]{2\cdot 3}}$

$=\sqrt[3]{\dfrac{2^7\cdot 3}{2\cdot 3}}$

$=\sqrt[3]{2^6}$

$=\sqrt[3]{(2^2)^3}$

$=2^2$

$=\underline{4}$ …答

2) 384
2) 192
2) 96
2) 48
2) 24
2) 12
2) 6
　 3

$384=2^7\cdot 3$

[別解]

$\dfrac{\sqrt[3]{384}}{\sqrt[3]{6}}=\sqrt[3]{\dfrac{384}{6}}=\sqrt[3]{64}=\sqrt[3]{4^3}=\underline{4}$ …答

(3) $\sqrt{\sqrt[3]{125^2}}=\sqrt{\sqrt[3]{(5^3)^2}}$

$=\sqrt{\sqrt[3]{5^6}}$

$=\sqrt[6]{5^6}$

$=\underline{5}$ …答

34 指数の拡張

本冊 p.91

次の問いに答えよ。

(1) 次の計算をせよ。

① $81^{\frac{1}{3}}\times 9^{-\frac{2}{3}}$　　② $4^{\frac{3}{2}}\times 4^{-\frac{3}{4}}\div 2^{\frac{1}{2}}$

(2) $\sqrt{x}+\dfrac{1}{\sqrt{x}}=\sqrt{3}$ のとき，$x+\dfrac{1}{x}$ および $x^2+\dfrac{1}{x^2}$ の値を求めよ。

考え方

(1) 指数の底を何にするのかを決めて，その値にそろえて，式を計算するとよい。

(2) $\sqrt{x}=a$ とおくと，$x^{\frac{1}{2}}=a$ なので $x=a^2$ である。また，$\dfrac{1}{\sqrt{x}}=b$ とすると，$x^{-\frac{1}{2}}=b$ であるので $x^{-1}=b^2$ となる。

これらのことと，$ab=x^{\frac{1}{2}}\cdot x^{-\frac{1}{2}}=1$ であることを用いて，基本対称式の性質を使うとよい。

解き方

(1) ① $81^{\frac{1}{3}}\times 9^{-\frac{2}{3}}=(3^4)^{\frac{1}{3}}\times(3^2)^{-\frac{2}{3}}$

$=3^{\frac{4}{3}}\times 3^{-\frac{4}{3}}=3^0=\underline{1}$ …答

② $4^{\frac{3}{2}}\times 4^{-\frac{3}{4}}\div 2^{\frac{1}{2}}=(2^2)^{\frac{3}{2}}\times(2^2)^{-\frac{3}{4}}\div 2^{\frac{1}{2}}$

$=2^3\times 2^{-\frac{3}{2}}\times 2^{-\frac{1}{2}}=2^{3-\frac{3}{2}-\frac{1}{2}}$

$=2^{3-2}=2^1=\underline{2}$ …答

(2) $\sqrt{x}=a$，$\dfrac{1}{\sqrt{x}}=b$ とおくと

$a+b=\sqrt{3}$，$ab=1$

となる。また，$x=a^2$，$\dfrac{1}{x}=b^2$ である。

$\underline{x+\dfrac{1}{x}}=a^2+b^2=(a+b)^2-2ab$

$=(\sqrt{3})^2-2\cdot 1\underline{=1}$ …答

$\underline{x^2+\dfrac{1}{x^2}}=a^4+b^4=(a^2+b^2)^2-2a^2b^2$

$=1^2-2\cdot 1^2\underline{=-1}$ …答

35 指数関数とそのグラフ

本冊 p.93

次の各組の数の大小を調べよ。

(1) $A=\dfrac{\sqrt{3}}{3}$, $B=\dfrac{3}{\sqrt[3]{3}}$, $C=\dfrac{3}{\sqrt[3]{9}}$

(2) $A=\sqrt{3}$, $B=\sqrt[3]{5}$, $C=\sqrt[6]{26}$

? 考え方

(1) 同じ数の底 a を決めて，a^r の形にし，指数 r の部分の大小を比較することで a^r の大小を決定する。

(2) 底をうまくそろえられない場合は，与えられた数を同じ指数 r 乗し，得られた値の大小を比較すればよい。

! 解き方

(1) $A=\dfrac{\sqrt{3}}{3}=\dfrac{3^{\frac{1}{2}}}{3^1}=3^{\frac{1}{2}-1}=3^{-\frac{1}{2}}$

$B=\dfrac{3}{\sqrt[3]{3}}=\dfrac{3^1}{3^{\frac{1}{3}}}=3^{1-\frac{1}{3}}=3^{\frac{2}{3}}$

$C=\dfrac{3}{\sqrt[3]{9}}=\dfrac{3^1}{3^{\frac{2}{3}}}=3^{1-\frac{2}{3}}=3^{\frac{1}{3}}$

である。$-\dfrac{1}{2}<\dfrac{1}{3}<\dfrac{2}{3}$ であり，

底 $3>1$ なので，$3^{-\frac{1}{2}}<3^{\frac{1}{3}}<3^{\frac{2}{3}}$ より

$A<C<B$ …答

(2) $A=3^{\frac{1}{2}}$, $B=5^{\frac{1}{3}}$, $C=26^{\frac{1}{6}}$ である。

$A^6=(3^{\frac{1}{2}})^6=3^3=27$

$B^6=(5^{\frac{1}{3}})^6=5^2=25$

$C^6=(26^{\frac{1}{6}})^6=26$

$25<26<27$ であるから

$B^6<C^6<A^6$

よって　$B<C<A$ …

36 指数関数の応用

本冊 p.95

次の問いに答えよ。

(1) 不等式 $9^x+3^x>12$ を解け。

(2) 関数 $y=9^x+3^x\ (0\leqq x\leqq 1)$ の値域を求めよ。

? 考え方

$3^x=t$ のように，変数を x から t におきかえることで計算を簡単にできるようにするとよい。このとき，x の範囲が任意の実数（すべての実数値をとるといっても同じ）のとき，$t>0$ となる。また $p\leqq x\leqq q$ であるなら

$3^p\leqq t\leqq 3^q$

となる。他の範囲のパターンでも同様に考えればよい。

! 解き方

(1) $9^x+3^x>12$ より

$(3^x)^2+3^x-12>0$

となる。$3^x=t$ とおくと $t>0$ である。

また　$t^2+t-12>0$

$(t+4)(t-3)>0$

$t<-4,\ 3<t$

$t>0$ なので $t>3$ より　$3^x>3$

底 $3>1$ より　$x>1$ …

(2) $y=9^x+3^x=(3^x)^2+3^x$

$3^x=t$ とおくと $0\leqq x\leqq 1$より

$1\leqq t\leqq 3$ ……①

また　$y=t^2+t=\left(t+\dfrac{1}{2}\right)^2-\dfrac{1}{4}$

①の範囲でグラフをかくと，右の図のようになる。

よって値域は

$2\leqq y\leqq 12$

…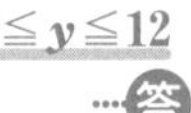

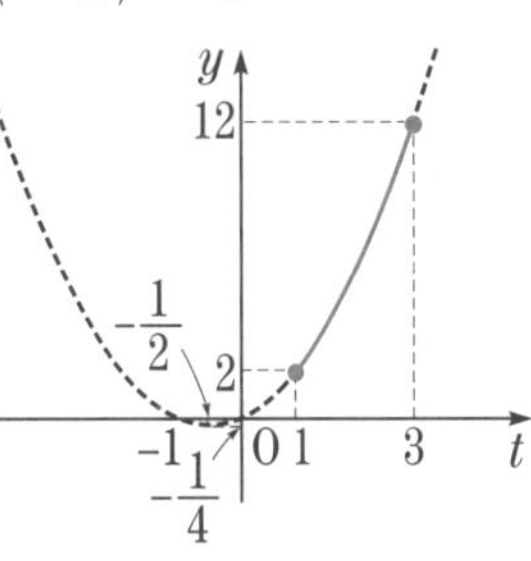

33～36の確認テストの解答

0　20　40　60　80　100
もう一度最初から　合格
合格点：60点

点

問題 → 本冊 p.96～97

わからなければ 33，34 へ

1

次の計算をせよ。ただし，$a>0$ とする。（各6点　計18点）

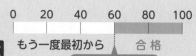

(1) $9^{\frac{1}{4}}\times 9^{\frac{1}{3}}\div 9^{\frac{1}{12}}$

$=9^{\frac{1}{4}+\frac{1}{3}-\frac{1}{12}}$

$=(3^2)^{\frac{3+4-1}{12}}$

$=3^{2\cdot\frac{1}{2}}$

$=\mathbf{3}$ …答

(2) $\sqrt[3]{18}\times\sqrt{54}\div\sqrt[6]{96}$

$=(2\times 3^2)^{\frac{1}{3}}\times(2\times 3^3)^{\frac{1}{2}}$

$\div(2^5\times 3)^{\frac{1}{6}}$

$=2^{\frac{1}{3}+\frac{1}{2}-\frac{5}{6}}\times 3^{\frac{2}{3}+\frac{3}{2}-\frac{1}{6}}$

$=2^{\frac{2+3-5}{6}}\times 3^{\frac{4+9-1}{6}}$

$=2^0\times 3^2=\mathbf{9}$ …答

(3) $\sqrt[3]{a^2}\times(\sqrt[3]{a})^5\div\sqrt[3]{a^4}$

$=a^{\frac{2}{3}}\times a^{\frac{5}{3}}\div a^{\frac{4}{3}}$

$=a^{\frac{2}{3}+\frac{5}{3}-\frac{4}{3}}$

$=a^{\frac{2+5-4}{3}}$

$=\boldsymbol{a}$ …答

わからなければ 34 へ

2

$2^x+2^{-x}=5$ のとき，次の式の値を求めよ。（各7点　計14点）

(1) 4^x+4^{-x}

$=(2^x+2^{-x})^2-2\cdot 2^x\cdot 2^{-x}$

$=5^2-2\cdot 1$

$=\mathbf{23}$ …答

(2) 8^x+8^{-x}

$=(2^x+2^{-x})(4^x-2^x\cdot 2^{-x}+4^{-x})$

$=(2^x+2^{-x})(4^x-1+4^{-x})$

$=5\times(23-1)=\mathbf{110}$ …答

わからなければ 35 へ

3

次の各組の数の大小を調べよ。（各7点　計14点）

(1) $A=\sqrt{2}$，$B=\sqrt[4]{8}$，$C=\sqrt[3]{4}$

$A=\sqrt{2}=2^{\frac{1}{2}}$

$B=\sqrt[4]{8}=2^{\frac{3}{4}}$

$C=\sqrt[3]{4}=2^{\frac{2}{3}}$

底 $2>1$ であり，$\frac{1}{2}<\frac{2}{3}<\frac{3}{4}$ であるので

$\boldsymbol{A<C<B}$ …答

(2) $A=\sqrt[3]{3}$，$B=\sqrt{2}$，$C=\sqrt[6]{7}$

$A=\sqrt[3]{3}=3^{\frac{1}{3}}$

$B=\sqrt{2}=2^{\frac{1}{2}}$

$C=\sqrt[6]{7}=7^{\frac{1}{6}}$

それぞれ6乗すると

$A^6=(3^{\frac{1}{3}})^6=3^2=9$

$B^6=(2^{\frac{1}{2}})^6=2^3=8$

$C^6=(7^{\frac{1}{6}})^6=7$

よって，$C^6<B^6<A^6$ なので

$\boldsymbol{C<B<A}$ …答

わからなければ 36 へ

4 次の方程式を解け。

（各 9 点　計 18 点）

(1) $2\cdot4^x+4=9\cdot2^x$

$2\cdot(2^x)^2-9\cdot2^x+4=0$

$2^x=X$ $(X>0)$ とおくと

$2X^2-9X+4=0$

$(2X-1)(X-4)=0$

$X=\dfrac{1}{2},\ 4$

$2^x=\dfrac{1}{2},\ 4$ より　$\boldsymbol{x=-1,\ 2}$ …答

(2) $9^x-7\cdot3^x-18=0$

$(3^x)^2-7\cdot3^x-18=0$

$3^x=X$ $(X>0)$ とおくと

$X^2-7X-18=0$

$(X+2)(X-9)=0$

$X>0$ なので　$X=9$

$3^x=9$ より　$\boldsymbol{x=2}$ …答

わからなければ 36 へ

5 次の不等式を解け。

（各 9 点　計 18 点）

(1) $2^{x-6}<\left(\dfrac{1}{4}\right)^x$

$2^{x-6}<2^{-2x}$

底 $2>1$ なので

$x-6<-2x$

$3x<6$

$\boldsymbol{x<2}$ …答

(2) $4^x-3\cdot2^x-4\leqq0$

$(2^x)^2-3\cdot2^x-4\leqq0$

$2^x=X$ とおくと　$X>0$ ……①

$X^2-3X-4\leqq0$

$(X+1)(X-4)\leqq0$

$-1\leqq X\leqq4$

①より　$0<X\leqq4$

$0<2^x\leqq4$ で，底 $2>1$ より $\boldsymbol{x\leqq2}$ …

わからなければ 36 へ

6 次の関数の最大値，最小値を求めよ。また，そのときの x の値を求めよ。

（各 9 点　計 18 点）

(1) $y=2^{-x+2}+4$ $(-1\leqq x\leqq3)$

$y=4\times\left(\dfrac{1}{2}\right)^x+4$

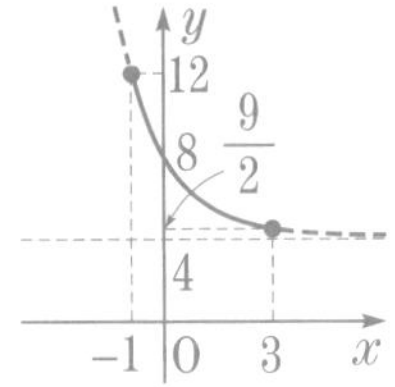

 **最大値 12** $(\boldsymbol{x=-1})$

最小値 $\boldsymbol{\dfrac{9}{2}}$ $(\boldsymbol{x=3})$

(2) $y=4^x-2^{x+2}+5$ $(0\leqq x\leqq2)$

$y=(2^x)^2-4\cdot2^x+5$

$2^x=t$ とおくと，$0\leqq x\leqq2$ より $1\leqq t\leqq4$

$y=t^2-4t+5$

$=(t-2)^2+1$

$t=4$ のとき最大値 5

$t=2$ のとき最小値 1

$2^x=4$ より　$x=2$

$2^x=2$ より　$x=1$

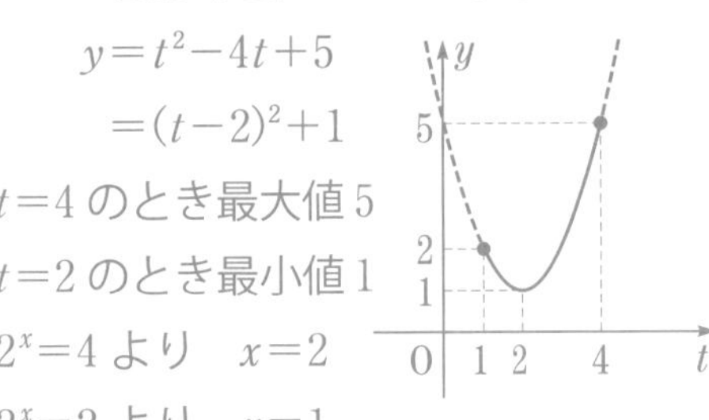

答 **最大値 5** $(\boldsymbol{x=2})$

最小値 1 $(\boldsymbol{x=1})$

類題の解答

37 対数とその性質

本冊 p.99

次の計算をせよ。

(1) $\log_2 12+\log_2 6-2\log_2 3$

(2) $2^{\log_4 3}$

(3) $(\log_2 3+\log_4 9)(\log_3 4+\log_9 2)$

考え方

$$\log_a M+\log_a N=\log_a MN$$

$$\log_a M-\log_a N=\log_a \frac{M}{N}$$

$$\log_a M^r=r\log_a M$$

$$\log_a b=\frac{\log_c b}{\log_c a}$$

(a, c：1 でない正の数, b, M, N：正の数)
などの公式を用いて計算をする。
$p=a^q \iff q=\log_a p$ (定義) と等式 $p=a^{\log_a p}$, $q=\log_a a^q$ も利用できる。

解き方

(1) $\log_2 12+\log_2 6-2\log_2 3$

$=\log_2(2^2\times3)+\log_2(2\times3)-\log_2 3^2$

$=\log_2\dfrac{2^2\times3\times2\times3}{3^2}=\log_2 2^3$

$=3\log_2 2=\mathbf{3}$ …答

(2) $\log_4 3=\dfrac{\log_2 3}{\log_2 4}=\dfrac{\log_2 3}{\log_2 2^2}=\dfrac{1}{2}\log_2 3$

$2^{\log_4 3}=2^{\frac{1}{2}\log_2 3}=(2^{\log_2 3})^{\frac{1}{2}}$

↑ $2^{\log_2 3}=3$

$=3^{\frac{1}{2}}=\mathbf{\sqrt{3}}$ …答

(3) $(\log_2 3+\log_4 9)(\log_3 4+\log_9 2)$

$=(\log_2 3+\log_2 3)\left(2\log_3 2+\dfrac{1}{2}\log_3 2\right)$

$=2\log_2 3\cdot\dfrac{5}{2}\log_3 2=5\cdot\log_2 3\cdot\log_3 2$

$=5\cdot\log_2 3\cdot\dfrac{1}{\log_2 3}=\mathbf{5}$ …答

38 対数関数とそのグラフ

本冊 p.101

次の各組の数の大小を調べよ。

(1) $\log_2\dfrac{1}{4}$, -1, $\log_2\dfrac{1}{3}$

(2) $\log_{\frac{1}{2}}3$, $\log_{\frac{1}{4}}3$, $\log_2 3$

考え方

$a>1$ のとき　$0<p<q \to \log_a p<\log_a q$

$0<a<1$ のとき　$0<p<q \to \log_a p>\log_a q$

解き方

(1) $-1=-\log_2 2=\log_2\dfrac{1}{2}$ である。

底 $2>1$ で $\dfrac{1}{4}<\dfrac{1}{3}<\dfrac{1}{2}$ なので

$\log_2\dfrac{1}{4}<\log_2\dfrac{1}{3}<\log_2\dfrac{1}{2}$

よって　$\mathbf{\log_2\frac{1}{4}<\log_2\frac{1}{3}<-1}$ …答

(2) $\log_{\frac{1}{2}}3=\dfrac{\log_2 3}{\log_2\frac{1}{2}}=-\log_2 3$

$=\log_2 3^{-1}=\log_2\dfrac{1}{3}$

$\log_{\frac{1}{4}}3=\dfrac{\log_2 3}{\log_2\frac{1}{4}}=-\dfrac{1}{2}\log_2 3$

$=\log_2 3^{-\frac{1}{2}}=\log_2\dfrac{1}{\sqrt{3}}$

底 $2>1$ と $\dfrac{1}{3}<\dfrac{1}{\sqrt{3}}<3$ より

$\log_2\dfrac{1}{3}<\log_2\dfrac{1}{\sqrt{3}}<\log_2 3$

よって　$\mathbf{\log_{\frac{1}{2}}3<\log_{\frac{1}{4}}3<\log_2 3}$ …

39 対数関数の応用

本冊 p.103

次の問いに答えよ。
(1) 方程式 $\log_2 x - 2\log_x 4 = 3$ を解け。
(2) 不等式 $\log_{0.9}(3-x) \geqq \log_{0.9}(2x+1)$ を解け。
(3) 関数 $y = (\log_2 x)^2 - 2\log_2 x + 3$ $(1 \leqq x \leqq 8)$ の値域を求めよ。

? 考え方

$\log_a x = t$ などと変数を変換したときは，t のとる値の範囲を調べておくこと。

! 解き方

(1) $\log_2 x - 2\log_x 4 = 3$

$$\log_2 x - \frac{4}{\log_2 x} = 3$$

$\log_2 x = t$ とおくと　$t - \dfrac{4}{t} = 3$

$t^2 - 3t - 4 = 0$　　$(t+1)(t-4) = 0$

$t = -1,\ 4$ より　$\log_2 x = -1,\ 4$

$x = 2^{-1},\ 2^4$ なので　$\boldsymbol{x = \frac{1}{2},\ 16}$　…答

（これは真数と底の条件を満たしている。）

(2) $\log_{0.9}(3-x) \geqq \log_{0.9}(2x+1)$

底 $0.9 < 1$ なので　$3 - x \leqq 2x + 1$

$2 \leqq 3x$ より　$x \geqq \dfrac{2}{3}$

また，真数は正なので，

$3 - x > 0,\ 2x + 1 > 0$ より　$-\dfrac{1}{2} < x < 3$

よって　$\boldsymbol{\frac{2}{3} \leqq x < 3}$　…答

(3) $t = \log_2 x$ とおくと，
$1 \leqq x \leqq 8$ より，
$0 \leqq t \leqq 3$ となる。
また　$y = t^2 - 2t + 3$
$= (t-1)^2 + 2$
なので，グラフより

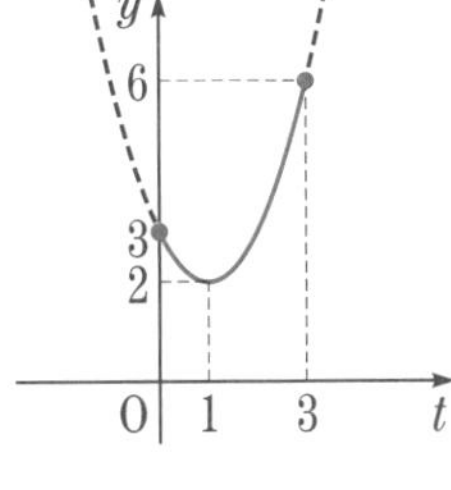

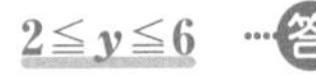
$\boldsymbol{2 \leqq y \leqq 6}$　…答

40 常用対数

本冊 p.105

$x = 2^{64}$ とするとき，次の(1)，(2)は何桁の整数か。また，(3)は小数第何位に初めて 0 でない数字が現れるか。ただし，$\log_{10} 2 = 0.3010$ とする。

(1) x　　(2) $\sqrt{x}$　　(3) $\dfrac{1}{x}$

? 考え方

$\log_{10} x$ を計算する。$n \leqq \log_{10} x < n+1$ となる整数 n を用いて $10^n \leqq x < 10^{n+1}$ と表されるので，$n \geqq 0$ なら x の整数部分は $n+1$ 桁であり，$n < 0$ なら x は小数第 $(-n)$ 位に初めて 0 でない数字が現れる。

! 解き方

(1) $\log_{10} x = 64\log_{10} 2 = 64 \times 0.3010$
$= 19.264$

$19 < \log_{10} x < 20$ より　$10^{19} < x < 10^{20}$

x は **20 桁**の整数である。…答

(2) $\log_{10}\sqrt{x} = \dfrac{1}{2}\log_{10} x = \dfrac{1}{2} \times 19.264$
$= 9.632$

$9 < \log_{10}\sqrt{x} < 10$ より　$10^9 < \sqrt{x} < 10^{10}$

$\sqrt{x}$ は **10 桁**の整数である。…答

(3) $\log_{10}\dfrac{1}{x} = -\log_{10} x$
$= -19.264$

$-20 < \log_{10}\dfrac{1}{x} < -19$ より

$$10^{-20} < \frac{1}{x} < 10^{-19}$$

$\dfrac{1}{x}$ は**小数第 20 位**に初めて 0 でない数字が現れる。…答

第4章 指数関数・対数関数

37～40の確認テストの解答

0　20　40　60　80　100
もう一度最初から　合格
合格点：60点

点

問題 → 本冊 p.106～107

わからなければ 37，38 へ

1 次の各組の数の大小を調べよ。（各8点　計16点）

(1) $\log_4 30,\ \dfrac{5}{2}$

$\dfrac{5}{2}=\dfrac{5}{2}\log_4 4=\log_4 4^{\frac{5}{2}}=\log_4 2^5=\log_4 32$

底 $4>1$ より　$\log_4 30<\log_4 32$

よって　$\boldsymbol{\log_4 30<\dfrac{5}{2}}$ …答

(2) $\log_4 100,\ \log_{\sqrt{2}} 3$

$\log_4 100=\dfrac{\log_2 10^2}{\log_2 2^2}=\dfrac{2}{2}\log_2 10=\log_2 10$

$\log_{\sqrt{2}} 3=\dfrac{\log_2 3}{\log_2\sqrt{2}}=2\log_2 3=\log_2 9$

底 $2>1$ より　$\log_2 9<\log_2 10$

よって　$\boldsymbol{\log_{\sqrt{2}} 3<\log_4 100}$ …答

わからなければ 37，40 へ

2 $\log_{10} 2=a$，$\log_{10} 3=b$ とする。このとき，次の値を a と b で表せ。（各8点　計16点）

(1) $\log_{10} 120$

$\log_{10} 120=\log_{10}(10\times 2^2\times 3)$

$=\log_{10} 10+2\log_{10} 2+\log_{10} 3$

$=\boldsymbol{1+2a+b}$ …答

(2) $\log_5 18$

$\log_5 18=\dfrac{\log_{10} 18}{\log_{10} 5}=\dfrac{\log_{10}(2\times 3^2)}{\log_{10}\dfrac{10}{2}}$

$=\dfrac{\log_{10} 2+2\log_{10} 3}{\log_{10} 10-\log_{10} 2}=\boldsymbol{\dfrac{a+2b}{1-a}}$ …答

わからなければ 39 へ

3 次の方程式を解け。（各9点　計18点）

(1) $\log_2(x-5)=\log_4(x+1)$

$\log_2(x-5)=\dfrac{\log_2(x+1)}{\log_2 4}$

$2\log_2(x-5)=\log_2(x+1)$

$\log_2(x-5)^2=\log_2(x+1)$

よって　$(x-5)^2=x+1$

$x^2-11x+24=0$

$(x-3)(x-8)=0$

$x=3,\ 8$

真数は正なので　$x>5$

よって　$\boldsymbol{x=8}$ …答

(2) $\log_2 x-2\log_x 16=2$

$\log_2 x-\dfrac{2\log_2 2^4}{\log_2 x}=2$

$\log_2 x=t$ とおくと

$t-\dfrac{8}{t}=2$

$t^2-2t-8=0$

$(t-4)(t+2)=0$

$t=\log_2 x=-2,\ 4$

よって　$\boldsymbol{x=\dfrac{1}{4},\ 16}$ …答

（これは真数と底の条件を満たす。）

わからなければ 39 へ

4 次の不等式を解け。

（各 10 点　計 20 点）

(1) $\log_2(x-3)<2+\log_{\frac{1}{2}}(x-1)$

$\log_2(x-3)<\log_2 4+\dfrac{\log_2(x-1)}{\log_2 2^{-1}}$

$\log_2(x-3)+\log_2(x-1)<\log_2 4$

$\log_2(x-3)(x-1)<\log_2 4$

底 $2>1$ より　$(x-3)(x-1)<4$

$x^2-4x-1<0$

$2-\sqrt{5}<x<2+\sqrt{5}$

真数は正より $x>3$ なので

$\mathbf{3<x<2+\sqrt{5}}$ …答

(2) $2+(\log_{10}x)^2\leqq 3\log_{10}x$

$\log_{10}x=t$ とおく。

$t^2-3t+2\leqq 0$

$(t-1)(t-2)\leqq 0$

$1\leqq t\leqq 2$

よって　$1\leqq \log_{10}x\leqq 2$

底 $10>1$ より

$\mathbf{10\leqq x\leqq 100}$ …答

（真数 >0 を満たす。）

わからなければ 39 へ

5 関数 $y=\log_2(x-2)+\log_2(4-x)$ の最大値と，そのときの x の値を求めよ。（12 点）

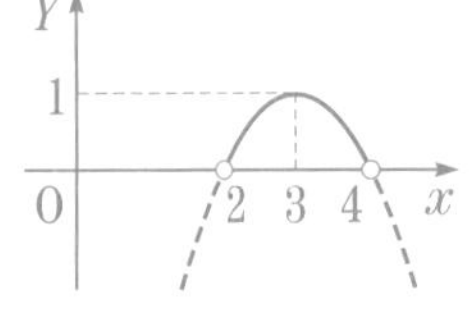

$y=\log_2(x-2)(4-x)=\log_2(-x^2+6x-8)$

$Y=-x^2+6x-8$ とおくと　$Y=-(x-3)^2+1$

また，真数は正なので，$x-2>0$ かつ $4-x>0$ より，

$2<x<4$ である。

よって，$x=3$ のとき Y の最大値は 1 である。

底 $2>1$ より，$\mathbf{x=3}$ **のとき，$\mathbf{y}$ は最大値 0 をとる。** …答

わからなければ 40 へ

6 次の問いに答えよ。ただし，$\log_{10}2=0.3010$，$\log_{10}3=0.4771$ とする。

（各 9 点　計 18 点）

(1) 5^{50} は何桁の整数か。

$\log_{10}5^{50}=50\log_{10}5=50\log_{10}\dfrac{10}{2}=50(1-\log_{10}2)=50\times 0.6990=34.95$

よって，$34<\log_{10}5^{50}<35$ より　$10^{34}<5^{50}<10^{35}$

したがって，5^{50} は **35** 桁の整数である。 …答

(2) $\left(\dfrac{5}{3}\right)^n\geqq 10^8$ を満たす最小の整数 n を求めよ。

$\log_{10}\left(\dfrac{5}{3}\right)^n\geqq \log_{10}10^8$　　$n\log_{10}\dfrac{10}{2\cdot 3}\geqq 8$　　$n(1-\log_{10}2-\log_{10}3)\geqq 8$

$0.2219\times n\geqq 8$　　$n\geqq \dfrac{8}{0.2219}=36.05\cdots$

これを満たす最小の整数 n は　$\mathbf{n=37}$ …答

第5章　微分と積分

類題の解答

41 関数の極限

本冊 p.109

次の問いに答えよ。

(1) 極限値 $\lim_{x \to -1} \dfrac{ax^2+x-2}{x+1}$ が存在するとき，定数 a の値とその極限値を求めよ。

(2) 等式 $\lim_{x \to -1} \dfrac{x^2+ax+b}{x^2+3x+2}=-3$ が成り立つように，定数 a，b の値を定めよ。

? 考え方

分数式の極限では，「不定形 $\dfrac{0}{0}$」をとくに注意しなくてはいけない。不定形ではない形にうまく変形することで，計算を進める。

! 解き方

(1) $x \to -1$ のとき，(分母)$=x+1 \to 0$

であるから，(分子)$\to 0$ である。

つまり　$\lim_{x \to -1}(ax^2+x-2)=a-1-2=0$

よって　$\underline{a=3}$ …答

このとき，極限値は

$$\lim_{x \to -1} \frac{3x^2+x-2}{x+1}=\lim_{x \to -1} \frac{(3x-2)(x+1)}{x+1}$$

$$=\lim_{x \to -1}(3x-2)=\underline{-5}$$ …答

(2) $x \to -1$ のとき，(分母)$=x^2+3x+2 \to 0$

であるから，(分子)$\to 0$ である。

つまり　$\lim_{x \to -1}(x^2+ax+b)=1-a+b=0$

よって，$b=a-1$ である。

(分子)$=x^2+ax+b=x^2+ax+a-1$

$=(x^2-1)+a(x+1)=(x+1)(x-1+a)$

ゆえに　$\lim_{x \to -1} \dfrac{x^2+ax+b}{x^2+3x+2}$

$$=\lim_{x \to -1} \frac{(x+1)(x-1+a)}{(x+1)(x+2)}$$

$$=\lim_{x \to -1} \frac{x-1+a}{x+2}=a-2$$

よって，$a-2=-3$ である。

したがって　$\underline{a=-1}$，$\underline{b=-2}$ …

42 平均変化率

本冊 p.111

次の問いに答えよ。

(1) 関数 $f(x)=x^2-3x$ の $x=0$ から $x=a$ までの平均変化率 H が 1 であるとき，定数 a の値を求めよ。

(2) 関数 $f(x)=x^2-2x$ の $x=1$ から $x=a$ までの平均変化率 H が $2a$ であるとき，定数 a の値を求めよ。

? 考え方

まず，平均変化率 H の定義に従って H を求め，その上で条件に示された条件を設定し，計算を進めればよい。

! 解き方

(1) $H=\dfrac{f(a)-f(0)}{a-0}=\dfrac{(a^2-3a)-0}{a}=a-3$

条件より　$a-3=1$

よって　$\underline{a=4}$ …答

(2) $H=\dfrac{f(a)-f(1)}{a-1}=\dfrac{(a^2-2a)-(1^2-2\cdot1)}{a-1}$

$$=\frac{a^2-2a+1}{a-1}=\frac{(a-1)^2}{a-1}=a-1$$

条件より　$a-1=2a$

よって　$\underline{a=-1}$ …答

43 微分係数

本冊 p.113

次の問いに答えよ。

(1) 関数 $f(x)=x^2+3x-1$ について，$x=1$ から $x=3$ までの平均変化率 H と $x=a$ における微分係数 $f'(a)$ が等しくなるように，定数 a の値を定めよ。

(2) 極限値 $\lim_{h \to 0} \dfrac{f(a+h)-f(a-h)}{h}$ を $f'(a)$ で表せ。

? 考え方

$x=a$ から $x=b$ までの関数 $f(x)$ の平均変化率は，$H=\dfrac{f(b)-f(a)}{b-a}$ である。

$x=a$ における微分係数 $f'(a)$ は，

$f'(a)=\lim_{h\to 0}\dfrac{f(a+h)-f(a)}{h}$ である。

! 解き方

(1) $H=\dfrac{f(3)-f(1)}{3-1}$

$=\dfrac{(3^2+3\cdot 3-1)-(1^2+3\cdot 1-1)}{2}$

$=\dfrac{17-3}{2}=\dfrac{14}{2}=7$

$f'(a)=\lim_{h\to 0}\dfrac{f(a+h)-f(a)}{h}$

$=\lim_{h\to 0}\dfrac{\{(a+h)^2+3(a+h)-1\}-(a^2+3a-1)}{h}$

$=\lim_{h\to 0}\dfrac{(2a+3)h+h^2}{h}=\lim_{h\to 0}(2a+3+h)$

$=2a+3$

よって，$2a+3=7$ より　$a=2$　…答

(2) $\dfrac{f(a+h)-f(a-h)}{h}$

$=\dfrac{f(a+h)-f(a)+f(a)-f(a-h)}{h}$

$=\dfrac{f(a+h)-f(a)}{h}+\dfrac{f(a-h)-f(a)}{-h}$

$-h=k$ とおくと，$h\to 0$ のとき $k\to 0$ となるので

$\lim_{h\to 0}\dfrac{f(a-h)-f(a)}{-h}$

$=\lim_{k\to 0}\dfrac{f(a+k)-f(a)}{k}=f'(a)$

よって

$\lim_{h\to 0}\dfrac{f(a+h)-f(a-h)}{h}$

$=\lim_{h\to 0}\left\{\dfrac{f(a+h)-f(a)}{h}+\dfrac{f(a-h)-f(a)}{-h}\right\}$

$=f'(a)+f'(a)=2f'(a)$　…答

44 導関数

本冊 p.115

定義に従って，次の関数の導関数を求めよ。

(1) $f(x)=\dfrac{1}{2}x^2+1$

(2) $f(x)=x(x-1)$

? 考え方

導関数の定義 $f'(x)=\lim_{h\to 0}\dfrac{f(x+h)-f(x)}{h}$ に従って計算する。

! 解き方

(1) $f'(x)=\lim_{h\to 0}\dfrac{f(x+h)-f(x)}{h}$

$=\lim_{h\to 0}\dfrac{\left\{\frac{1}{2}(x+h)^2+1\right\}-\left(\frac{1}{2}x^2+1\right)}{h}$

$=\lim_{h\to 0}\dfrac{xh+\frac{1}{2}h^2}{h}=\lim_{h\to 0}\left(x+\dfrac{1}{2}h\right)$

$=x$　…答

(2) $f(x)=x(x-1)=x^2-x$ なので

$f'(x)=\lim_{h\to 0}\dfrac{f(x+h)-f(x)}{h}$

$=\lim_{h\to 0}\dfrac{\{(x+h)^2-(x+h)\}-(x^2-x)}{h}$

$=\lim_{h\to 0}\dfrac{2xh+h^2-h}{h}$

$=\lim_{h\to 0}(2x+h-1)=2x-1$　…答

41 ～ 44 の

確認テストの解答

0	20	40	60	80	100

もう一度最初から　合格

合格点：60 点

点

問題 → 本冊 p.116～117

1

わからなければ 41 へ

次の極限値を求めよ。（各 6 点　計 24 点）

(1) $\lim_{x\to-1}(x^3+3x^2-5)$

$=(-1)^3+3(-1)^2-5$

$=-1+3-5$

$=\mathbf{-3}$ …答

(2) $\lim_{x\to1}\dfrac{x^3-1}{x^2-1}$

$=\lim_{x\to1}\dfrac{(x-1)(x^2+x+1)}{(x-1)(x+1)}$

$=\lim_{x\to1}\dfrac{x^2+x+1}{x+1}=\mathbf{\dfrac{3}{2}}$ …答

(3) $\lim_{x\to\frac{1}{2}}\dfrac{2x^2-3x+1}{2x^2+x-1}$

$=\lim_{x\to\frac{1}{2}}\dfrac{(2x-1)(x-1)}{(2x-1)(x+1)}=\lim_{x\to\frac{1}{2}}\dfrac{x-1}{x+1}$

$=\dfrac{\frac{1}{2}-1}{\frac{1}{2}+1}=\mathbf{-\dfrac{1}{3}}$ …答

(4) $\lim_{x\to0}\dfrac{1}{x}\left(1-\dfrac{1}{x+1}\right)$

$=\lim_{x\to0}\dfrac{1}{x}\cdot\dfrac{x}{x+1}$

$=\lim_{x\to0}\dfrac{1}{x+1}$

$=\mathbf{1}$ …答

2

わからなければ 41 へ

等式 $\lim_{x\to2}\dfrac{x^2+ax+b}{x^2-3x+2}=5$ が成り立つように，定数 a，b の値を定めよ。（10 点）

$x\to2$ のとき (分母)$\to0$ であるので，(分子)$\to0$ でなければならない。

よって，$4+2a+b=0$，すなわち $b=-2a-4$ である。

(分子)$=x^2+ax+b=x^2+ax-2a-4=(x-2)(x+2)+a(x-2)=(x-2)(x+2+a)$

したがって　$\lim_{x\to2}\dfrac{(x-2)(x+2+a)}{(x-2)(x-1)}=\lim_{x\to2}\dfrac{x+2+a}{x-1}=4+a$

よって，$4+a=5$ なので　$\mathbf{a=1}$，$\mathbf{b=-6}$ …答

わからなければ 41 へ

3 極限値 $\lim_{x\to1}\dfrac{x^2+x+a}{x-1}$ が存在するとき，定数 a の値とその極限値を求めよ。

（各 7 点　計 14 点）

$x\to1$ のとき（分母）$\to0$ であるので，（分子）$\to0$ でなければならない。

よって，$2+a=0$ より　$\boldsymbol{a=-2}$ …答

$$\lim_{x\to1}\frac{x^2+x+a}{x-1}=\lim_{x\to1}\frac{x^2+x-2}{x-1}=\lim_{x\to1}\frac{(x-1)(x+2)}{x-1}=\lim_{x\to1}(x+2)=\boldsymbol{3}$$ …答

わからなければ 42 へ

4 関数 $f(x)=\dfrac{1}{2}x^3+2x$ について，$x=1$ から $x=3$ までの平均変化率 H を求めよ。

（8 点）

$$H=\frac{f(3)-f(1)}{3-1}=\frac{\left(\frac{1}{2}\cdot3^3+2\cdot3\right)-\left(\frac{1}{2}\cdot1^3+2\cdot1\right)}{2}=\frac{\frac{27}{2}+6-\frac{1}{2}-2}{2}=\frac{\frac{26}{2}+4}{2}=\boldsymbol{\frac{17}{2}}$$ …答

わからなければ 43 へ

5 次の極限値を $f'(a)$ を用いて表せ。

（各 10 点　計 20 点）

(1) $\lim_{h\to0}\dfrac{f(a)-f(a-3h)}{h}$

$h\to0$ のとき，$-3h\to0$ である。

$$\lim_{h\to0}\frac{f(a)-f(a-3h)}{h}$$

$$=\lim_{-3h\to0}3\cdot\frac{f(a-3h)-f(a)}{-3h}$$

$$=\boldsymbol{3f'(a)}$$ …答

(2) $\lim_{h\to0}\dfrac{f(a+2h)-f(a+h)}{2h}$

$$=\lim_{h\to0}\left\{\frac{f(a+2h)-f(a)}{2h}+\frac{f(a)-f(a+h)}{2h}\right\}$$

$$=\lim_{h\to0}\left\{\frac{f(a+2h)-f(a)}{2h}-\frac{1}{2}\cdot\frac{f(a+h)-f(a)}{h}\right\}$$

$$=f'(a)-\frac{1}{2}f'(a)$$

$$=\boldsymbol{\frac{1}{2}f'(a)}$$ …答

わからなければ 44 へ

6 定義に従って，次の関数の導関数を求めよ。

（各 12 点　計 24 点）

(1) $f(x)=x^2$

$$f'(x)=\lim_{h\to0}\frac{f(x+h)-f(x)}{h}$$

$$=\lim_{h\to0}\frac{(x+h)^2-x^2}{h}$$

$$=\lim_{h\to0}\frac{2xh+h^2}{h}$$

$$=\lim_{h\to0}(2x+h)$$

$$=\boldsymbol{2x}$$ …答

(2) $f(x)=(x-1)x(x+1)$

$f(x)=x^3-x$ である。

$$f'(x)=\lim_{h\to0}\frac{\{(x+h)^3-(x+h)\}-(x^3-x)}{h}$$

$$=\lim_{h\to0}\frac{3x^2h+3xh^2+h^3-h}{h}$$

$$=\lim_{h\to0}(3x^2+3xh+h^2-1)$$

$$=\boldsymbol{3x^2-1}$$ …答

類題の解答

45 微分

本冊 p.119

次の問いに答えよ。

(1) 関数 $f(x)=x^3+ax^2+bx+c$ が $f(1)=1$，$f(-1)=7$，$f'(1)=1$ を満たすとき，定数 a，b，c の値を求めよ。

(2) 等式 $(2x+1)f'(x)=f(x)+6x^2+7x-1$ がすべての x の値に対して成り立つような2次関数 $f(x)$ を求めよ。

?考え方

(1) a，b，c の連立方程式 $f(1)=1$，$f(-1)=7$，$f'(1)=1$ を解けばよい。

(2) $f(x)=ax^2+bx+c\ (a\neq 0)$ とおいて，等式から条件を作り，a，b，c の値を決定する。

!解き方

(1) $f(x)=x^3+ax^2+bx+c$ より，
$f'(x)=3x^2+2ax+b$ となる。
$f(1)=1$ より　$1+a+b+c=1$
$f(-1)=7$ より　$-1+a-b+c=7$
$f'(1)=1$ より　$3+2a+b=1$
この連立方程式を解いて
　$\boldsymbol{a=1}$，$\boldsymbol{b=-4}$，$\boldsymbol{c=3}$ …

(2) $f(x)=ax^2+bx+c\ (a\neq 0)$ とおくと，
$f'(x)=2ax+b$ となるから

$$
\begin{aligned}
(\text{左辺})&=(2x+1)f'(x)\\
&=(2x+1)(2ax+b)\\
&=4ax^2+(2a+2b)x+b
\end{aligned}
$$

$$
\begin{aligned}
(\text{右辺})&=f(x)+6x^2+7x-1\\
&=ax^2+bx+c+6x^2+7x-1\\
&=(a+6)x^2+(b+7)x+(c-1)
\end{aligned}
$$

よって
　$4a=a+6$，$2a+2b=b+7$，$b=c-1$
この連立方程式を解いて
　$a=2$，$b=3$，$c=4$
よって　$\boldsymbol{f(x)=2x^2+3x+4}$ …

46 接線の方程式

本冊 p.121

$f(x)=x-x^3$ とする。曲線 $y=f(x)$ について，次の接線の方程式を求めよ。

(1) 傾きが -2 となるもの

(2) 点 $\mathrm{A}\left(\dfrac{2}{3},\ \dfrac{2}{3}\right)$ を通るもの

?考え方

曲線 $y=f(x)$ 上の点 $\mathrm{T}(t,\ f(t))$ における接線の方程式は $y-f(t)=f'(t)(x-t)$ である。傾きは $f'(t)$ であり，これが点 $\mathrm{A}(a,\ b)$ を通るときは，次の等式が成り立つ。

$$b-f(t)=f'(t)(a-t)$$

!解き方

$f(x)=x-x^3$ より　$f'(x)=1-3x^2$

(1) 接点の x 座標を t とすると，接線の傾きは $f'(t)=-2$ である。
$1-3t^2=-2$ より　$t=\pm 1$
$t=1$ のとき，$f(1)=1-1^3=0$ より
　$y=-2(x-1)$
$t=-1$ のとき，$f(-1)=-1-(-1)^3=0$ より
　$y=-2(x+1)$
よって　$\boldsymbol{y=-2x+2}$，$\boldsymbol{y=-2x-2}$ …

(2) 接点を $\mathrm{T}(t,\ t-t^3)$ とすると，接線の方程式は　$y-t+t^3=(1-3t^2)(x-t)$　……①
これが点 $\mathrm{A}\left(\dfrac{2}{3},\ \dfrac{2}{3}\right)$ を通るので

$$\frac{2}{3}-t+t^3=(1-3t^2)\left(\frac{2}{3}-t\right)$$

整理して　$t^3-t^2=0$　　$t^2(t-1)=0$
　$t=0$(重解)，$t=1$
$t=0$ のとき①より
$\boldsymbol{y=x}$ …答
$t=1$ のとき①より
$\boldsymbol{y=-2x+2}$ …答

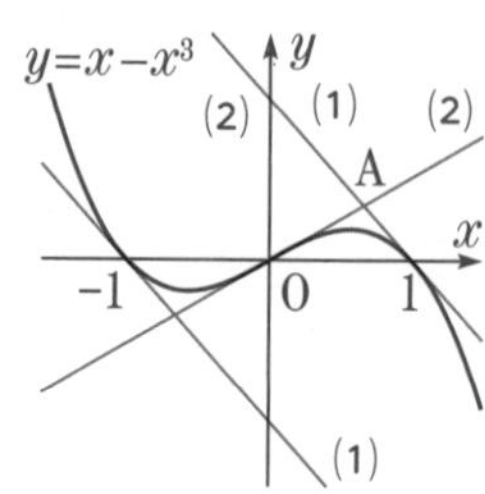

47 接線の応用

本冊 p.123

2 つの放物線 C_1：$y=\frac{1}{2}x^2$ と C_2：$y=\frac{1}{2}x^2-2x+1$ の共通接線の方程式を求めよ。

? 考え方

「共通接線」とは，2 つの放物線 C_1，C_2 の両方に接する直線のことである。

C_1 上の接点を $\mathrm{S}\left(s,\ \frac{1}{2}s^2\right)$ とおき，接線の方程式を求める。

次に C_2 上の接点を $\mathrm{T}\left(t,\ \frac{1}{2}t^2-2t+1\right)$ とおき，接線の方程式を求める。そして，この 2 つの直線が一致する条件から，s，t を求める。この s または t の値から直線の方程式を求めればよい。

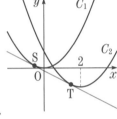

! 解き方

C_1 上の接点を $\mathrm{S}\left(s,\ \frac{1}{2}s^2\right)$ とおく。

$y'=x$ より，接線の方程式は

$$y-\frac{1}{2}s^2=s(x-s)$$

$$y=sx-\frac{1}{2}s^2 \quad \cdots\cdots①$$

C_2 上の接点を $\mathrm{T}\left(t,\ \frac{1}{2}t^2-2t+1\right)$ とおく。

$y'=x-2$ より，接線の方程式は

$$y-\left(\frac{1}{2}t^2-2t+1\right)=(t-2)(x-t)$$

$$y=(t-2)x-\frac{1}{2}t^2+1 \quad \cdots\cdots②$$

直線①，直線②は一致しているので

$$\begin{cases} s=t-2 \\ -\frac{1}{2}s^2=-\frac{1}{2}t^2+1 \end{cases}$$

この s と t の連立方程式から s を消去すると

$$-\frac{1}{2}(t-2)^2=-\frac{1}{2}t^2+1$$

これを解いて，$t=\frac{3}{2}$，$s=-\frac{1}{2}$ を得る。

よって，①または②にこの値を代入して，共通接線の方程式は

$$\boldsymbol{y=-\frac{1}{2}x-\frac{1}{8}} \quad \cdots 答$$

45～47 の確認テストの解答

0　20　40　60　80　100

もう一度最初から　合格

合格点：60 点

点

問題 → 本冊 p.124～125

1　わからなければ 45 へ

次の関数を微分せよ。　(各 8 点　計 24 点)

(1) $y=\dfrac{4}{3}x^3-3x^2+x$

$y'=4x^2-6x+1$ …答

(2) $y=(x+1)(x^2+1)$

$y=x^3+x^2+x+1$

$y'=3x^2+2x+1$ …答

(3) $y=(2x+3)^2$

$y=4x^2+12x+9$

$y'=8x+12$ …答

2　わからなければ 45 へ

3 次関数 $f(x)=x^3+ax^2+bx+c$ が $f(1)=13$, $f'(1)=13$, $f'(-1)=1$ を満たすという。このとき，定数 a, b, c の値を求めよ。　(8 点)

$f'(x)=3x^2+2ax+b$　$f(1)=13$ より　$1+a+b+c=13$　……①

$f'(1)=13$ より　$3+2a+b=13$　……②

$f'(-1)=1$ より　$3-2a+b=1$　……③

②－③ より　$4a=12$　$a=3$ …答

③より　$b=4$ …答　さらに①より　$c=5$ …答

3　わからなければ 45 へ

すべての x に対して，等式 $(x-1)f'(x)=3f(x)-x^2+4x$ を満たす 2 次関数 $f(x)$ を求めよ。　(8 点)

$f(x)=ax^2+bx+c\ (a\neq 0)$ とおく。$f'(x)=2ax+b$ であるので

$(x-1)(2ax+b)=3(ax^2+bx+c)-x^2+4x$

$2ax^2+(b-2a)x-b=(3a-1)x^2+(3b+4)x+3c$

これが x についての恒等式なので　$2a=3a-1$, $b-2a=3b+4$, $-b=3c$

この連立方程式から，$a=1$, $b=-3$, $c=1$ より　$f(x)=x^2-3x+1$ …答

4　わからなければ 46 へ

曲線 $y=\dfrac{1}{3}x^3-x^2$ について，次の問いに答えよ。　((1) 各 10 点　(2) 10 点　計 30 点)

(1) 曲線上の点 (3, 0) における接線の方程式を求めよ。また，接点以外の曲線と接線の共有点の座標を求めよ。

$y'=x^2-2x$ より，$x=3$ のとき　$y'=3$

よって，接線の方程式は，$y-0=3(x-3)$ より　$y=3x-9$ …答

接線と曲線の方程式から y を消去して　$\dfrac{1}{3}x^3-x^2=3x-9$

$x^2(x-3)-9(x-3)=0$　$(x-3)(x^2-9)=0$　より　$x=-3$, 3（重解）

接点以外の共有点の座標は，$x=-3$ より　$(-3,\ -18)$ …答

(2) 傾きが3となる接線の方程式を求めよ。

$y'=x^2-2x=3$ より，$x^2-2x-3=0$ となり　$(x-3)(x+1)=0$

$x=3,\ -1$

よって，接点の座標は $(3,\ 0)$，$\left(-1,\ -\dfrac{4}{3}\right)$ であるから，接線の方程式は

$y-0=3(x-3)$ より　$\boldsymbol{y=3x-9}$ …答

$y+\dfrac{4}{3}=3(x+1)$ より　$\boldsymbol{y=3x+\dfrac{5}{3}}$ …答

わからなければ 46 へ

5 曲線 $y=x^3-2x^2$ の接線で点 A$(3,\ 0)$ を通るものの方程式を求めよ。（15点）

$y'=3x^2-4x$ となる。

接点の座標を $(t,\ t^3-2t^2)$ とすると，接線の方程式は

$y-t^3+2t^2=(3t^2-4t)(x-t)$

これが点 $(3,\ 0)$ を通るので　$0-t^3+2t^2=(3t^2-4t)(3-t)$

整理して　$2t^3-11t^2+12t=0$

$t(t-4)(2t-3)=0$ より　$t=0,\ 4,\ \dfrac{3}{2}$

$t=0$ のとき，$\boldsymbol{y=0}$ …答

$t=4$ のとき，$y-32=32(x-4)$ より　$\boldsymbol{y=32x-96}$ …答

$t=\dfrac{3}{2}$ のとき，$y+\dfrac{9}{8}=\dfrac{3}{4}\left(x-\dfrac{3}{2}\right)$ より　$\boldsymbol{y=\dfrac{3}{4}x-\dfrac{9}{4}}$ …答

わからなければ 47 へ

6 2つの放物線 $y=x^2$，$y=a-x^2$ $(a>0)$ の交点におけるそれぞれの接線が，他方の法線になっているという。このとき，定数 a の値を求めよ。（15点）

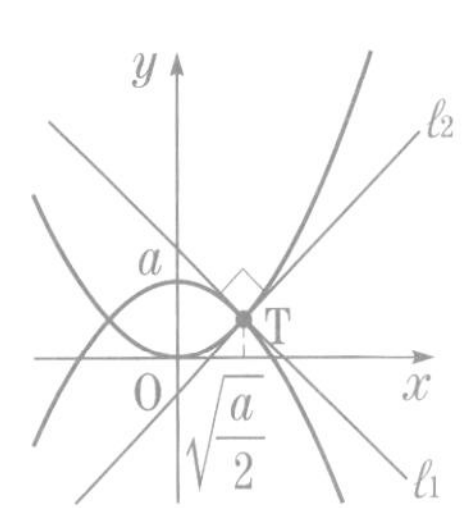

交点の x 座標は，$x^2=a-x^2$ より　$x=\pm\sqrt{\dfrac{a}{2}}$

2つの放物線は y 軸に関して対称なので，

交点 $\mathrm{T}\left(\sqrt{\dfrac{a}{2}},\ \dfrac{a}{2}\right)$ について考えればよい。

$y=x^2$ より　$y'=2x$

$y=a-x^2$ より　$y'=-2x$

よって　$\left(2\sqrt{\dfrac{a}{2}}\right)\cdot\left(-2\sqrt{\dfrac{a}{2}}\right)=-1$

$-4\cdot\dfrac{a}{2}=-1$ より　$\boldsymbol{a=\dfrac{1}{2}}$ …答

第5章 微分と積分

類題の解答

48 関数の増減

本冊 p.127

関数 $f(x)=-x^3+ax^2-ax+a$ について，次の問いに答えよ。
(1) $a=-1$ のとき，関数 $f(x)$ が増加する区間を求めよ。
(2) 関数 $f(x)$ がすべての実数の範囲で減少するように，定数 a の値の範囲を定めよ。

? 考え方

$\begin{cases} \text{区間 } I \text{ で } f'(x)>0 \iff f(x) \text{ は増加} \\ \text{区間 } I \text{ で } f'(x)<0 \iff f(x) \text{ は減少} \end{cases}$

関数 $y=f(x)$ がすべての実数の範囲で正 $\iff$ (グラフ $y=f(x)$ が x 軸より上：+ + + +)

関数 $y=f(x)$ がすべての実数の範囲で負 $\iff$ (グラフ $y=f(x)$ が x 軸より下：− − − −)

! 解き方

(1) $a=-1$ のとき，$f(x)=-x^3-x^2+x-1$ より

$f'(x)=-3x^2-2x+1=-(3x^2+2x-1)$
$=-(x+1)(3x-1)$

$y=f'(x)$ のグラフは (−1 と $\frac{1}{3}$ で x 軸と交わり，その間で +，外側で −) であるので，$f(x)$ が増加する区間は

$-1\leqq x\leqq\frac{1}{3}$ …答

(2) $f(x)=-x^3+ax^2-ax+a$ より，
$f'(x)=-3x^2+2ax-a$ となる。
関数 $f(x)$ がすべての実数の範囲で減少なので，$f'(x)\leqq 0$ が常に成り立つ，つまり

$y=f'(x)$ のグラフが (上に凸で x 軸より下：− − − −) となればよい。

よって，2 次方程式 $-3x^2+2ax-a=0$ の判別式 $D=(2a)^2-4(-3)\cdot(-a)\leqq 0$ より

$a^2-3a\leqq 0$　　$a(a-3)\leqq 0$

したがって　**$0\leqq a\leqq 3$** …答

49 関数の極値

本冊 p.129

関数 $f(x)=ax^3+(3-a)x^2+bx$ が $x=-\frac{1}{3}$ で極小となり，$x=3$ で極大となるような定数 a，b の値を求めよ。

? 考え方

関数 $f(x)$ について，次の 3 つの条件を考える。
P：$x=\alpha$ で極大となる。
Q：$x=\alpha$ で極小となる。
R：$f'(\alpha)=0$ である。

$P\Longrightarrow R$，$Q\Longrightarrow R$

はどちらも正しい。しかし，これを

$P\Longleftrightarrow R$，$Q\Longleftrightarrow R$

とかんちがいしないように。

! 解き方

$f(x)=ax^3+(3-a)x^2+bx$ より，
$f'(x)=3ax^2+2(3-a)x+b$ となる。

$x=-\frac{1}{3}$ で極小となるので　$f'\left(-\frac{1}{3}\right)=0$

$$3a\left(-\frac{1}{3}\right)^2+2(3-a)\left(-\frac{1}{3}\right)+b=0$$

これを整理すると

$a+b-2=0$　……①

$x=3$ で極大となるので　$f'(3)=0$

$3a\cdot 3^2+2(3-a)\cdot 3+b=0$

これも整理し

$21a+b+18=0$　……②

①，②より　$a=-1$，$b=3$

このとき，$f(x)=-x^3+4x^2+3x$ となる。

$f'(x)=-3x^2+8x+3$
$=-(3x+1)(x-3)$

増減表は，次のようになる。

x	…	$-\frac{1}{3}$	…	3	…
$f'(x)$	−	0	+	0	−
$f(x)$	↘	極小	↗	極大	↘

したがって　**$a=-1$，$b=3$** …答

50 関数のグラフ

本冊 p.131

次の関数の増減，極値を調べて，そのグラフをかけ。

(1) $f(x)=x^4-2x^2$

(2) $f(x)=3x^4+8x^3+6x^2$

考え方

$y=f'(x)$ のグラフの概形を考え，$f'(x)$ の符号変化を調べて $y=f(x)$ の増減表をかくことで $y=f(x)$ のグラフをかく。

解き方

(1) $f(x)=x^4-2x^2$ より

$f'(x)=4x^3-4x=4x(x^2-1)$

$=4x(x+1)(x-1)$

$y=f'(x)$ のグラフと $f'(x)$ の符号は

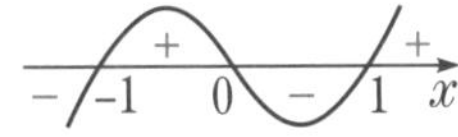

よって，増減表は次のようになる。

x	$\cdots$	-1	$\cdots$	0	$\cdots$	1	$\cdots$
$f'(x)$	$-$	0	$+$	0	$-$	0	$+$
$f(x)$	↘	極小 -1	↗	極大 0	↘	極小 -1	↗

$f(-1)=(-1)^4-2(-1)^2=-1$,

$f(0)=0$, $f(1)=-1$

極大値　0 $(x=0)$

極小値　-1 $(x=\pm1)$

答

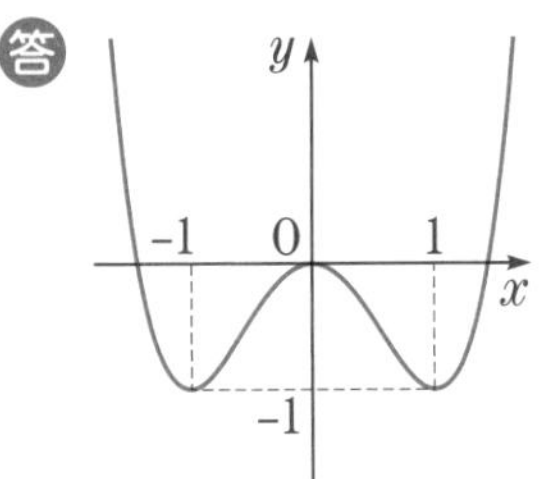

(2) $f(x)=3x^4+8x^3+6x^2$ より

$f'(x)=12x^3+24x^2+12x$

$=12x(x^2+2x+1)$

$=12x(x+1)^2$

$y=f'(x)$ のグラフと $f'(x)$ の符号は

よって，増減表は次のようになる。

x	$\cdots$	-1	$\cdots$	0	$\cdots$
$f'(x)$	$-$	0	$-$	0	$+$
$f(x)$	↘	1	↘	0	↗

$f(-1)=3-8+6=1$, $f(0)=0$

極大値　なし

極小値　0 $(x=0)$

答

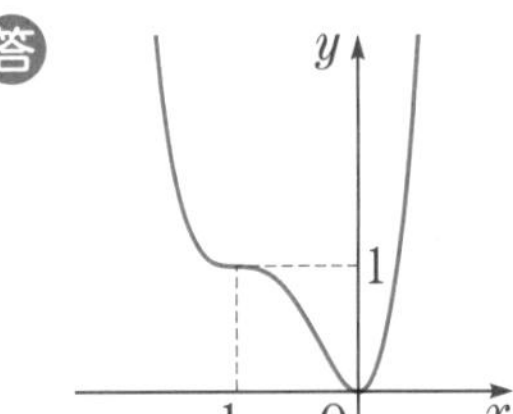

第5章 微分と積分

48 ～ 50 の確認テストの解答

0　20　40　60　80　100
もう一度最初から　合格
合格点：60 点

点

問題 → 本冊 p.132～133

1

わからなければ 48，49 へ

次の関数の増減を調べ，極値を求めよ。　　（各 10 点　計 20 点）

(1) $f(x)=x^3-3x+1$

$f'(x)=3x^2-3=3(x+1)(x-1)$

$y=f'(x)$ のグラフと符号は

x	…	−1	…	1	…
$f'(x)$	+	0	−	0	+
$f(x)$	↗	極大	↘	極小	↗

$f(-1)=3$，$f(1)=-1$

極大値 3（$x=-1$） …答

極小値 −1（$x=1$） …答

(2) $f(x)=6x^2-x^3$

$f'(x)=12x-3x^2=-3x(x-4)$

$y=f'(x)$ のグラフと符号は

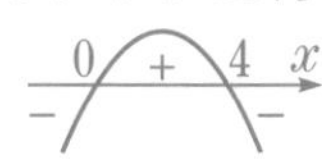

x	…	0	…	4	…
$f'(x)$	−	0	+	0	−
$f(x)$	↘	極小	↗	極大	↘

$f(0)=0$，$f(4)=6\cdot4^2-4^3=32$

極大値 32（$x=4$） …

極小値 0（$x=0$） …答

2

わからなければ 50 へ

次の関数の増減，極値を調べ，$y=f(x)$ のグラフをかけ。　　（各 10 点　計 20 点）

(1) $f(x)=x^2(x+3)=x^3+3x^2$

$f'(x)=3x^2+6x=3x(x+2)$

$y=f'(x)$ のグラフと符号は

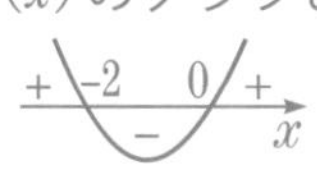

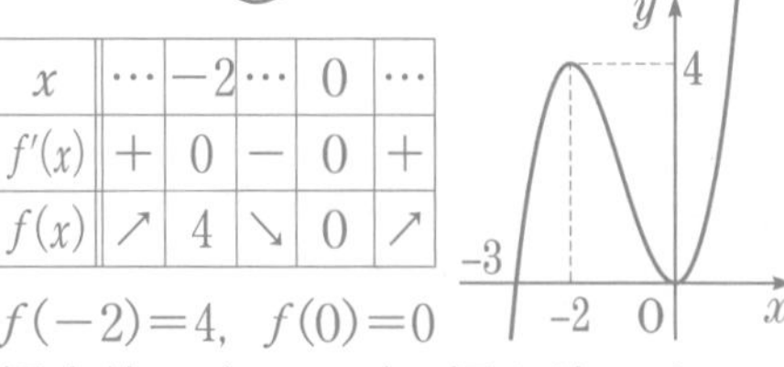

x	…	−2	…	0	…
$f'(x)$	+	0	−	0	+
$f(x)$	↗	4	↘	0	↗

$f(-2)=4$，$f(0)=0$

極大値 4（$x=-2$），極小値 0（$x=0$）

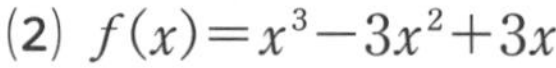

(2) $f(x)=x^3-3x^2+3x$

$f'(x)=3x^2-6x+3=3(x-1)^2$

$y=f'(x)$ のグラフと符号は

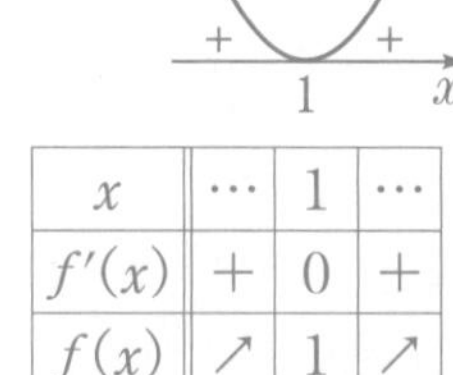

答

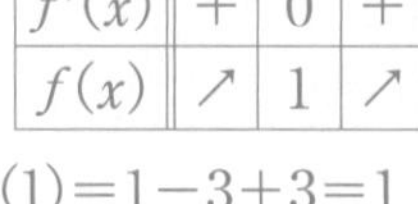

x	…	1	…
$f'(x)$	+	0	+
$f(x)$	↗	1	↗

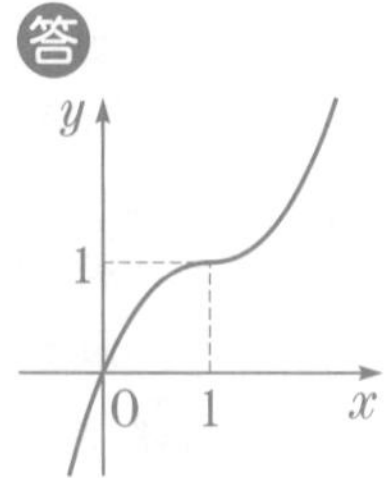

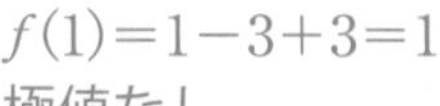

$f(1)=1-3+3=1$

極値なし

3

わからなければ 49 へ

関数 $y=\frac{1}{3}x^3-x^2-3x+k$ の極小値が 3 となるように，定数 k の値を定めよ。　　（15 点）

$y'=x^2-2x-3=(x+1)(x-3)$ より，y' のグラフと符号は（+ −1 − 3 + x）

x	…	−1	…	3	…
y'	+	0	−	0	+
y	↗	極大	↘	極小	↗

$x=3$ のとき　$y=\frac{1}{3}\cdot3^3-3^2-3\cdot3+k=3$

$k-9=3$ より　$\boldsymbol{k=12}$ …答

わからなければ 48 へ

4 関数 $f(x)=x^3+ax^2+2ax+3$ がすべての実数の範囲で増加するように，定数 a の値の範囲を定めよ。 (10 点)

$f'(x)=3x^2+2ax+2a$

$y=f'(x)$ のグラフが x 軸より下にならなければよい。

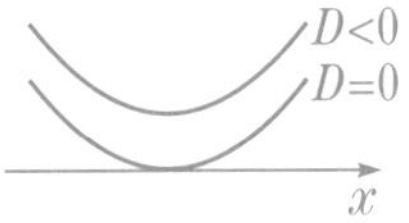

よって，$f'(x)=0$ の判別式を D とすると，$D \leqq 0$ となればよい。

よって

$D=(2a)^2-4\cdot3\cdot2a \leqq 0$

$a^2-6a \leqq 0$　　$a(a-6) \leqq 0$

よって　$\boldsymbol{0 \leqq a \leqq 6}$ …答

わからなければ 49 へ

5 3 次関数 $f(x)$ は $x=0$ で極大値 2 をとり，$x=2$ で極小値 -2 をとるという。$f(x)$ を求めよ。 (15 点)

$f(x)=ax^3+bx^2+cx+d\ (a \neq 0)$ とおくと　$f'(x)=3ax^2+2bx+c$

$x=0$ で極大値 2 をとるので　$f(0)=d=2$，$f'(0)=c=0$

よって，$f(x)=ax^3+bx^2+2$ となるから　$f'(x)=3ax^2+2bx$

$x=2$ で極小値 -2 をとるので　$f(2)=8a+4b+2=-2$，$f'(2)=12a+4b=0$

これから　$a=1$，$b=-3$　　ゆえに　$\boldsymbol{f(x)=x^3-3x^2+2}$ …答

このとき　$f'(x)=3x^2-6x=3x(x-2)$

$y=f'(x)$ のグラフと符号は

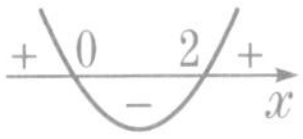

x	…	0	…	2	…
$f'(x)$	+	0	−	0	+
$f(x)$	↗	2	↘	−2	↗

増減表は右のようになり，確かに成り立つ。

わからなければ 50 へ

6 関数 $y=3x^4+2x^3-3x^2+2$ の増減，極値を調べ，グラフをかけ。 (20 点)

$y'=12x^3+6x^2-6x=6x(x+1)(2x-1)$

y' のグラフと符号は

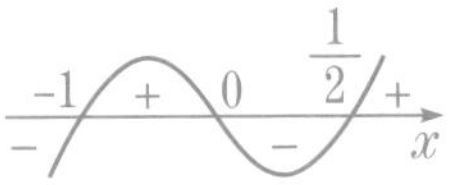

x	…	-1	…	0	…	$\frac{1}{2}$	…
y'	−	0	+	0	−	0	+
y	↘	極小	↗	極大	↘	極小	↗

$x=-1$ のとき　$y=3-2-3+2=0$

$x=0$ のとき　$y=2$

$x=\frac{1}{2}$ のとき　$y=\frac{3}{16}+\frac{1}{4}-\frac{3}{4}+2=\frac{27}{16}$

極大値 2 $(x=0)$

極小値 $\begin{cases} 0 & (x=-1) \\ \frac{27}{16} & \left(x=\frac{1}{2}\right) \end{cases}$

答

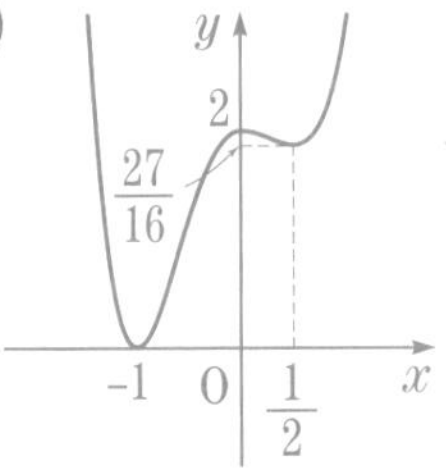

類題の解答

51 最大・最小

本冊 p.135

次の関数の最大値，最小値を求めよ。

(1) $f(x)=-x^3+6x^2+15x \ (-2 \leqq x \leqq 2)$

(2) $f(x)=3x^4-2x^3-3x^2 \ (-1<x<2)$

? 考え方

関数の定義域がどのような区間であるかを見極め，両端の値が定義されているか，定義域外なのかを，しっかりと見なくてはならない。

! 解き方

(1) $f(x)=-x^3+6x^2+15x$ より

$$f'(x)=-3x^2+12x+15$$
$$=-3(x^2-4x-5)$$
$$=-3(x+1)(x-5)$$

$y=f'(x)$ のグラフと符号は

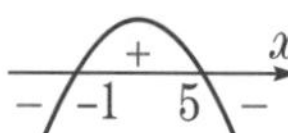

定義域 $-2 \leqq x \leqq 2$ で増減表をかく。

x	-2	$\cdots$	-1	$\cdots$	2
$f'(x)$	／	$-$	0	$+$	／
$f(x)$	2	↘	-8	↗	46

$f(-2)=8+24-30=2$

$f(-1)=1+6-15=-8$

$f(2)=-8+24+30=46$

最大値　46 $(x=2)$ …答

最小値　-8 $(x=-1)$ …答

(2) $f(x)=3x^4-2x^3-3x^2$ より

$$f'(x)=12x^3-6x^2-6x$$
$$=6x(2x^2-x-1)$$
$$=6x(x-1)(2x+1)$$

$y=f'(x)$ のグラフと符号は

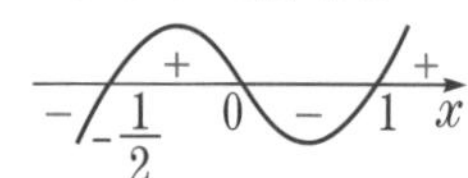

定義域 $-1<x<2$ で増減表をかく。

x	-1	$\cdots$	$-\frac{1}{2}$	$\cdots$	0	$\cdots$	1	$\cdots$	2
$f'(x)$	／	$-$	0	$+$	0	$-$	0	$+$	／
$f(x)$	(2)	↘	$-\frac{5}{16}$	↗	0	↘	-2	↗	(20)

$f(-1)=3+2-3=2$

$f\left(-\frac{1}{2}\right)=\frac{3}{16}+\frac{1}{4}-\frac{3}{4}=-\frac{5}{16}$

$f(0)=0$

$f(1)=3-2-3=-2$

$f(2)=48-16-12=20$

定義域は $-1<x<2$ なので

最大値　なし …答

最小値　-2 $(x=1)$ …答

[注意] (2)の定義域の両端は含まれていない。こういう場合には，増減表の $f(x)$ の値は（　）を付けて書くことが多い。

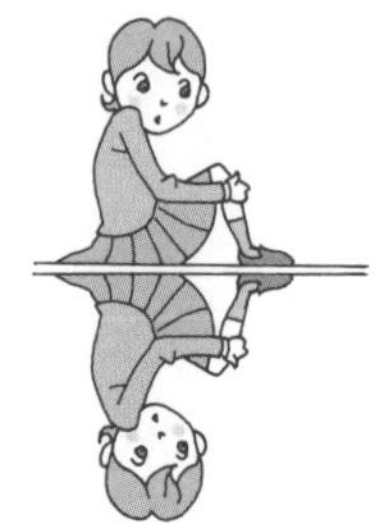

52 方程式への応用

本冊 p.137

3次方程式 $x^3-3x+a=0$ が1つの負の解と2つの正の解をもつように，実数 a の値の範囲を定めよ。

? 考え方

方程式をうまく曲線と直線に分ける方法を考え，その方程式の解が曲線と直線の共有点の x 座標であることを用いて，解の個数を調べる。

! 解き方

方程式 $x^3-3x+a=0$ ……①は

$$a=-x^3+3x$$

となるので，

直線 $y=a$ ……②

と

曲線 $y=-x^3+3x$ ……③

の共有点の x 座標が方程式①の実数解である。

よって，$f(x)=-x^3+3x$ とおく。

$$f'(x)=-3x^2+3$$
$$=-3(x+1)(x-1)$$

$y=f'(x)$ のグラフと符号は

x	…	-1	…	1	…
$f'(x)$	$-$	0	$+$	0	$-$
$f(x)$	↘	-2	↗	2	↘

$$f(-1)=-(-1)^3+3(-1)=-2$$
$$f(1)=-1^3+3\cdot1=2$$

$y=f(x)$ のグラフは右のようになる。

よって

$0<a<2$ …答

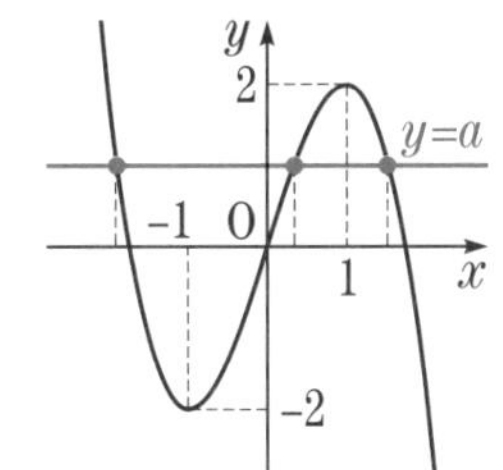

53 不等式への応用

本冊 p.139

$x\geqq-1$ のとき，不等式 $x^3-6x^2+9x+a\geqq0$ が常に成り立つように，実数 a の値の範囲を定めよ。

? 考え方

不等式の左辺を $f(x)$ とし，$f'(x)$ を求め，$x\geqq-1$ の範囲で増減表を作る。そして，最小値が正または0となるように条件を決める。その上で，その条件から実数 a の値の範囲を求める。

! 解き方

$f(x)=x^3-6x^2+9x+a$ とおくと

$$f'(x)=3x^2-12x+9$$
$$=3(x^2-4x+3)$$
$$=3(x-1)(x-3)$$

$x\geqq-1$ における増減表をかく。

x	-1	…	1	…	3	…
$f'(x)$		$+$	0	$-$	0	$+$
$f(x)$	$f(-1)$	↗		↘	$f(3)$	↗

$$f(-1)=(-1)^3-6(-1)^2+9(-1)+a$$
$$=a-16$$
$$f(3)=3^3-6\cdot3^2+9\cdot3+a$$
$$=27-54+27+a$$
$$=a$$
$$f(-1)=a-16<a=f(3)$$

なので，最小値は $f(-1)=a-16$ である。

したがって，$a-16\geqq0$ となればよい。

よって　$a\geqq16$ …答

第5章　微分と積分

51 ～ 53 の確認テストの解答

0　20　40　60　80　100
もう一度最初から　合格
合格点：60 点

点

問題 → 本冊 p.140～141

わからなければ 51 へ

1 次の関数の最大値，最小値を求めよ。（10 点）

$f(x)=x^3-3x^2-9x$ $(-2\leqq x\leqq 5)$

$f'(x)=3x^2-6x-9$

$=3(x^2-2x-3)$

$=3(x+1)(x-3)$

$-2\leqq x\leqq 5$ で増減表をかくと

x	-2	$\cdots$	-1	$\cdots$	3	$\cdots$	5
$f'(x)$		$+$	0	$-$	0	$+$	
$f(x)$	$f(-2)$	↗	極大	↘	極小	↗	$f(5)$

$f(-2)=-8-12+18=-2$

$f(-1)=-1-3+9=5$

$f(3)=27-27-27=-27$

$f(5)=125-75-45=5$

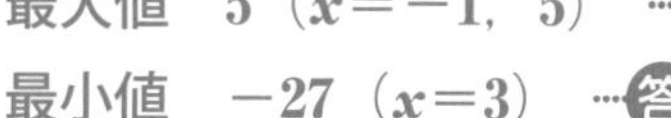

最大値　5（$x=-1,\ 5$） …答

最小値　-27（$x=3$） …答

わからなければ 51 へ

2 関数 $f(x)=2ax^3-3ax^2+b$ $(a>0)$ の $0\leqq x\leqq 2$ における最大値が 5，最小値が 0 となるように，定数 a，b の値を定めよ。（15 点）

$f'(x)=6ax^2-6ax$

$=6ax(x-1)$

$a>0$ なので

$0\leqq x\leqq 2$ の範囲で増減表をかくと

x	0	$\cdots$	1	$\cdots$	2
$f'(x)$	0	$-$	0	$+$	
$f(x)$	$f(0)$	↘	極小	↗	$f(2)$

$f(0)=b$，$f(2)=16a-12a+b=4a+b$

$a>0$ より，$b<4a+b$ なので最大値

$4a+b=5$ ……①

また，最小値 $f(1)=2a-3a+b$

$=-a+b$

よって　$-a+b=0$ ……②

①，②より

$a=1$，$b=1$ …答

わからなければ 52 へ

3 x の 3 次方程式 $2x^3+3x^2-12x+4=0$ の実数解の個数を求めよ。（15 点）

$f(x)=2x^3+3x^2-12x+4$ とおく。

$f'(x)=6x^2+6x-12$

$=6(x^2+x-2)$

$=6(x+2)(x-1)$

x	$\cdots$	-2	$\cdots$	1	$\cdots$
$f'(x)$	$+$	0	$-$	0	$+$
$f(x)$	↗	極大	↘	極小	↗

$f(-2)=-16+12+24+4=24$

$f(1)=2+3-12+4=-3$

よって，$y=f(x)$ のグラフは

となるので，実数解は　**3 個** …答

わからなければ 52 へ

4

x の 3 次方程式 $x^3+3x^2+2-a=0$ が異なる 2 つの負の解と，1 つの正の解をもつように，定数 a の値の範囲を定めよ。 (20 点)

$x^3+3x^2+2=a$ より，

$f(x)=x^3+3x^2+2$ とおく。

$f'(x)=3x^2+6x$

$=3x(x+2)$

x	$\cdots$	-2	$\cdots$	0	$\cdots$
$f'(x)$	$+$	0	$-$	0	$+$
$f(x)$	↗	極大	↘	極小	↗

$f(-2)=-8+12+2=6$　　$f(0)=2$

$f(x)=a$ の解が条件のようになるには

$\begin{cases} a<f(-2) \\ a>f(0) \end{cases}$

となればよい。

よって　$\boldsymbol{2<a<6}$ …答

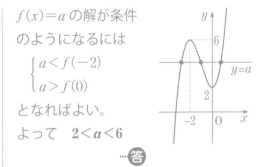

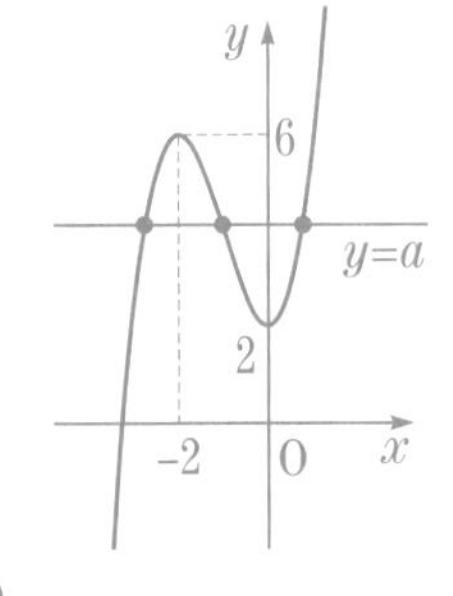

わからなければ 53 へ

5

$x\geqq 0$ のとき，$x^3-3ax^2+a^2\geqq 0$ が常に成り立つように，定数 a の値の範囲を定めよ。 (20 点)

$f(x)=x^3-3ax^2+a^2$ とおくと

$f'(x)=3x^2-6ax=3x(x-2a)$

(ア) $a>0$ のとき　$x\geqq 0$ で増減表をかく。

x	0	$\cdots$	$2a$	$\cdots$
$f'(x)$	0	$-$	0	$+$
$f(x)$		↘	最小	↗

$f(2a)=-4a^3+a^2\geqq 0$

$a^2(4a-1)\leqq 0$

よって　$0<a\leqq\frac{1}{4}$

(イ) $a\leqq 0$ のときも同様にして

x	0	$\cdots$
$f'(x)$	0	$+$
$f(x)$	最小	↗

$f(0)=a^2\geqq 0$ は常に成立する。

つまり　$a\leqq 0$

(ア)と(イ)をまとめて　$\boldsymbol{a\leqq\frac{1}{4}}$ …答

わからなければ 53 へ

6

$x\geqq 0$ のとき，不等式 $4x^3+5\geqq 3x^2+6x$ が成り立つことを証明せよ。 (20 点)

[証明] $f(x)=(4x^3+5)-(3x^2+6x)$ とおく。

$f(x)=4x^3-3x^2-6x+5$

$f'(x)=12x^2-6x-6$

$=6(2x^2-x-1)$

$=6(2x+1)(x-1)$

$x\geqq 0$ で増減表をかく。

x	0	$\cdots$	1	$\cdots$
$f'(x)$	／	$-$	0	$+$
$f(x)$		↘	最小	↗

$f(1)=4-3-6+5=0$

したがって，$x\geqq 0$ のとき $f(x)\geqq 0$ である。つまり，$x\geqq 0$ のとき $4x^3+5\geqq 3x^2+6x$ である。

[証明終わり]

類題の解答

54 不定積分

本冊 p.143

次の問いに答えよ。

(1) $f'(x)=4x^2-x+4$，$f(-1)=2$ を満たす関数 $f(x)$ を求めよ。

(2) 点 $(0,\ 3)$ を通り，点 $(x,\ y)$ における接線の傾きが x^2+5x+2 で表される曲線 $y=f(x)$ の方程式を求めよ。

? 考え方

(1) $\int f'(x)\,dx$ を計算し，$f(x)$ を求める。
積分定数は，条件 $f(-1)=2$ から決定する。

(2) $f'(x)=x^2+5x+2$ である。

! 解き方

(1) $f'(x)=4x^2-x+4$ より

$$f(x)=\int(4x^2-x+4)\,dx$$
$$=\frac{4}{3}x^3-\frac{1}{2}x^2+4x+C$$

$f(-1)=2$ より　$-\frac{4}{3}-\frac{1}{2}-4+C=2$

これより　$C=\frac{47}{6}$

よって　$\boldsymbol{f(x)=\frac{4}{3}x^3-\frac{1}{2}x^2+4x+\frac{47}{6}}$ …答

(2) $f'(x)=x^2+5x+2$ であるから

$$f(x)=\int(x^2+5x+2)\,dx$$
$$=\frac{1}{3}x^3+\frac{5}{2}x^2+2x+C$$

曲線 $y=f(x)$ が点 $(0,\ 3)$ を通るから
$C=3$

よって　$\boldsymbol{f(x)=\frac{1}{3}x^3+\frac{5}{2}x^2+2x+3}$ …答

55 $(ax+b)^n$ の不定積分

本冊 p.145

次の不定積分を求めよ。

(1) $\int(3x-2)^4\,dx$　　(2) $\int x(x+1)^3\,dx$

? 考え方

(1) 例題(1)のように，先に展開してから不定積分を求めてもよいが，ここでは，例題(2)のように式の変形のアイデアを使って，計算の量を減らす方法で解く。

(2) 工夫して公式を用いる。

! 解き方

(1) $f(x)=(3x-2)^5$ とおくと

$$f'(x)=5\cdot3(3x-2)^4=15(3x-2)^4$$

よって　$(3x-2)^4=\frac{1}{15}f'(x)$

したがって

$$\int(3x-2)^4\,dx=\frac{1}{15}\int f'(x)\,dx$$
$$=\frac{1}{15}f(x)+C$$
$$=\boldsymbol{\frac{1}{15}(3x-2)^5+C} \quad \text{…答}$$

(2) $x(x+1)^3=\{(x+1)-1\}(x+1)^3$
$=(x+1)^4-(x+1)^3$

したがって

$$\int x(x+1)^3\,dx$$
$$=\int\{(x+1)^4-(x+1)^3\}\,dx$$
$$=\boldsymbol{\frac{1}{5}(x+1)^5-\frac{1}{4}(x+1)^4+C} \quad \text{…答}$$

［注意］　このままでもよいが，次のように変形できる。

$$\frac{1}{5}(x+1)^5-\frac{1}{4}(x+1)^4+C$$
$$=\frac{1}{20}(x+1)^4\{4(x+1)-5\}+C$$
$$=\frac{1}{20}(x+1)^4(4x-1)+C$$

56 定積分

本冊 p.147

次の定積分を求めよ。

(1) $\int_1^2 (x+1)^2 dx - \int_1^2 (t-1)^2 dt$

(2) $\int_{-1}^2 (xy^2+x^2y+x^3)dy$

考え方

どの文字が積分変数であるかを見極める。

解き方

(1) $\int_1^2 (x+1)^2 dx - \int_1^2 (t-1)^2 dt$

$=\int_1^2 (x^2+2x+1)dx - \int_1^2 (t^2-2t+1)dt$

$=\left[\frac{1}{3}x^3+x^2+x\right]_1^2 - \left[\frac{1}{3}t^3-t^2+t\right]_1^2$

$=\frac{1}{3}(2^3-1^3)+(2^2-1^2)+(2-1)$

$\quad -\frac{1}{3}(2^3-1^3)+(2^2-1^2)-(2-1)$

$=3+3=\underline{6}$ …答

[別解] 積分変数を変えても，定積分は変わらないので，次のように計算することもできる。

$\int_1^2 (x+1)^2 dx - \int_1^2 (t-1)^2 dt$

$=\int_1^2 (x+1)^2 dx - \int_1^2 (x-1)^2 dx$

$=\int_1^2 \{(x+1)^2-(x-1)^2\}dx = \int_1^2 4x\,dx$

$=\left[2x^2\right]_1^2 = 2(2^2-1^2) = \underline{6}$ …答

(2) $\int_{-1}^2 (xy^2+x^2y+x^3)dy$

$=\left[\frac{1}{3}xy^3+\frac{1}{2}x^2y^2+x^3y\right]_{-1}^2$

$=\frac{1}{3}x(8+1)+\frac{1}{2}x^2(4-1)+x^3(2+1)$

$=\underline{\boldsymbol{3x^3+\frac{3}{2}x^2+3x}}$ …答

57 定積分の応用

本冊 p.149

次の等式を満たす関数 $f(x)$ を求めよ。また，(1)では定数 a の値も求めよ。

(1) $\int_a^x f(t)dt = x^2-3x-a$

(2) $f(x)=3x^2-2x+\int_{-1}^1 f(t)dt$

考え方

(1) 微分と積分の関係を使い，$f(x)$ を求める。a の値は，両辺に $x=a$ を代入して求める。

(2) $\int_{-1}^1 f(t)dt$ は定数なので k とおく。

解き方

(1) $\int_a^x f(t)dt = x^2-3x-a$ ……①

の両辺を x で微分すると

$\underline{\boldsymbol{f(x)=2x-3}}$ …答

①の両辺に $x=a$ を代入して

$0=a^2-3a-a$

$a^2-4a=0$

$a(a-4)=0$

よって $\underline{\boldsymbol{a=0,\ 4}}$ …答

(2) $\int_{-1}^1 f(t)dt=k$ とおく。

$f(x)=3x^2-2x+k$ であるから

$k=\int_{-1}^1 f(t)dt$

$=\int_{-1}^1 (3t^2-2t+k)dt$

$=2\int_0^1 (3t^2+k)dt$ ←偶関数，奇関数の定積分

$=2\left[t^3+kt\right]_0^1$

$=2+2k$

$k=2+2k$ より $k=-2$

よって $\underline{\boldsymbol{f(x)=3x^2-2x-2}}$ …答

54～57の確認テストの解答

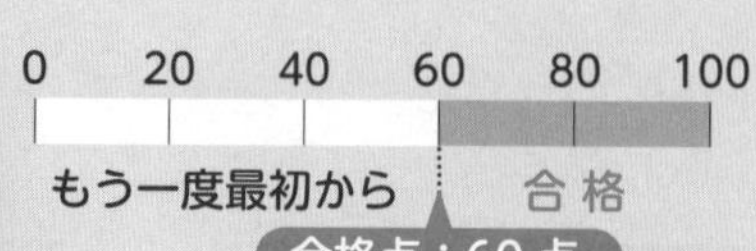

点

問題 → 本冊 p.150～151

わからなければ 54 へ

1
次の不定積分を求めよ。 （各7点　計28点）

(1) $\int(6x^2+3x-2)\,dx$

$=\mathbf{2x^3+\frac{3}{2}x^2-2x+C}$ …答

(2) $\int(x+1)(x^2-x+1)\,dx$

$=\int(x^3+1)\,dx$

$=\mathbf{\frac{1}{4}x^4+x+C}$ …答

(3) $\int(x-a)^2dx$

$=\int(x^2-2ax+a^2)\,dx$

$=\mathbf{\frac{1}{3}x^3-ax^2+a^2x+C}$ …答

(4) $\int(t+x)(t-x)\,dt$

$=\int(t^2-x^2)\,dt$

$=\mathbf{\frac{1}{3}t^3-x^2t+C}$ …答

わからなければ 54 へ

2
曲線 $y=f(x)$ は y 軸と点 $(0,\ 3)$ で交わり，点 $(x,\ y)$ における接線の傾きが $2x+1$ であるという。関数 $f(x)$ を求めよ。 （10点）

y 軸と点 $(0,\ 3)$ で交わることから　$f(0)=3$　……①
接線の傾きが $2x+1$ であるので　$f'(x)=2x+1$
よって　$f(x)=x^2+x+C$　……②
①，②より　$3=0^2+0+C$　　$C=3$
ゆえに　$\mathbf{f(x)=x^2+x+3}$ …答

わからなければ 56 へ

3
次の定積分を求めよ。 （各8点　計16点）

(1) $\int_{-1}^{2}(2x^3+3x^2-x+1)\,dx$

$=\left[\frac{1}{2}x^4+x^3-\frac{1}{2}x^2+x\right]_{-1}^{2}$

$=\frac{1}{2}(16-1)+8+1-\frac{1}{2}(4-1)+2+1$

$=\frac{15}{2}+9-\frac{3}{2}+3=\mathbf{18}$ …答

(2) $\int_{-1}^{2}4(y+1)(y-2)\,dy$

$=\int_{-1}^{2}(4y^2-4y-8)\,dy$

$=\left[\frac{4}{3}y^3-2y^2-8y\right]_{-1}^{2}$

$=\frac{4}{3}(8+1)-2(4-1)-8(2+1)$

$=\mathbf{-18}$ …答

わからなければ 55，56 へ

4

次の定積分を求めよ。 （各 8 点　計 16 点）

(1) $\int_{-3}^{1}(3-2x-x^2)\,dx$

$=\left[3x-x^2-\frac{1}{3}x^3\right]_{-3}^{1}$

$=3(1+3)-(1-9)-\frac{1}{3}(1+27)$

$=\mathbf{\frac{32}{3}}$ …答

(2) $\int_{0}^{2}(x-1)^3\,dx$

$=\left[\frac{1}{4}(x-1)^4\right]_{0}^{2}$ ←$(x-1)^3$ を展開してから積分してもよい。

$=\frac{1}{4}\{(2-1)^4-(0-1)^4\}$

$=\frac{1}{4}(1-1)$

$=\mathbf{0}$ …答

わからなければ 57 へ

5

関数 $f(x)=\int_{1}^{x}(t^2-1)\,dt$ の極大値，極小値を求めよ。 （10 点）

$f'(x)=x^2-1=(x+1)(x-1)$

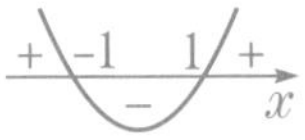

x	…	-1	…	1	…
$f'(x)$	$+$	0	$-$	0	$+$
$f(x)$	↗	極大	↘	極小	↗

$f(x)=\left[\frac{1}{3}t^3-t\right]_{1}^{x}=\frac{1}{3}x^3-x+\frac{2}{3}$

$f(-1)=-\frac{1}{3}+1+\frac{2}{3}=\frac{4}{3}$

$f(1)=0$ ←$f(1)=\int_{1}^{1}(t^2-1)\,dt=0$

答 **極大値 $\frac{4}{3}$ （$x=-1$）**

極小値 0 （$x=1$）

わからなければ 57 へ

6

関数 $f(x)$ が $\int_{2}^{x}f(t)\,dt=x^3+2x^2+4a$ を満たすという。$f(x)$ と定数 a の値を求めよ。

（各 5 点　計 10 点）

与えられた等式の両辺を x で微分すると　$\mathbf{f(x)=3x^2+4x}$ …答

また，もとの等式に $x=2$ を代入すると　$\int_{2}^{2}f(t)\,dt=2^3+2\cdot2^2+4a$

$0=16+4a$ より　$\mathbf{a=-4}$ …答

わからなければ 57 へ

7

関数 $f(x)$ が $f(x)=x^2-2x+\int_{0}^{3}f(t)\,dt$ を満たすという。$f(x)$ を求めよ。 （10 点）

$\int_{0}^{3}f(t)\,dt$ は定数であるので　$\int_{0}^{3}f(t)\,dt=a$ （a：定数）　……①

とおく。すると　$f(x)=x^2-2x+a$

①に代入して　$\int_{0}^{3}(t^2-2t+a)\,dt=a$

$\left[\frac{1}{3}t^3-t^2+at\right]_{0}^{3}=a$　　$9-9+3a=a$　　$a=0$

したがって　$\mathbf{f(x)=x^2-2x}$ …答

類題の解答

58 定積分と面積

本冊 p.153

2つの放物線 $y=x^2-1$ と $y=-x^2+2x+3$ について，次の問いに答えよ。
(1) 2つの放物線の交点の座標を求めよ。
(2) 2つの放物線で囲まれた部分の面積を求めよ。

考え方

(1) 交点の座標を求めるには，2つの方程式を連立方程式として，その解を求めればよい。
(2) 囲まれた部分がどのような形をしているか図示する。(1)の解から，どのような積分計算をすれば面積が求められるかを考える。

解き方

(1) $\begin{cases} y=x^2-1 & \cdots\cdots① \\ y=-x^2+2x+3 & \cdots\cdots② \end{cases}$

①，②より　$x^2-1=-x^2+2x+3$

$2x^2-2x-4=0$　　$x^2-x-2=0$

$(x+1)(x-2)=0$

よって　$x=-1,\ 2$

①より，$x=-1$ のとき $y=0$

$x=2$ のとき $y=3$

よって，交点の座標は

$(-1,\ 0),\ (2,\ 3)$ …答

(2) (1)の結果を参考にグラフをかくと右の図のようになり，求める面積 S は，図の色の部分の面積で

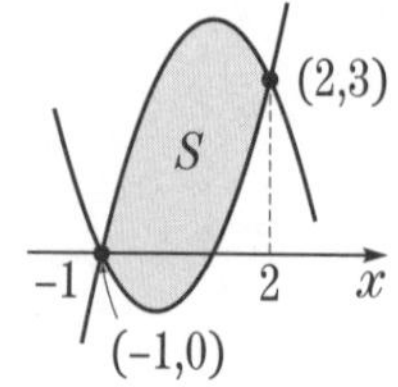

$$S=\int_{-1}^{2}\{(-x^2+2x+3)-(x^2-1)\}\,dx$$
$$=\int_{-1}^{2}(-2x^2+2x+4)\,dx$$
$$=\left[-\frac{2}{3}x^3+x^2+4x\right]_{-1}^{2}$$
$$=-\frac{2}{3}(8+1)+(4-1)+4(2+1)$$
$$=9$$ …答

［別解］ 本冊 p.148 の公式を用いると

$$S=-2\int_{-1}^{2}(x+1)(x-2)\,dx$$
$$=-\frac{-2}{6}(2+1)^3=9$$ …答

59 面積の応用

本冊 p.155

放物線 $y=2x^2-3x-6$ と直線 $y=x+2$ で囲まれた図形の面積を求めよ。

考え方

交点の x 座標が複雑な無理数の形をしているので，次の公式を用いる。

$$\int_{\alpha}^{\beta}(x-\alpha)(x-\beta)\,dx=-\frac{1}{6}(\beta-\alpha)^3$$

解き方

放物線と直線の交点の x 座標は，

$2x^2-3x-6=x+2$ より

$2x^2-4x-8=0$

$x^2-2x-4=0$

$x=1\pm\sqrt{5}$

$\alpha=1-\sqrt{5},\ \beta=1+\sqrt{5}$

とおくと，求める面積 S は

$$S=\int_{\alpha}^{\beta}\{(x+2)-(2x^2-3x-6)\}\,dx$$
$$=-2\int_{\alpha}^{\beta}(x-\alpha)(x-\beta)\,dx$$
$$=\frac{2}{6}(\beta-\alpha)^3$$
$$=\frac{1}{3}\{(1+\sqrt{5})-(1-\sqrt{5})\}^3$$
$$=\frac{1}{3}\cdot(2\sqrt{5})^3=\frac{40\sqrt{5}}{3}$$ …答

課題学習

曲線とその接線で囲まれた図形の面積

曲線 $y=x^3-3x^2+x+3$ と曲線上の点 (2, 1) における接線とで囲まれた図形の面積を求めてみよう。

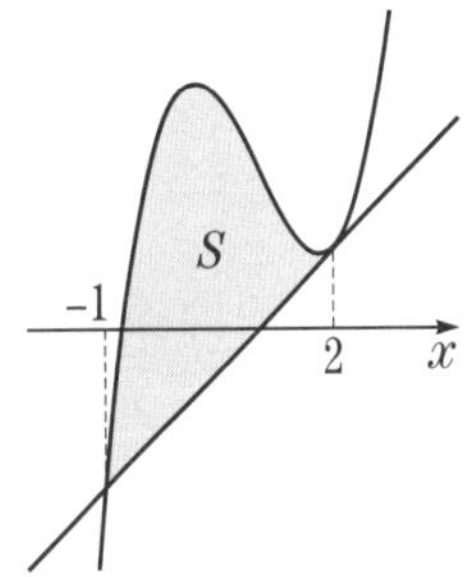

$y=x^3-3x^2+x+3$ より，$y'=3x^2-6x+1$ なので，接線の傾きは　$y'=12-12+1=1$

よって，接線の方程式は $y-1=x-2$ より　$y=x-1$

曲線と接線の方程式から y を消去して　$x^3-3x^2+x+3=x-1$

これより　$x^3-3x^2+4=0$

左辺を因数分解して　$(x+1)(x-2)^2=0$

よって，接点以外の共有点の x 座標は　$x=-1$

ゆえに，求める面積 S は

$$S=\int_{-1}^{2}\{x^3-3x^2+x+3-(x-1)\}\,dx$$

$$=\int_{-1}^{2}(x^3-3x^2+4)\,dx=\left[\frac{x^4}{4}-x^3+4x\right]_{-1}^{2}$$

$$=\frac{1}{4}\{2^4-(-1)^4\}-\{2^3-(-1)^3\}+4\{2-(-1)\}=\frac{15}{4}-9+12=\frac{27}{4}$$

最後の積分の計算は

$$\boldsymbol{\int_{\alpha}^{\beta}(x-\alpha)^2(x-\beta)\,dx=-\frac{1}{12}(\beta-\alpha)^4}$$

$$\boldsymbol{\int_{\alpha}^{\beta}(x-\alpha)(x-\beta)^2\,dx=\frac{1}{12}(\beta-\alpha)^4}$$

という公式を知っていれば，次のように計算できる。

$$S=\int_{-1}^{2}(x^3-3x^2+4)\,dx$$

$$=\int_{-1}^{2}(x+1)(x-2)^2\,dx$$

$$=\frac{1}{12}\{2-(-1)\}^4=\frac{27}{4}$$

58 ～ 59 の確認テストの解答

0　20　40　60　80　100
もう一度最初から　合格
合格点：60 点

点

問題 → 本冊 p.156～157

わからなければ 58 へ

1 次の図形の面積を求めよ。（各 10 点　計 20 点）

(1) 放物線 $y=-x^2+2x+3$ と x 軸で囲まれた部分

$y=-(x^2-2x-3)$
$=-(x+1)(x-3)$

求める面積 S は

$$S=\int_{-1}^{3}\{-(x+1)(x-3)\}dx$$
$$=-\frac{-1}{6}\{3-(-1)\}^3=\mathbf{\frac{32}{3}}$$ …答

(2) (1)の部分のうち，$x\geqq 0$ である部分

$x\geqq 0$ の部分なので

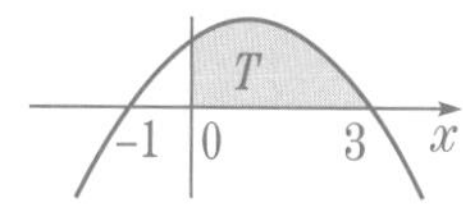

求める面積 T は

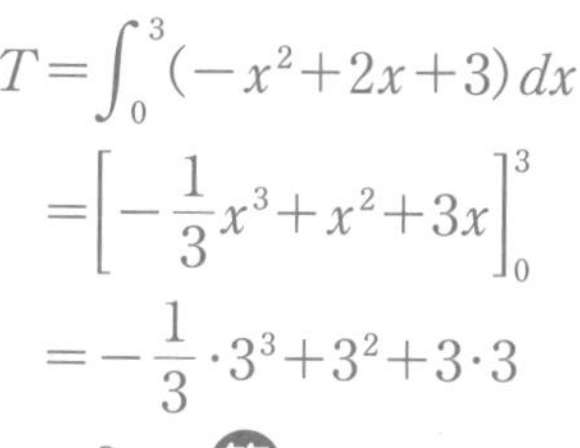

$$T=\int_{0}^{3}(-x^2+2x+3)\,dx$$
$$=\left[-\frac{1}{3}x^3+x^2+3x\right]_0^3$$
$$=-\frac{1}{3}\cdot 3^3+3^2+3\cdot 3$$
$$=\mathbf{9}$$ …答

わからなければ 58 へ

2 曲線 $y=x^3-x$ と x 軸で囲まれた部分の面積を求めよ。（15 点）

$y=x(x+1)(x-1)$ なので

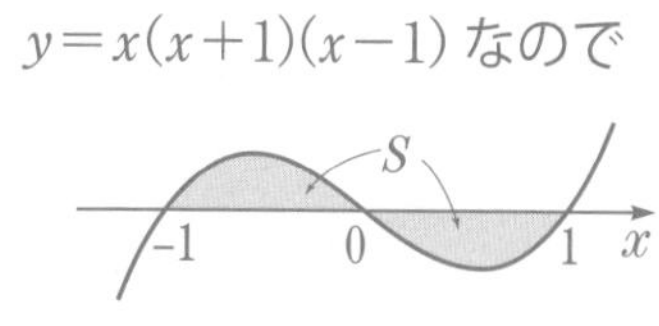

求める面積 S は

$$S=\int_{-1}^{0}(x^3-x)\,dx+\int_{0}^{1}(-x^3+x)\,dx$$
$$=\left[\frac{1}{4}x^4-\frac{1}{2}x^2\right]_{-1}^{0}+\left[-\frac{1}{4}x^4+\frac{1}{2}x^2\right]_0^1$$
$$=0-\left(\frac{1}{4}-\frac{1}{2}\right)+\left(-\frac{1}{4}+\frac{1}{2}\right)-0$$
$$=\mathbf{\frac{1}{2}}$$ …答

わからなければ 58 へ

3 曲線 $y=x^3-ax^2$ と x 軸で囲まれた部分の面積を求めよ。ただし，$a>0$ とする。（15 点）

$y=x^2(x-a)$ なので

求める面積 S は

$$S=\int_{0}^{a}\{0-x^2(x-a)\}dx$$
$$=\int_{0}^{a}(-x^3+ax^2)\,dx=\left[-\frac{1}{4}x^4+\frac{a}{3}x^3\right]_0^a$$
$$=\mathbf{\frac{1}{12}a^4}$$ …答

わからなければ 58 へ

4 放物線 C_1 : $y=x^2$，C_2 : $y=x^2-4x+4$ と x 軸で囲まれた部分の面積を求めよ。

(15 点)

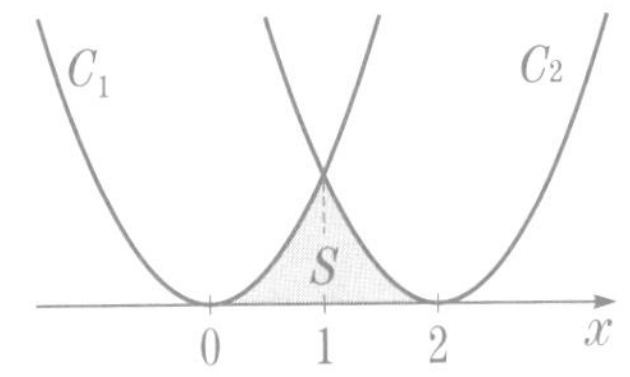

C_1 と C_2 の交点を調べる。

$x^2=x^2-4x+4$ より　$x=1$

よって，求める部分の面積 S は

$$S=\int_0^1 x^2\,dx+\int_1^2 (x^2-4x+4)\,dx$$

$$=\left[\frac{1}{3}x^3\right]_0^1+\left[\frac{1}{3}x^3-2x^2+4x\right]_1^2$$

$$=\frac{1}{3}+\frac{1}{3}(8-1)-2(4-1)+4(2-1)=\boldsymbol{\frac{2}{3}}$$ …答

わからなければ 58 へ

5 円 $x^2+y^2=2$ の内部で，放物線 $y=x^2$ の上側である部分の面積 S を求めよ。

(15 点)

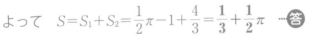

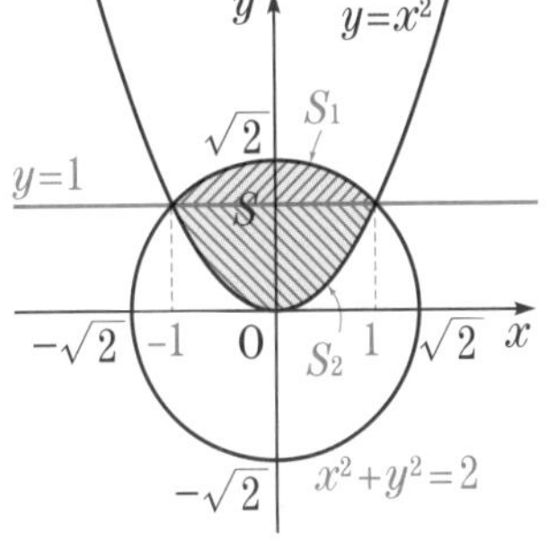

$\begin{cases} x^2+y^2=2 \\ y=x^2 \end{cases}$ より　$y^2+y-2=0$

$(y+2)(y-1)=0$　　$y>0$ より　$y=1$

直線 $y=1$ より上と下に分けて面積を求める。

$$S_1=\frac{1}{4}\pi\cdot(\sqrt{2})^2-\frac{1}{2}(\sqrt{2})^2=\frac{1}{2}\pi-1$$

$$S_2=\int_{-1}^1 (1-x^2)\,dx=\left[x-\frac{1}{3}x^3\right]_{-1}^1$$

$$=1+1-\frac{1}{3}(1+1)=\frac{4}{3}$$

よって　$S=S_1+S_2=\frac{1}{2}\pi-1+\frac{4}{3}=\boldsymbol{\frac{1}{3}+\frac{1}{2}\pi}$ …答

わからなければ 59 へ

6 定積分 $\displaystyle\int_0^3 |x^2-2x|\,dx$ を求めよ。

(20 点)

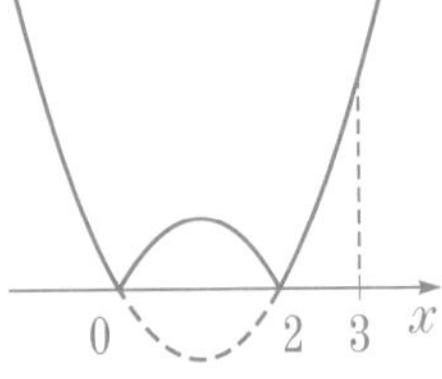

$$x^2-2x=x(x-2)=\begin{cases} x(x-2) & (x\leqq 0,\ 2\leqq x) \\ -x(x-2) & (0<x<2) \end{cases}$$

$$\int_0^3 |x^2-2x|\,dx=\int_0^2 (-x^2+2x)\,dx+\int_2^3 (x^2-2x)\,dx$$

$$=\left[-\frac{1}{3}x^3+x^2\right]_0^2+\left[\frac{1}{3}x^3-x^2\right]_2^3$$

$$=\left(-\frac{8}{3}+4\right)+\frac{1}{3}(27-8)-(9-4)=\boldsymbol{\frac{8}{3}}$$ …答